全国高等学校建筑学学科专业指导委员会推荐教学参考书

建筑学教程 2：

空间与建筑师

赫曼·赫茨伯格

LESSONS IN ARCHITECTURE 2: SPACE AND THE ARCHITECT

Herman Hertzberger

译者：刘大馨　古红缨

献给范·艾克（1918年—1999年）

The light consumes the chair,
absorbing its vacancy,
And will swallow itself
and release the darkness
that will fill the chair again.
I shall be gone,
You will say you are here.
Mark Strand（马克·斯詹德）

Lessons in Architecture 2: Space and the Architect by Herman Hertzberger
建筑学教程2：空间与建筑师（赫曼·赫茨伯格）

图书在版编目（CIP）数据

建筑学教程/（荷）赫茨伯格著；刘大馨译. —天津：
天津大学出版社，2003. 2（2019.7 重印）
ISBN 978-7-5618-1705-6

I. 建… II. ①赫… ②刘… III. 建筑学—教材 IV. TU

中国版本图书馆CIP数据核字（2003）第003073号

出版发行 天津大学出版社
出 版 人 杨欢
地　　址 天津市卫津路92号天津大学内(邮编:300072)
电　　话 发行部：022-27403647　邮购部：022-27402742
印　　刷 深圳宝峰印刷有限公司
经　　销 全国各地新华书店
开　　本 210mm × 285mm
印　　张 18.25
字　　数 850千
版　　次 2003年2月第1版　2008年1月第2版
印　　次 2019年7月第12版
印　　数 27501-30000
定　　价 95.00元

全国高等学校建筑学学科专业指导委员会推荐教学参考书

总　序

改革开放以来，我国城市化进程加快，城市建设飞速发展。在这一大背景下，我国建筑学教育也取得了长足的进步。建筑院系从原先的“老四校”、“老八校”发展到今天的80多个建筑院校。在建筑学教育取得重大发展的同时，教材建设也受到各方面的普遍重视。近年来，国家教育部提出了新世纪重点教材建设、“十五”重点教材建设等计划，国家建设部也做出了相应的部署，抓紧教材建设工作。在建设部的领导下，全国高等学校建筑学学科专业指导委员会与全国各出版社合作，进行了建筑学科各类教材的选题征集和撰稿人遴选等工作。目前由六大类数十种教材构成的教材体系业已建立，不少教材已在撰写之中。

众所周知，建筑学是一个具有特色的学科。它既是一门技术学科，同时又涉及文化、艺术、社会、历史和人文领域等诸多方面。即使在技术领域，它也涉及许多其他相关学科，这就要求建筑系的学生知识面十分丰富。博览群书增进自身修养，是成就一个优秀建筑师的必要条件。然而，许多建筑专业学生不知道课外应该读哪些书，看哪些资料。许多建筑学教师也深感教学参考书的匮乏。因此，除了课内教材，课外的教学参考书就显得十分重要。

针对这一现象，全国高等学校建筑学学科专业指导委员会与天津大学出版社决定合作出版一套建筑学教学参考丛书，供建筑院系的学生和教师参考使用。丛书的内容覆盖建筑学的几个二级学科，即建筑历史与理论、建筑设计及其理论、城市规划及其理论和建筑技术科学，同时也囊括建筑学的各相关学科，包括文化艺术和历史人文诸方面。参考丛书的形式不限，有专著、译著、资料集、评论集等。在这里我们郑重地向全国的建筑院系学生和教师推荐这套建筑学教学参考丛书，它们都是对建筑设计教学具有重要价值的参考书。

建筑学教学参考丛书中的各单册将陆续与广大读者见面。同时，我们呼吁全国的建筑学教师能关心和重视这套丛书。希望大家积极为出版社和编审委员会出谋划策，提供选题，推荐作者，使这套丛书更加丰满，更加适用，能为发展中国的建筑教育和中国的建筑事业做出贡献。

全国高等学校建筑学学科专业指导委员会

建筑学教学参考丛书

编审委员会

序

《建筑学教程 2：空间与建筑师》是 1991 年出版的《建筑学教程：设计原理》的续篇。虽然续篇主要是关于我在过去 10 年中的作品，但两本书的内容结构类似。同时，续篇中还收集了其他建筑师的作品，这些作品来自世界各地。本书的主题是“空间”，书中通过 7 章文字间的自由交互式引用阐明了一系列的论题。由此，它的焦点更像是一个广角镜而非望远镜，主题暂时搁置一旁，因为设计演变成为了一种思考和研究的过程。

1999 年 10 月《建筑学教程 2：空间与建筑师》的荷兰原版出版时，恰巧我离开代尔夫特科技大学。故我再一次地感谢代尔夫特科技大学建筑系对本书的资助，特别是 Hans Beunderman 和 Frits van Voorden。我要感谢 Hans Oldewarris 对我拙作的信赖态度和平面设计师 Piet Gerards， 是他使得本书图文并茂；再有负责荷兰语版和英文版出版与发行的 Jop Voorn，本书的面世得益于他的激励。

另外，我还要感谢秘书和档案管理员 Pia Elia、Miriam Wuisman 和 Colette Sloots，以及在绘制插图和图表中给予了热情合作的 Sonja Spruit、Margreet van der Woude 和 Femke Hägen。

最后，我感谢的是 Johanna，她与我分享了一切，包括我的所有观点和见解。所以，这本书也同样是她的空间的一部分。

赫曼·赫茨伯格

Herman Hertzberger

目　录

前　言

今天，有谁敢声言建筑发展得不好？以往是否曾经有过这么丰富的新例子和变化的形式、材料？历史上是否曾经有过这样一个时期：拥有如此多的选择余地可供人们表达思想观点？人们难以不被这种丰富的表达方式、方法所打动，一旦采纳就不会被其他新事物吸引，很难转移视线。

看起来今天已没有了更多的限制——至少在世界上的富裕阶层，他们决定了贫穷阶层的精神面貌，人们过分地竞相模仿富裕阶层。任何事物都在前进，新事物出现的地方所有的东西都是可行的并被制造、摄取、出版和发行。在改变严格约束的召唤下，一切都看似没有了限制并处于一种轻率的状态下，“被丢弃”的产品正不断地堆积。被如潮水般的国际性杂志和媒体捧上天的建筑，5 年后有多少仍然令人记忆在心？真的的确太少了，比现代主义建筑时期还少，它们都融入了历史，已经被榨干或被吹捧至极，继之的是新生代建筑，而它们毫无疑问地注定了同样的命运。

如果所有的事物都可以或可能被实现，便不再需要任何东西。自由盛行之处，就没有了决策的可能。我们成为了自由的奴隶并被指责造成了持续不断的变化。这样就变得自相矛盾——即自由使建筑最终在其本身的范围内受到了限制。

对建筑学学生而言，当只关注一件事，只有一件事物对他们是重要的时候，他们到底会学到什么——在短短数月内尽快设计出一些东西，将所有的注意力集中其上一举成名。在那之后，这些东西返回图板，抑或是宁愿从舞台转到屏幕。现今建筑学的世界类似于一场足球赛，这场球赛仅有一些无所不能的球星却没有了球门柱，甚至没有了球门。虽有华丽的行为，但比赛的趋势和我们真正期盼的却不甚清晰。可能性远远超出我们的想像，我们是富有的，同时也是贫穷的。

如果是这样，后现代主义时期的建筑已经从叙述中解脱出来，这就像那些寻求更美好的未来的现代主义一样真实，那么它就必须在其自身中蕴涵着主旨。他们至少不得不包含些什么，一个对世界有某些用处的意念。

建筑师需要感受一些责任，效仿那些声言具有大部分责任的结构工程师和结构顾问一样，他们总是以不正当的手段剥夺了建筑师的自由。

如果说建筑师是专家，那么他的专长就是组织编排空间资源而不论其能否实现。他必须接受他的社会责任和文化责任并集中于空间创造和空间造型。

1

空　间

Space

里特维德的空间（Rietveld's Space）（图 1～4）

当里特维德设计"Z"形折椅的时候，他希望保持空间的完整性。这款椅子从空气中切过，它没有取代空间也没有占据空间，就如传统的 tub-chair-style 那样。你可能会对你所制造的一切东西产生疑问：这些东西是索取了空间还是创造了空间呢？

里特维德的 Sonsbeek 展馆（Pavilion）（1954 年，在 1965 年重筑于位于奥特罗（Otterlo）的克罗勒－穆勒博物馆（Kröller－Müller Museum）的雕塑公园内）由少量的墙体和屋顶平面组成，它们既没有封闭自身也没有把周围环境排除在外；而是一个几乎完美的内外平衡。这些平面创造了空间；可以说它们是一个开放体系的就地集合，如蒙德里安（Mondrian）40 年前的绘画和范·杜伊斯伯格（Van Doesburg）1924 年的《构成》（*Composition* of 1924）中所必然带有的意图。但是，在这里它们有一个合理的，近乎是原始的物质性，而且你真的可以游走于它们之间。可能比施罗德住宅（Schröder house）更均等，这幢展馆拥有了里特维德经常设计和制造的家具中蕴涵的所有东西，只是尺度更大。[1]正是他的家具在平面和三维空间之间建立起了一座风格派（De Stijl）的非常独特的桥梁。与其说这一临时构筑物是一个实体，更毋宁说它是一个空间的象征。

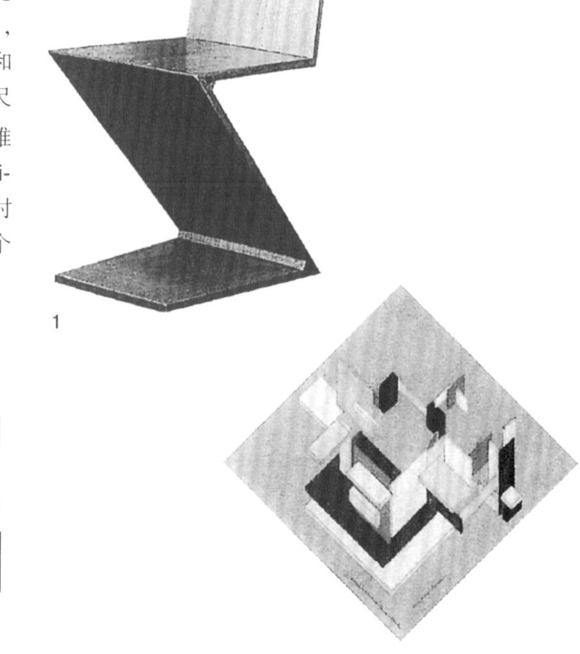

1

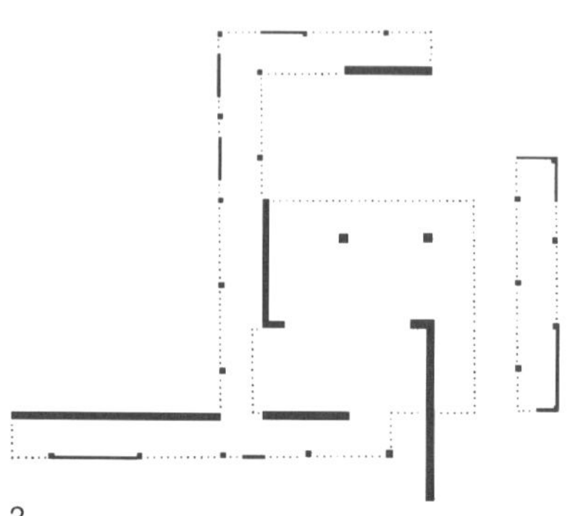

2

3 范·杜伊斯伯格，《构成》，1924 年

4

维韦住宅的院墙，瑞士，勒·柯布西埃，1924 年－1925 年(Garden Wall of Vevey House，Switzer-land，Le Corbusier，1924－1925）**（图 5、6）**

这个环绕住宅的花园是由勒·柯布西埃为他的父母建造的，恰位于日内瓦湖的湖堤上，围墙将花园与沿湖道路和日内瓦湖隔离开，转角处的墙与树相结合开辟了一个被遮蔽的场所，在此，通过一个被挤入墙体的大窗户，日内瓦湖及后面高大的阿尔卑斯山脉映入眼帘。一张石桌在一扇敞开的窗户下靠墙而立，一如在勒·柯布西埃的许多平台设计一样，确立了外部空间中的室内感，作为与广阔的周围环境的对比。

在它的表面，你会考虑到的最后一件事将是限制这一宏伟的视野，然而你所体验的湖的宽广似乎过于不设防和巨大。通过从一个被遮蔽的、相对室内的空间望出窗外，你会减弱对巨大的整体的注意，同时框内的景观因而获得深度。

墙上的窗户把视野中的无限广阔提取出来，提供了或者更确切地说是带来了对内心情绪的影响，这就成了绘画的空间。

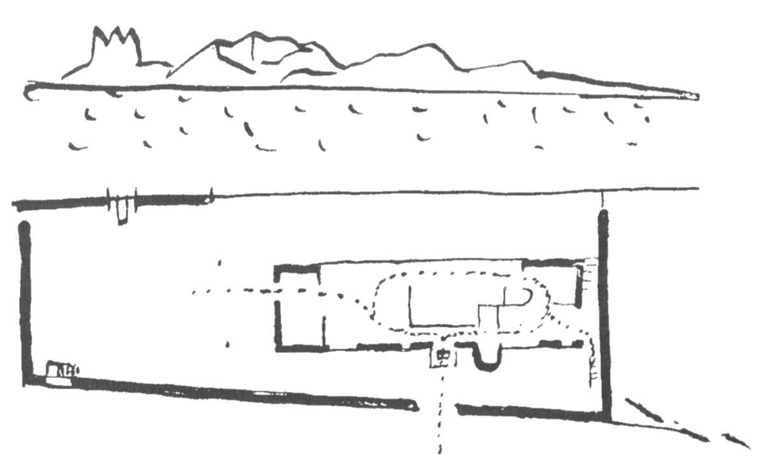
5

6

■空间的概念（The Idea of Space） 空间是一种超越了可描述概念的意念。它是难以用言语表达的。

空间象征了一切拓宽或除掉现存限制并开发更多可能性的东西，因而空间是相对于确定性而言的概念，这种确定性是封闭的、压抑的、笨拙的、受监禁的，被划分为承载物和分隔物，并被分类建立起来、被预先决定又保持不变，清楚明白。

空间和确定性(certainty)形同陌路。空间是新事物出现的潜在标志。

空间是一些在你前方和上方（较小程度上是在你的下方）的东西，它们给予你视觉的自由和自由的视觉。在那里有着不可预期和不确定的余地。空间是一个未曾被侵占并超出你所能占据填充(fill)的地方。

空间也是从开放（openness）产生出来，增加了含义和解释；它以模糊性、透明性和层次性取代确定性。在空间里，深度取代了平面，总体而言具有更多维并且是非排外和确定的三维。

空间，如同自由一般，是难以把握的；实际上，当一样事物可以被掌握和被透彻理解时，它便丧失了自己的空间；你不能给空间下定义，你最多只能描述它。

■物质性空间（Physical Space） 我们称“宏观世界”为“无穷的空间”。它并非空白，因为我们看见它在一种结构的关系内容纳物体，而且可能有一份强烈的愿望即我们可以在那里寻找到某些东西。空间游历暗示着我们正在做着上述的行为，所以一个空间的外壳被加在了我们的领域之上，从这里我们可以把地面看做是一个有着由连接物组成的外壳笼罩其上的东西。只有当无物可视、可寻时才是空白的。对物理学家而言，空间就是指物体或现象存在的范围，或更应说是移动。[2]在它之外，即在人们留心的范围之外，那便是空白。我们声称的需认知的其中的秩序，那就是空间范围；我们对其不闻不见，我们的体验便是空虚的。

微观世界，亦是无穷的，虽然我们在那里寻找到了更多我们更感兴趣的事物，它没有唤起空间的知觉，如细菌、粒子和基因。那么，这一“负”空间(“negative” space)未能在我们中唤起空间知觉，而更多的是关于我们的想像力。相似的，海平面下的大规模水体对唤起空间知觉过于稳定了，虽然深海潜水者显然看见了不一样的景象。

■空间与空虚（Space and Emptiness） 任何我们不可把握的事物，我们的体验即认为是空虚。这可能是隔海远观的景色，没有船只，没有风浪，没有云，没有海鸟，没有落日及其他可以视觉辨认的物体。沙漠也同样象征着空虚，除了山谷的轮廓线和它的丰富生命。这里缺少人和物体，是荒凉的，留给我们的是空虚的感觉。在遗弃的城市，这种感觉更为强烈，所有的东西都在人的周围反复出现。没有了人，房子、街道和广场的空间，即物质意义上的空间就是空虚，一种空（void）。空虚同样是一种感觉，是你历经某一时刻的感觉，这时你知道或怀疑一些宝贵的东西正在流失或已经离开，当我们是离开者离开某处的时候同样的情况也发生了。

对我们来说，可以想像的最空虚的事物是画家那空白的画布，我们以旁观者的身份认为我们知道画的内容。对于画家而言，空间就是在某一时刻他或她决定了它必须成为一幅绘画；是征服它的挑战，毫不犹豫地强占画布的空白状态。

■空间与自由（Space and Freedom） 虽然空间有一种解除束缚的影响，但它并不是自由。自由是放纵的、无约束的释放。空间是有序的，有目标的，即使那些秩序是由自然引发的情绪化的和不可能明确定义的。自由是虚的，它是一些远处的东西，不是你身体的一部分，就好像地平线随着你的移动离你越来越近。或者说自由存在于栅栏后面的囚犯的意识中。自由是当它不属于你时你感觉到的东西，当你感到自由时你感受到了空间。自由预示着独立，而且那是死胡同。空间循规蹈矩，寻求隐藏；自由则是贪婪挥霍的，像火焰一样，不加选择的。[3]自由不考虑其他情况，没有尊重，是反社会、反权威的；

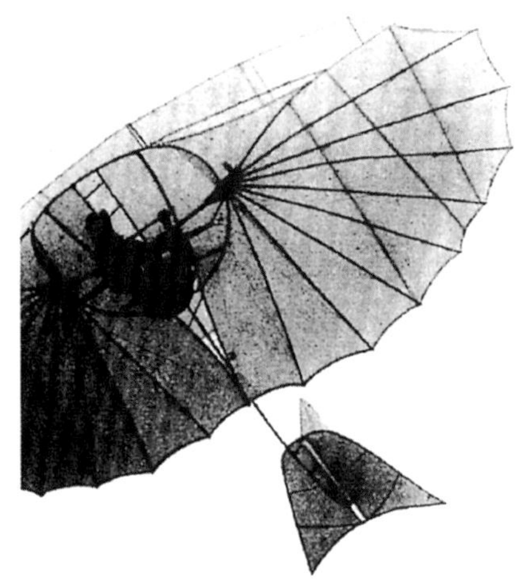

7

8

自由不能选择，因为任何选择行为都会限制其自身；它是一张没有尽头的清单。在任何事物都是可能的和被允许的地方便不再需要任何东西。空间是一种供应，由此产生了需求。空间有形，正是自由使其易于理解。

"自由是无定形的，难以名状的。"(达里，Salvador Dali)

空间唤醒了自由的感觉。相对而言，空间越多自由越多，同时那些摆脱束缚的情形便带来了空间。

足球运动员和棋手在遵循游戏规则的前提下成功地实现了自由移动，在那种方式下他们创造了空间。感受自由意味着拥有你所需的空间。

■建筑的空间 (The Space of Architecture)　物质上，空间的塑造是通过它周围的东西及其内的物体被我们感知，至少是当那儿有光时。

"我们的视野穿越空间，给了我们一份鲜明而遥远的幻觉。这就是我们如何建立空间：结合着更高的和更低的，左和右，前与后，近处和远处。

如果没有东西阻挡我们的视线，它实际可以伸向很遥远的地方。但如果它没有碰上任何东西，它便所视无物。它只见到它所碰到的东西：空间，就是那些阻碍视线的事物，那些吸引视线的东西及障碍物：砖块、一个角落、一个尽头。什么是空间——你走到一个转角，停下脚步，必须拐过转角，空间才可能继续延伸。没有任何东西包裹着空间；空间有边际，它并不是简单地存在于任何地方，它做必须完成的工作使铁轨在达到无穷远前会合。"（乔治・佩莱克，Georges Perec）[4]

"空间在其自身内部，或更应说是极好地存在于其内部，它的定义就在其本身。空间中的每一点都处在它自己的位置，也被人们感知到它的方位，一点在这里，另外一点在另一处；空间是方位的依据。方向、极性、遮盖都是依据人的感知派生出来的现象。"（梅洛－庞蒂，Maurice Merleau－Ponty ）[5]

当我们在建筑领域谈及空间时，大多数情况下我们意味着一个空间。一个物体的存在或缺失决定了我们涉及的是无限大的空间，还是一个更多或更少被包含空间，或是存在于两者之间，即非无穷大亦非被包含。

空间是被限定的，意义是明确的，也是由其外部和内部物体单独或共同决定的。空间意味着什么——对一些事物提供保护或使得某物可被接近。在某种意义上，它是特制的，从功能角度考虑它或许是变化的，但不是偶然性的。一个空间带有类似于目的性的东西，即使它有可能走到这一目的的对立面。那么我们可能将一个空间理解为一个目标而只不过是在相反意义上的：是一个负实体(a negative object)。

建筑中的空间最初是神奇地召唤了有关额外维数的想法，就像走过教堂时，由于紧张而欣然地有了强烈的印象，然而空间是一个相对的概念。一个房屋内的空旷处或是其他突然性地打破荷兰住宅 2.7 米限高的实体，给予了一份空间的感觉，就如一个突出的阳台、屋顶平台、楼梯平台、楼梯或是走廊。每一种情况都包含了相对不只一个期待，超出了我们的习惯：空间位于更远处。

每一个人都有他们自己关于理想空间的看法，而且我们都可以回忆起大量的曾经给我们留下特殊印象的空间，然而有谁可以精确地描述出是什么创造了那样的空间感呢?

我首先想到的是由勒・柯布西埃设计的昌迪加尔国会大厦(Assemblée in Chandigarh)的大厅，我们在交出了相机以后便快速地穿过了那里。巨大的黑色屋顶和那内陷的蘑菇状柱头现在都获得了力量 (图 9)。同时还有巴黎圣・热纳维埃芙图书馆(Bibliothèque Ste Geneviève) 的阅览室、皮埃尔・切罗的玻璃住宅(Chareau's Maison de Verre)高高的起居室(图 10)、科尔多瓦的清真寺(图 11)……

9

10

尽管我们不能用言词表达出是什么使得一个空间美好或美丽，你可以说那是一种伴随着深度和透视的“内在 (inside)”，它给出了一种扩张的感觉而不会反过来影响内部的特征。你可以称之为是一种在“容纳 (containment)”和“扩展 (expansion)”间的平衡，它会在情绪上影响你，这包括了所有会影响空间效果的因素，例如光的质量、声音、一些特殊的气味、人、最后的却也是最重要的因素：你的情绪。

它造成了很大的区别而无论你是否独自处在阿尔汗布拉宫 (Alhambra) 的庭院里，在充溢着鲜花芬芳的静谧的早晨，惟一的声响来源于水池中喷泉溅成的水晕，由此第一道阳光在四周柱廊平滑的大理石衬托下如舞般闪耀；或是整个院子挤满了嘈杂的游客，他们四处拍照，身上汗流浃背，光着长满汗毛的腿拖沓着便鞋，穿戴着图案花哨的 T 恤和奇形怪状的帽子 (图 12)。通过比较发现：在米兰的厄曼努尔廊道（Galeria Vittorio Emmanuele）和罗马的圣彼得广场（Square of St Peter's)，都很受游客的欢迎，他们都非常接受它们。相似地，一个空荡荡的体育馆有什么好处？人和空间相互依存，他们彼此展示真正的色彩。

所有人都会存在一些被建筑或城市空间影响或感动的记忆，在那儿视觉印象唤起了其他感觉，或者至少非常强调它们以至于它们现在给予我们更强烈的冲击力。

那么你自身的情绪影响了你对空间的评价就不证自明了，即使不是所有人都可以进一步去描述那种情绪，也更不可能像福楼拜 (Gustave Flaubert) 在《包法利夫人（*Madame Bovary*)》中暗示表达的：你周围的环境是如何呈现你构想框架的色彩的。

“住在城里，有热闹的街道，喧哗的剧场，灯火辉煌的舞会。她们过着喜笑颜开、心花怒放的生活。可是她呢，生活凄凉得有如天窗朝北的顶楼，而烦闷却是一只默默无言的蜘蛛，正在她内心各个黑暗的角落里结网。”(福楼拜)[6]

“她走到圣母院前的广场上。晚祷刚刚做完，人流从三座拱门下涌了出来，就像河水流过三个桥洞一样，门卫站在拱门当中，动也不动，胜过急流中的砥柱。

于是她想起了那难忘的一天：她非常着急，但又充满了希望，走进了这个教堂的甬道。甬道虽然很长，但还有个尽头，而她那时的爱情却显得无穷无尽。现在她继续往前走，眼泪直往下流，滴在她面纱上；她头昏眼花，摇摇晃晃，几乎支持不住了。”(福楼拜)[7]

“大殿的屋顶，尖形的穹隆，彩画玻璃窗的一部分，都倒映在满满的圣水缸里。五彩光线反射在大理石台面上，但是一到边沿就折断了，要到更远的石板地上才又出现，好像一张花花绿绿的地毯。外面的阳光从三扇敞开的大门射进了教堂。有如三根巨大的光柱，时不时地从里面走出一个圣职人员，在圣坛前斜身一跪，就像急急忙忙来一下就走的信徒一样。分枝的水晶烛台的一动不动地吊着。在圣坛前点着了一盏银灯；从侧殿里，从教堂的阴暗部分，有时会发出一声叹息，加上关栅栏门的声音，也在高高的拱顶下引起了回响。

莱昂迈开庄重的步子，靠着墙走。在他看来，生活从来没有这么好过。她马上就会来，又迷人，又激动，还会偷看一眼后面有没有眼睛盯着她，——她会穿着镶花边的长袍，拿着长柄金丝眼镜，蹬着小巧玲珑的靴子，显出他从来没有领略过的千媚百娇和贞节妇女失身时难以形容的魅力。教堂仿佛是一间准备就绪、由她安排的大绣房；拱顶俯下身来，投下一片阴影，好听她倾吐内心的爱情；彩画玻璃光辉闪烁，好照亮她的脸孔，而香炉里冒出轻烟，好让她在香雾缠绕中出现，有如天使下凡。”(福楼拜)[8]

11

12

■空间体验（Space Experience） 通常而言：穿越空间，拍摄它，空间形象便会展开。然而印象最深的是，当那样的举动都不能揭示出它的确切意义时就引发了空间的感觉。

空间的本质并不允许自身被定义，至多是被描述。由此它引起了一连串有关建筑的无休止的冗长故事，最好的限制性的移动可以帮助我们，至少是获得一些对这门学科的领悟。

是什么使我们把事物当做空间的一部分来考虑？空间是一种感觉，一种我们所经历的感受，尤其是当我们所见的事物不可能一眼就被接受并因而未被详细说明时。或者更应说是它有如此一种层次划分使得我们没有能力调查它的全部。它唤起了期待。

空间感是由一种对你所处空间整体认知的缺乏所支持的。即使当我们指一个空间在所有面上都被封闭了使它的所有部分成为可被调查的时候，或说至少看起来是；在那儿，常常是有些东西存在于角落周围。

对空间的感觉可能出现于当被期待的形象和你所经历的形象不相同时，声音成为空间的方式是当直接声和反射声在接受器上不一致时产生的。许多都体现了观众的观点。

毫无疑问的是对设计师来说它已经以一种或别的方式全部存在于设计师的脑海中，也就是指尺度、材料和光的性质。对他而言，在某些阶段，不再有秘密；建筑师必须在他的脑海中对他将要创造的空间有一幅画面，至少是在每一点上，剩下的问题是无论被认知的结果如何，是否真正地与他预先的想法一致。

按比例的模型和其他的三维表现方式有助于我们去形成画面，但是无论怎样实际地加以暗示，它只能是一个抽象的概念，剥夺了所有那些共同塑造我们空间感的不可见成分。实际上，三维是怎么成为空间的，在建筑所在的真实世界中该如何体验空间？

为了进一步地理解“空间”这种现象，我们可能应该暂且脱离建筑。

空间并不一定是刻板的、三维的，也不一定生来就是看得见的。虽然我们确实是基于视觉的真实去解释空间的感觉。人们感到，必需的空间是平的、满的、狭窄的或是有限的缺失（limited lack），所以空间更像是关于立体镜的感觉而非真正看立体镜：一份更完全、更完整的经历。

舞者通过舞动躯体探索和舒展自身来暗示区域，而不以物质感来限定它们。这样他们创造了空间。

音乐有它自己的空间，而且原本就是不明确的。不只是声学（它可令你能闭上眼睛去倾听你所处的空间），立体音响也是如此，例如CD，它可以帮你描绘一个空间。当声音来自不同方向时，空间听起来被加强了。

对音乐家而言，建筑承载了音乐。例如作曲家柏辽兹（Hector Berlioz），他认为除非通过空间中音乐的共鸣，否则完全不能想像如何体验空间。一个参观过罗马圣彼得广场的人写到：“这些画作和雕像、那些伟大的柱子，这整座巨大的建筑，仅仅是建筑的躯体。音乐是它的灵魂，是它存在的最高体现。”（柏辽兹）[9]

但是伴随着这些文字性的空间感觉，我们同样可以体验一份对复杂空间的感受，所以并非立即可辨声音的帷幕。

“在唱诗班中我听到了许多声音，每一个声音都似乎是在其余的声音中独立地被唱出。沿着不可见的音阶升高或降低，彼此超越，有时成对而去，有时穿过对方的路径就像彗星在它身后拖着一条与之一致的长长的尾巴，他们保持着彼此均衡的游移，而除了技巧性的混乱，所有的都像空间中的银色脚手架一样坚固而透明。”（Theun de Vries）[10]

空间的概念出现在我们意识中的每一个角落，在语言、舞蹈、运动、心理学、社会学和经济生活中；只要移动是可能的，就会像在平面上移动般简单。

我们经历的空间必然从一种原始感觉（Ur-feeling）产生而来，它是一种在基本现实上想像构建尺度的能力，是一种高于抽象概念的对真实世界的反映。空间感觉是一种精神的构筑，是对外部世界的投影因为我们根据我们所控制的设备去体验它：一种思想。

13

外面的山，里面的山，范·德·库肯，1975年（Mountains outside, Mountains inside, Johan van der Keuken, 1975）（图13）

“这些山在里、外相对伫立的方式，就像是对方的镜像，这是范·德·库肯所认为的空间。

当然，只有极少的画家没有向我们展示外部的景观空间是如何进入室内的，没有为我们把世界转化成我们更熟悉的图像。这里是不一样的，白天和黑夜被颠倒了，所以你看见白天山在巨大的‘睡袋’中休息，而同时，夜晚飞越山峰，通过明亮的窗户向里望去，有一座山已经起床了并开始活动。

除此之外还有负的一个方面即从另一边所见到的相反的情况必须存在；一次又一次的，外部与黑夜和白天与内部被相互挤入。

然而画面所展示的比其他东西更多的是你对外部世界的体验是怎样印入你的思想里的：一幅你印象中的景观的版画。

因而，在你的思想里，外部的空间通过变暗的房间的矩形镜头被投射入内部，进入到你自己的内部空间；属于你自己的空间。”[11]

■**绘画的空间（The Space of the Painting）** 画家的绘画平面通常比建筑师的三维空间包含更多的空间。人们批评画家只是在平面上工作，实际上空间存贮于画家的心中。给予那种空间以解释实际上是对美术艺术的持久关注，同时它不停地寻求新的机制去实现它。

一个被很好描绘的空间可以像真实事物一样有启发性——它具有一种差异性，即画家选择并安排了一个时刻，这一时刻中所有的条件——光线、环境、花期——都是非常完美的，这种情况你极少碰到，如果曾经遇到也是在“自然”的现实中偶然发生的。他可以把许多不是同时发生的体验压缩在一个图像中。他可以略去东西，安排它们，移动它们，伪造它们之间的联系或是强调它们。简而言之，他可以把图像安置于可能最好的光线之下，然后帮助想法得以更好地与这些条件不期而遇；去加强体验。

画家有能力把你置于空间中。运用他所选择的站立点，他可以从你的视野中大举移动以唤起和维持期待的感觉。

透视是一种创造真实的途径。正是通过透视，艺术家能够实现对三维空间的最具启发性的可能，同时当你在这样构筑的空间图像的正确位置上全神贯注时，你可以想像自己处在那一被描绘的空间中。

但是我们一定不能把这种书面深度的表现法所拥有的效果固定为一个空间体验的标准。因为所有的透视画法、众多的画作，都不能唤起期待的感觉，而是仍然停留在平面。

空间的感觉产生于相邻色彩的设定，它赋予了平面以深度或使之产生动感。而且空间可以在平面上自由地设定，在向侧面的方向，同时也是在两个重叠的画面层次之间。

不是只有画家成功地表现现实的空间，反之同样成立，即现实是对画家空间的体现。我们体验空间就像从画家给予我们的图像中去获知。画家教授我们去看和进入，所以的确造就了我们关于空间的想像。通过把我们的眼睛没有吸纳的部分加入其中，画家的行为就像我们的眼睛并由此塑造我们真实世界的空间。一旦你深切地注意到一个事实，即空间是画家的最终目标，那么就不可能去描述所有的众多途径，在这些途径中从未有过获取空间的新机会。

在那里空间体验比仅仅通过立体镜观看走得更远。空间没有被清楚地展示或认知，它引起人们对这一空间更多的层次感和好奇。

因为画家只寻找那些用以实现平面上空间的东西，使之更深、更高、更厚、更广阔或更透明。

我们仍然没有提及关于画家所提供的精神空间，以及它的参照、关联和隐喻。

以下的例子来自绘画的世界，透过建筑师的眼睛，了解建筑师需具有的空间感的品质。

《侍女》，维拉斯奎兹，1656 年(Las Meninas, Diego Velázquez, 1656)(图 14)

维拉斯奎兹油画所描绘的主题显然是在画布的前面。甚至看起来像是个旁观者。前景宛如情节的一部分，一种向前的延伸。由此画面的深度就处在了油画布的前方并到达了画面中房屋的后墙。观察者面对的复杂性是——观察帆布内和帆布前方间的关系以不断地产生对主客体的现实世界的新的哲学反应，在不断变化中进行观察。[12]

这里艺术史学家所关注的是镜中的图像到底是绘画过程的反映，还是那些静坐者的镜像。令我们感兴趣的是，真实的空间和被描绘的真实空间相互渗透。

你可以继续坚持是绘画给出了一个空间的假象，但是空间"事实上"是另一种的假象。这里两种幻想处在了毫厘之差的范围。

14

对 Folies Bergère 酒吧的素描，马奈，1881 年(Sketch for A Bar in the Folies Bergère, Edouard Manet, 1881)(图 15)

如果现实中镜子在增加空间上有一些虚假的效果，绘画或照片则以一种更自然的方式反映镜像。不仅仅是我们所见的在右上角那个与女招待面对面的男人，也从后面看见了这个女人，我们可以观察到观察者身后的整个戏剧化的场面把这个女人放在了最宽广的空间里。虽然有透视效果，但并不是赋予了这个平面以深度感；或者可能是不同的没影点 (vanishing point) 给了它一个不明确的、支离破碎的空间。因为镜子把你身后的世界拉入了画面，你作为观众自己也被拉入其中。[13]

15

16

有大键琴师的室内，Emanuel de Witte，ca. 1665 年（Interior with Harpsichordist，Emanuel de Witte，ca. 1665）（图 16）

这幅画中所暗示的深度的效果正是建筑师喜欢在他们的建筑中所见到的。尽管如此，其他事情也很重要，如两个人物的位置，同时从窗户射入的光线加强了纵深方向的舞台布景效果。有了足够的建筑学和那个时期房屋类型的知识就应该有可能从画面去重构整个平面。房屋的真实空间被压缩进了画中。

卢浮宫，休伯特·罗伯特，1796 年（Louvre，Hubert Robert，1796）（图 17）

这一对大型博物馆画廊的描绘如此精确地暗示了一种深度的效果，以至于你可能怀疑是否用一只眼睛观察现实会给你对深度更强烈的感觉。投射到你的视网膜上造成的些许不同的感觉，正是你所看着的“空间假象”。

透视画法经常被轻蔑地提及，仿佛是一种欺骗，但当被一些懂得如何发挥它的人运用时，它将比现实更有说服力。

17

罗马万神殿，帕尼尼，1734 年（Pantheon，Giovanni Paolo Pannini，1734）（图 18）

帕尼尼所绘制的许多关于 16 世纪罗马建筑的插图几乎如相片般精确，并使他成为历史上最伟大的建筑“摄影师”（与卡纳莱托（Canaletto）齐名）。乍一看，他严格地遵循了透视的真实，但在这里，实际上他实现了今天摄影师用最宽的广角镜所完成的东西——同时显然帕尼尼更轻松地成功避免了总体的扭曲，这种扭曲随视角的增加变得更强烈，并且不能沿着照片中可接受的线条修正。他设法通过对单一静态图像的扫描合成一个动态的图像，该图像是人类的眼睛能够通过对整个一系列图像的观察所掌握的。

18

构成，皮埃特·蒙德里安，1913 年/1917 年（Compositions，Piet Mondrian，1913/1917）（图 19～22）

蒙德里安对每一个长度都通过绘画中习惯性的透视效果去摆脱我们眼睛已习惯的深度的影响。每一条倾斜的线对他来说都自然地涉及了透视原理。在蒙德里安那里空间在平面中是自我独立的，虽然在他后期的绘画作品中物质性的厚度也是一个重要因素。然后你看见了横的和竖的集合交叠着并在支撑框架的厚度上继续延伸。

如果他的“立体派”时期始于 1912 年，我们可以发现一些思想萌芽；在 1917 年前后，线条和色彩的构成变成了一个更为开放的、空间中的系统和一个向支线倾斜的离心运动，这一运动限于油画布的平面。

伴随着物体般的矩形色块的日益强烈，伴随着时间的流逝，当建造空间的均衡被加重时，我们会目睹它与舍恩伯格（Schönberg）的音乐理论（Klangfarbe theory）非常接近。舍恩伯格是一位作曲家，也是一位画家，他寻找着声音单元的相似的平衡、声音的持续时间、音量和音质取决于是什么乐器发出的，这些将会唤醒新的音乐空间。

在风格派（De Stijl）群体中建筑师和画家的思想和志趣相互补充，例如里特维德、蒙德里安和范·杜伊斯伯格，主要的方面就是空间。此前的建筑师和画家从未像这一时期关系如此亲密，除了一种可能即巴洛克式的例外。在巴洛克风格中，与其说是满足于已建成的空间，更毋宁说是，他们最终用那些表现附加空间假象的绘画对它进行补充。

在蒙德里安的工作室我们可以看到悬挂于墙上和墙前的画作，创造了一个房间的构成。这一构成有效地从构成的聚集中组成了新的独立构成的绘画。

19 《构成》,1913 年

20 《蓝色构成》,1917 年

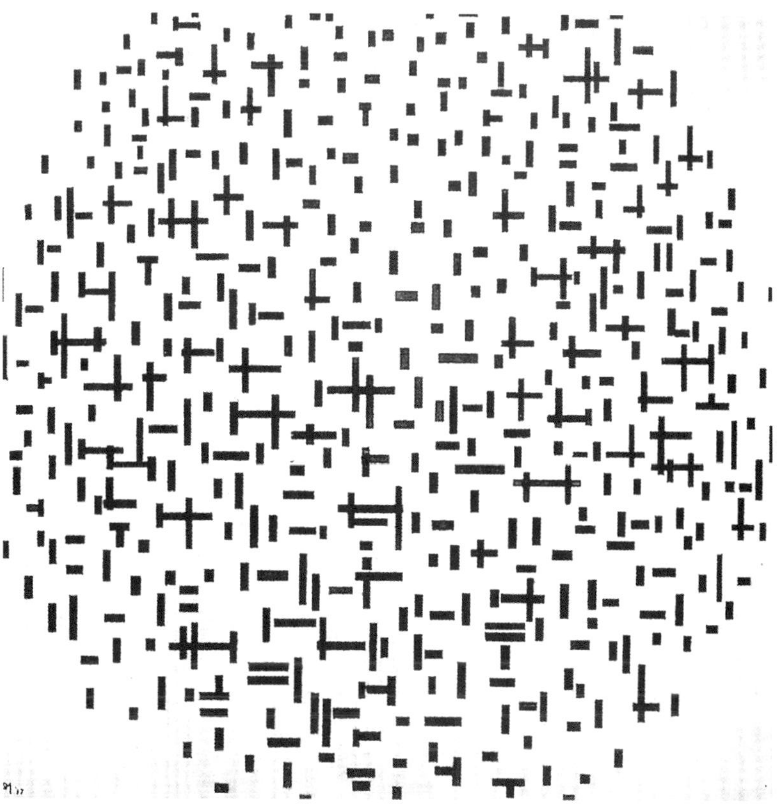

21 《黑白构成》,1917 年

22 蒙德里安的纽约工作室和《百老汇爵士乐(*Victory Boogie Woogie*)》

■空间是一份渴望(Space Is A Longing)

有时在狂风中，
有时在暴风雨中，
漫天的飞鸟在太阳的前方展翅高飞。

是什么样的梦想给予了鸟儿奋飞的力量，
使得它们舒展自身轻盈地向着辽阔的天空飞翔。
(Bert Schierbeek)

我们对空间的渴求瞄准了外部世界，所以它本质上是分散的。

我们希望掌握更多空间并使它们成为我们自己的；我们勇敢地面对那些不熟知、未被预料的风险，是为了扩展我们的生活圈子、我们的经验、我们的见闻。空间是期待，并最终成为要到达某处的心愿。

"未被定义的保持了莫可名状的美。"(朱迪思·赫茨伯格，Judith Herzberg)

一旦一个新的空间领域变成在情绪上和物质上都是可进入的，它就不再默默无闻。每一步都是一个新的指示、一个新的引导(signifié)，所以一步一步地它变得合适了，成为我们所熟悉的世界的一部分。

当一个地方变得越来越熟悉，无论是何种地区，哪一种不确定性，怎样不被预料全都消失了，而且最终变得合适并可为人接受；变成了一个我们有回家般感觉的空间。

如果进入空间的渴望有分散离心的倾向，一旦空间被人们开拓出来，我们的注意力就转变成更为彻底的开放，而且在头脑中展示它。越来越多的联系发生作用，并且伴随着这些在我们熟悉的世界中的合并，我们在时间上的焦点变得日益内向(inward–looking)，关注于精神和情绪上的新的可进入领域。这就是我们离心的渴望是如何开始转向向心引力的；适合而熟悉的空间成为场所。

设计连同它对未知、不确定和不可预料情况的紧张和危险感将会消融于对坚固、安全、归属、保护和界定的需求。

■空间和场所(Space and Place)　空间和场所间的差异会比根据两个词使用方式的假设更为清晰。因为它们都过于经常性地被混淆。场所使我们主要去考虑受限的区域尺度，如一块游戏的场地、一个阳台、一个小书房、房间的一部分或是像房子的某一部分，它们都产生于连接方式，或是大得足以去容纳几个人或小得足够提供必须的"遮蔽(cover)"。场所暗示了一个注意力的中心，比如桌子的完美就是个例证。

场所也可以非常的大，只要是它们适合于任何将要在它们里面进行的活动。[14]场所是你认识自我的地方，是熟悉的和安全的，尤其对你而言。当大量的人有着同样的感觉并受它的驱使有了被联系在一起的感觉时，它就是一个集合的场所，比如庆祝解放日(Liberation Day)的地方或是悼念死者的地方，或者是一个宗教团体的中心。场所感同样具有临时性的特点，例如当国家足球队获胜时。

场所暗示了对空间附加的特殊价值。它对于那些感到彼此依存和由于它而拥有了团结感的人们具有特殊的意义。

空间，无论其目的如何，可以意味着场所，不论是对于个人，还是小或大的团体。那么场所是一种特别附加的意味，或者更应说是那一空间的引导。你作为一个建筑师所能设计的是一种令空间适宜于作为场所来读解的条件，即，通过提供仅仅是那样的尺度，或者更确切地说是一种在某种情况下会带来合宜和赞誉的恰当感觉的连接和(articulation)"遮蔽"。[15]

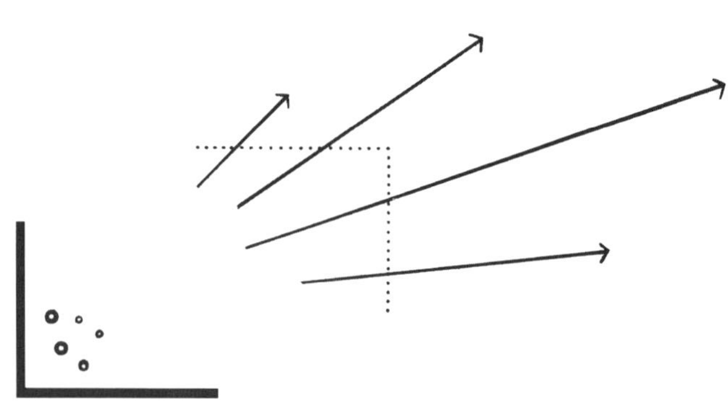

23

使得空间转变为场所是通过它的占有者和使用者所给予的填充物(infill)。那么一个区域就成为了一个被过去和现在发生的、赋予了联想的事件所渲染的"特殊"场所。当我们说我们正在创造场所，实际上是指以某种方式创造空间，那么它的填充条件赋予了它场所的质量。

如果场所是一份对空间的最终情绪上的占有，初期并不重要但具有潜在的重要性，我们可以说：空间是一种包含全新内容的特质，这种特质可以被填充以创造场所，所以空间和场所的关系是"能力(competence)"与"表现(performance)"。空间和场所是相互依存的，并在其中相互认知，使得对方作为一种现象存在。

在鸟儿离开它们的领域寻找食物的时候，必须一直在脑海里知道自己鸟巢的所在；若是没有基地可供返回的话，它将不会冒险。你不得不四处走动去寻找空间，去确认你所谓的自己的空间；你必须回家为新的旅程做准备。[16]

"逃离的需要？还是回归的渴望？"[17](Mark Strand)

空间是渴望，一种对于可能性、外界、旅途、生机和开放、离开的期待。

场所是停顿、内部、修缮、家、休息。

制造空间和离开空间是不可分割的联系，必须允许常常存在新解释。此处的困难在于你制造的东西越合适和正确，将强加给它一种更强烈的特殊重要性。那么这一重要性将导致它本身固执的命运。具有重要性的空间越多，为了其他含义和经历所留下的空间就越少。

空间和场所是唇齿相依的——彼此促进。如果场所要加热，点火，那么空间就是燃料。我们需要两者作为建筑的基本元素：瞻前顾后。

24

2

精神空间和建筑师

Mental Space and the Architect

■设计是一个思考过程（Designing Is A Thought Process）我们时常发现建筑的创作过程被描述成一种灵光忽闪的继续，有特权的人显然像是获得了一份惊喜，而其他的人则在徒劳地等待，仿佛思想是一种从天而降的意外收获。当你看见建筑师不断地用新的想法去彼此超越时，在他们受到痛苦折磨的地方，你就不会觉得疑惑了。

建筑师应首先考虑到形式中的内容是植根于一种误解(misunderstanding)。首先，他们必须有关于各种情况的概念，因为这会影响人和机构，以及这些情况如何发挥作用。一些概念从那些情况中浮现出来：即有关这些情况的观点成熟了。仅是在那个时候建筑师面对了所有上述提及事物出现时的各种形式。令人惊叹的是建筑上的回应是对思考过程结果的最终表达。它们没有出现在稀薄的空气中，而是犹如从上帝处获得的赐予天才的礼物。

建筑师，包括那些真正的天才，构筑他们的思想，这些思想来源于以一种或别的方式在他们的脑海中已经出现的原始材料。它们是全新认识的关键，毕竟巧妇难为无米之炊。

设计是一个复杂的对潜能和限制的思考过程，区别于那些按照完美的、有条理的直线所产生的思想。

新的反应产生于联合和数量，而不是那些我们已经知晓的东西。我们运用脑海中已有的东西做事，而不能从中获得比我们放置其中更多的结果。根据已有的精神病学上的解释，它的运行方式和厨师是一样的，当厨师做菜时只能用他在厨房中所拥有的东西。好的厨师可以用他的配料比较为平庸的同事做出更多花样这样一个事实我们姑且不管，两个例子中的关键都是要用尽可能多的配料填满备餐间以获得更为丰富的组合，并从而在他们的调配上有更广泛的可能性。

建筑师所能使用的配料是他多年来的经验，以及那些他可以直接或间接地与他的专业联系上的东西。考虑到他的学科范围是无限的广阔，而且理论上涉及了所有东西，那就意味着要大量的经验。所以对建筑师很重要的是他生活中的所见所闻，以及任何他没有亲身体验的却有很好想法的东西；就是说，他必须强调他所偶遇的每一个情形。

25

26 酒窖的通风口，依舍尔（Ischia），意大利

27

Notre Dame du Haut，朗香教堂，法国，勒·柯布西埃，1950年－1955年（Notre Dame du Haut，Ronchamp，France，Le Corbusier，1950－1955）（图25～28）

坐落在朗香的Notre Dame小礼拜堂标志着勒·柯布西埃设计作品和思想的一个新时期。这在马赛公寓中已经很明显了，也同样体现在位于St Dié的制造企业，那时他已经结束了他的“英雄主义”时段。回顾过去，早在20世纪30年代就有了更为脚踏实地的、雕塑般风格的发展迹象。如果马赛公寓仍可被认为是一个基于更早期思想的混凝土原始构件的变形——原则上在平面中仍然运用了大量的具有强烈可塑性的附件，例如排水管和屋顶形式，当色彩在精致的柔和色调的建筑风格中变得更为突出时，朗香小礼拜堂就是完全不同风格的建筑。它有许多中空的极易混淆的雕塑体，它像是20世纪建筑发展的产物。

无论你觉得它美丽与否，你可能惊讶于那是否是给山峰加冕的一种方式，就像是一个没有任何约束的帕提农神庙的形式。你可以褒扬它或贬低它，但是你不能忽视它；它对建筑历史施加的影响是巨大的，而且与今天仍有惊人的联系。

我们对这个小礼拜堂主要感兴趣的是像勒·柯布西埃这样一位建筑师是在什么时候以及怎样实现了对这一全新形式语言的召唤。

从这幢建筑的首批草图可看出勒·柯布西埃回顾了许多年前所做的旅行草图，其中他记下了所有显然是触动了他以及他希望记住的东西，估计在当时并不知道其后可能会有什么灵感由其产生。有关这个早期作品的争论是它通过一个弯曲的竖井把光线引入并反射下来的特殊方式，这非常类似于空气通过通风井，例如旧海轮上的设计（在孩提时我也曾迷恋于它）。如果仅仅是因为一个人不能相信或是拒绝相信它可以被如此简单地做到，这种发现方法的表达方式最终能被人接受是令人惊讶和使人为难的。但是令人惊讶之处是这些形式（因为在这里被接受的是形式而非只是思想）在勒·柯布西埃所安排的新光线下呈现了全新的外观。它们被置于新的环境中，然后完全改变了形式。今天难以理解的是它们已经在更早的时候存在于某处了，只是没有被发现而已。仿佛新形式更多的是被重新发现而不是创造的，形式的表达不同，运用也不同。我们可以理解它们来自何方，但不理解是什么使它们如此璀璨，更不理解为什么它们至今仍然是成功的。

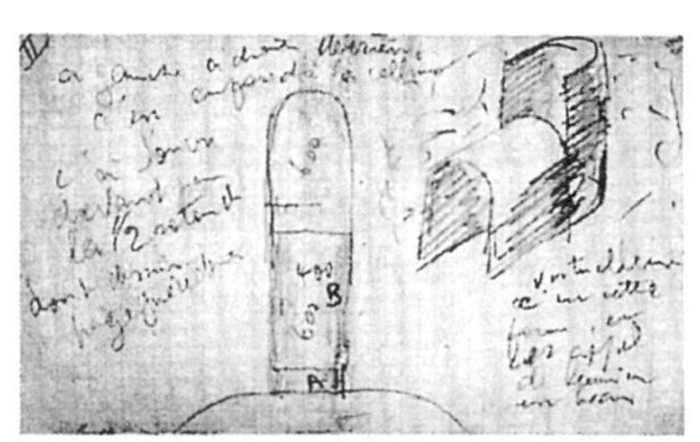
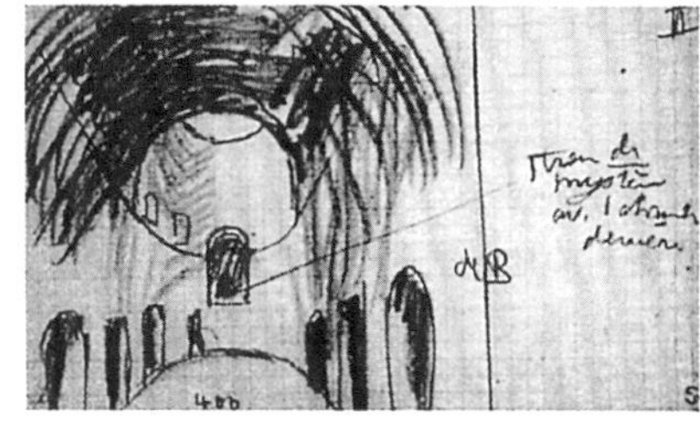
28 勒·柯布西埃，Hadrianus别墅的草图，1911年

■独创性，创造力（Ingenuity，Creativity） 在那种自身内部诸多条件和价值都极易发生转变的文化中，要求一份对过时观念不断批判的态度（而且自然地也针对新的潜能）。理论上讲，每一种情况下你都必须坚持问自己那种熟悉的途径是否仍然是最有效的、充分的和（或者）明智的选择，或者说我们会险些成为日常法规和现存的陈词滥调（clichés）束缚的受害者。每一个设计决定、我们做出的每个选择，似乎每次都要试探性地去对抗变化着的标准，但时常不可避免地要求新的概念。这就是我们需要独创性的原因和我们通常而言的创造力。

简而言之，设计过程的开始可以摘要如下：首先是一项任务被清楚地表达或是做一个初步构想。你有了一个可以给你概念的想法后你可以用它来做更为详细的设计。环顾四周并从你那已存有曾经感兴趣的想法的记忆中提取，然后截取类似可能有利于产生想法的东西。虽然就像拼图玩具中缺失的部分一样是可以确认的，但这些联系都过于时常变形——换言之是伪装。我们可以假设每一种新的想法或新的概念必然是一个分别对其他事物的转变或转译，而且还在进一步的发展和更新。

要找出想法的来源是不可能的；它是不是早已存在，是不是从老形象中产生出来，或者说仅仅是得到了巩固和确认？这是一种有关猜想、寻觅和认知的复杂的相互作用，处在问题和答案交互的过程中。

■打破和消除陈词滥调（Erasing and Demolishing Old Clichés） 要寻找新的概念作为对新挑战的回答，你首先必须去揭示现存的陈词滥调。这就是说去除掉暗含在常规建筑学程序中的主要动因，它常常通过强行地渗入程序，然后展开成为新的争论。只要一个程序被批判性地裁决，每次它都会被削弱不少的有效性。这就是为什么我们必须转换重点并摆脱掉坏习惯。当然说的比做的容易。这一问题就是要去摧毁现存的陈词滥调。

创造力以及如何获得已被大量地描述，指出了与其他事物联系的重要性。然而，特别强调的是创新的难点主要在于如何摆脱旧的束缚。新思维的空间必须通过消除我们脑中的旧思想取得。只要一个人可以不断地从零开始，就像对待未知量或一个仍然需要回答的新问题一样地处理每一项任务。不幸的是这不是我们大脑的工作方式。即刻涌现的联想是，无论你是否需要它们，主要和次要的技术都为经验所补充并由专业技术人员去改进，尝试和依赖通常是新思想的真正障碍。寻找新概念时的独创性常常被视为是独一无二的，属于那些在这一领域有天分的人。当主要关注的是怎样摆脱现有的陈词滥调的能力，并且每次都把任务视为未知领域时，那么其问题主要是一个心理障碍，需要突破。

如果旧的、熟知的部分属于我们熟悉的世界，新的事物基本上应算是一种威胁。它是否可以被吸收、接受取决于它所引发的联想，还有这些是否被认为是积极的，或者至少不是消极的。

那么，一个儿童，可能看见闪电忽现，它的危险是我们所知的，同时我们当然感到了根深蒂固的恐惧，就像烟花带来的理所当然的欢乐感觉。“在我的整个生命中所要做的就是尽力保持像少年时期一样的开放性思维——虽然在当时我并不需要努力地去做到。”这是毕加索对其后来生活的注解。

当年在保留埃菲尔铁塔（Eiffel Tower）时出现了极强烈的抗议——它最初只是一个临时性结构。大部分的知识分子认为城市被一个从可恶的工业世界中引来的怪物所丑化了。然而许久以后我们的后代几乎没有人不受到其作为一个新世界预兆的启发（图 29）。

你喜欢一样事物与否基于你所受到的影响。这不仅仅是你在后来所拥有和取得的，你必须一开始就拥有它并把它视为首要的东西；影响既是条件也是结果。

29 德劳内（Robert Delaunay），《埃菲尔铁塔》，约 1913 年

Eames 住宅，洛杉矶，Charles 和 Ray Eames，1946 年 （Eames House，Los Angeles，Charles and Ray Eames，1946）（图30～32）

事情发生在1946年，当时Charles和Ray Eames决定盖一座他们自己的住宅兼工作室，他们被迫限定自己用符合装配厂标准的钢梁和柱子，而且是从同一家结构工程公司获得的，因为当时战争刚刚结束各种材料都很缺乏。如果这的确属实，你可能会奇怪他们是否真的感到受到了限制，即他们的房子因此被迫简约成两个盒状的厂棚，并沿着场地的边界线置于植满桉树场地的最高处。

这些工业设计人员，常常保持着对每样新的和潜在的系列复制品的警惕，试探着将它们吸收成为自己的东西，他们无疑是把这些视作挑战。很典型的，与其说是感到受限于那个时代工业所仅能允许的用于设计的那些方式，不如说他们受到了这种情况带来的可能性的启发。

所以工棚被改造成为住宅，其形式前无古人。关键在于他们看到了超越厂房建筑形式的机会，例如那些永久的开网式（open-web）的钢节点，以及用其他的东西掩饰连接处以减少粗野的形象。Charles 和 Ray Eames 成功地通过简洁却仍是非凡的立面方式消除了工厂元素，同样的标准化构件配以局部的色彩；在里面，是光滑的吸光板，其效果就像蒙德里安式的日本风格。此外，墁砖的路径和紧挨立面而栽的植物透露出期望在住宅中找到某种关注。

31

32

30

建筑物好似容器的外表，由"容器"中的填充物进一步补充完善。这包含了各式各样来自世界各地的东西和仿制品的收藏，这些都是由Eames从旅行中带回的——它们如此迷人，所有的东西都是世界各地的手工制品，蕴涵了无穷的变化。那么对于所有这些被不可抑制的热情所搜集的东西来说，没有什么比这预制的"容器"更好的归宿了。这使它们自身内部有了色彩而且完美，实际上成为了收藏的一部分。

当Ray Eames为她的客人铺桌子的时候，并不一定按照喝茶或晚餐规矩去配置许多餐具和配件，而是依据完全不同的原则。她查看一遍她那丰富的碟子、茶杯和茶碟，根据每一位客人的不同需要找出一套配在一起，但要合乎另一个标准——一个经过精心构思满足每个使用者的餐具（茶具）组合。

人们熟悉的铺桌子的形象服从于颜色和形状令人愉悦的组合，就像是“虚拟博物馆（musée imaginaire）”的缩影。对于一种新的同一性，就会更加复杂并充满了惊奇。

两种安排、两种范例，都是由参与者所产生的联想。

众多的桌面餐具是为了舒适的氛围和古老的传统，因为那样的餐具代代相传而且仅仅是掌握在那些古老的、有社会背景的家族手中，它们长期存在且保存完整，总的说来，未受破坏。不十分殷实的家庭只能有从四处搜集来的餐具，拿不出一整套餐具。他们的餐具较少并且不能自夸辉煌的历史。Ray 和 Charles Eames 的众多收藏代表了一小批文化精英，表达了他们探索世界和不同文化风俗的热情，在收藏中像家庭整套餐具等的异类珍品是在于它的同一性。一旦关于什么是你所能或不能提供的问题被免除了，对过去的尊重就要求其他的评价和形式。这一例子表明旧的价值，即使是引起历史关注的，也都依赖于更好的评价；而压制和取代各种偏见创造了新的空间、新的活动余地。

奈默苏斯的集合住宅，尼姆，法国，让·努维尔 和 Jean－Marc Ibos，1987 年（Nemausus Housing，Nimes，France，Jean Nouvel and Jean－Marc Ibos，1987）（图 33～38）

这两幢全金属的体块，以与通往城市的乡间小路成直角的形式建立，就像某种形式的运输工具——不像轮船更像汽车或火车——它们处于乡村式的发展背景下，而非城市式的，与周围的环境惊人地和谐。这是由于我们已经对那些以每一个可想到的形状和尺度出现的，并在我们整个城市和景观中以递增的数量形成场景的金属盒变得遗忘了。但也确实是由于两幢建筑封闭出来的这条美妙的道路，它的两边是石子路，而夹道排列的悬铃树就像它们早就在那儿了。栽植纤长悬铃树的林阴路继续主宰着画面，两旁的住宅楼好像“盘旋”在由悬铃树构成的树柱上，树木本身更显得纤弱和安静。这里，勒·柯布西埃的主导原则（pilotis principle）被应用得如此令人信服，以至于每个人不能不改变固有的观点。

不同于马赛公寓，那里巨大的柱子几乎阻挡了视线，产生了一块冷漠无人

33

的土地；这里的建筑坐落在桩柱上，处在挖掉的并因此而下陷的停车带上，所以停靠的车辆不会妨碍整个视线。

除了在底层平面上水平基准处的透明度外，这一效果也是对停车问题一个英明的自然解决办法，虽然办法本身并没有什么新奇之处，通过最小限度而且简单的回应，在这里它就像个客观存在的事物一样坦然，没有了阻挡视线的栏杆或是矮墙。

34

35

36

37

38

这一项目同样赞同做每一样东西都是为了提供最大的空间。它的入口走廊像站台一样宽广，从那你可以进入自己家而尽量避免纷扰，很像是进入地铁列车，高效而平静。仅仅是门前的擦鞋垫标明了入口，因为前门和这些垫子比从运输业衍生来的给公寓编号的明晰图形更为形象。

阳台采用了向前倾斜的穿孔薄钢拱形板，赋以建筑无可否认的幽雅外观，但是在它后面由于个人的使用而出现了完全不同的、更为多样的特征。每一个组成部分的尺寸都偏大，很少在公寓中遇到，这也许就是为什么它散发出了如此强烈的空间感。居民以一种非法国式的热情做出反应，赋予了它们的个人色彩。它可能是一种强加的限制，没有考虑到建筑的完美——例如建筑师对于艺术家那种对素混凝土墙加以修饰的禁忌和建在卧室和浴室之间的金属网格——处于一种大概是漫无目的的自我矛盾中，这正是为什么租客对他们房屋进行各种各样改造的真正原因。这些修饰附加品在关于建筑的文章中是无处可寻的，然而正是这些充分说明了空间是由建筑物展开。

玻璃住宅，巴黎，皮埃尔·切罗，伯纳德·毕沃耶特和 Louis Dalbet，1932 年（Maison de Verre，Paris，Pierre Chareau，Bernard Bijvoet and Louis Dalbet，1932）（图 39～42）

当证实了不可能在 Rue Saint-Guillaume 的庭院中修建高层公寓时，设计师就决定取消整个地下三层并把一个新的房子嵌入现有的建筑中。那么就出现了一个问题：用于支撑剩余部分的钢柱像空中的石桥般悬吊着，不能以完整的状态引入建筑中。结果是，各式各样的钢构件组成了较短的长度，在现场用板块和铆钉联结安装。依据那个时代桥梁建筑原则的引导，用纯技术性的方法实施，至少对我们而言是这样，操作方法就像我们焊接节点，在建筑周围弥漫着怀旧的气氛。

它的最初目的是否是在这些柱子外覆以金属，坚定地高耸起来，就仿佛是一个面罩至少是遮掩了一些技术性的外观？我们将永远无法得知。可以确定的是在著名的透视画中被渲染的柱子并没有包含这一特点，那是对建筑实践的适度发展，虽然常常是未被期待的。

必然有这样一个时刻，当建筑师在他们为房子所创造的全部光线下回顾

39

整体，就确定了在这一阶段设计工作完成了。同时不止如此，他们把它漆成两种颜色，这就使得所建造的技术性部分更为突出。

切罗必然是考虑到了这些柱子，它们完全自娱和独立地处于空间中。除了涂以黑色和红色加以引导外，他把各处突出的边沿覆以蓝灰色的板。这是一些只有艺术家会考虑到的东西，属于艺术装饰，在这幢房子里设计师对多处材料和节点进行了创新使用。所以我们看见了切罗以他独有的审美把不同世界的气息组合成一个混合体，还加入带有钢结构的家具引入了一种小的生态单元。日益明朗的是我们对于这种审美观点

40

的接纳不是基于某些确保美的法规和原则，而是它们的正确结合——这里出现的每一个组成部分都唤醒了我们。

非常清楚的是，当形式和色彩（以及词汇）从他们最初的环境中分离出来并置于另一处时就变化了。它们从更早的含义体系中释放出来，现在自由地担任了新的角色。

把东西放在另一个场景中，同时我们处在新的光线下去观察它们。它们的含义变化了，随之是它的价值，正是这一我们头脑中的转变过程给予了建筑师通往创造的钥匙。

41

42

玩偶之家，AD 竞赛，让·努维尔，1983 年(Dull's House, AD Competition, Jean Nouvel, 1983)(图 43、44)

43

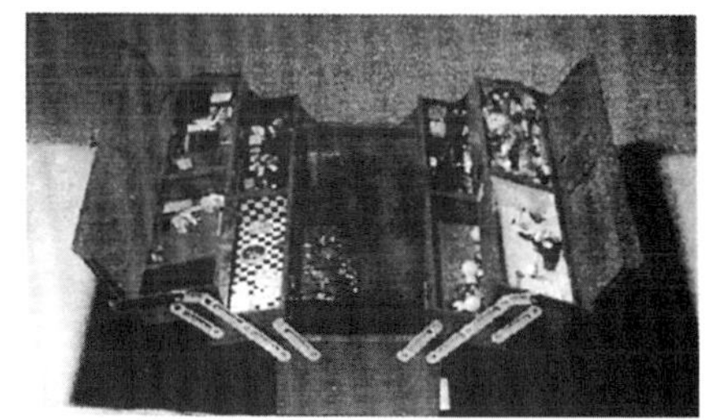
44

1983 年由 AD 杂志举办的竞赛是设计一个玩偶之家（包括所有的东西），提交的平面反映了当时住宅形式的缩影，那时玩偶之家的外形通常都是从富裕家庭房子模型中截取而来的。

努维尔第一个提交设计方案并赢得了竞赛。这不是他设计中最重大的一项，但它确实是最非凡的作品之一。谁会想到把工具箱用做储存你儿时记忆的空间呢？玩偶代替了钢制的家具，一个人几乎不能再想像出更强烈的对比。但是长椭圆形的像连排房屋似的衣橱摊开了里面的东西，所以至少任何东西都是随手可得的，较传统的玩偶之家而言更为有条理。虽然这不是我们所知的房屋模型，你却可以很好地把它想像成那样。它不是一个现有形式的反映，却给出了一个有关房屋的设想和概念。

孩子们真的感到了对实际房屋缩影的需要吗？现实房屋中常常有太多不能及的角落，伴随着你不能真正进入的挫败感以及常常感到被拒之门外的结果。这里在工具箱中你的东西常常安全地存放着而且是可以携带的。

面对它，你会想到努维尔早晚会想到这一构想（只要想一想他为圣丹尼斯大型体育场 (St. Denis stadium) 所做的“超级革命性”的竞赛设计方案中的“分离式的”(pull-out)看台）。

这一设计概念戏剧性地打破了有关玩偶之家的陈词滥调。不仅仅是由于它的外观和它的组合方式，应注意的事实是这些概念较少需要某些代表刻板的真实事物的东西。通过运用概念性的思考，满足了对房子的设想。

■当你处在另一种光线下看一项作品就相当于你在看一件不同的作品，因为那样你需要另一种眼光。问题是任何人都在不断地寻找可认知的部分，这部分可被人们尽快地解读，换言之，它在我们熟知的语汇中获得了一席之地。越是我们熟悉的世界（它是我们一步步建立起来的），在我们设计中的理解就越可信，而且更难于回避它们。

创新是与知识和经验成反比的。知识和经验总是使我们回到旧含义的窠臼中去，就像刀子始终会落回一张硬纸卡片最初的划痕凹陷中一样。只要能更容易地摆脱旧的概念，寻找新的并不困难。

杜尚 (Marcel Duchamp) 的第一件现成作品，可追溯至 1913 年，他把日常用具看成是艺术作品，同时赋予一些新的内容。他把他的作品放在一种全然不同的氛围下，人们随之会期待一些别的东西，所以说，他并没有改变或增加了些什么(除了艺术家惯例的签名之外)。“Mutt 先生(杜尚那时候所用的笔名)是否亲手做了喷水器并不重要。他选择了它。他拿了一个普通的东西，重新放置它，所以在新名称和新观点的指导下它原有功能的重要性消失了——他为这一物体创造了新的意念。一个自行车轮或小便器看来丧失了它初始的目的和含义，有了新含义。”[1](图 45)这一在我们脑海中演示的转换过程非常清楚，甚至比 20 世纪的艺术表现得更为清晰。由于能够区别地认知一样事物，我们对事物的观点发生了改变，世界亦随之而变。

一次精神上的清理，即去掉一些曾经对我们有某种意义的累赘，在思维中腾出空间。而如果说有一个人善于解开和清除联系、内涵和价值，那就是毕加索。

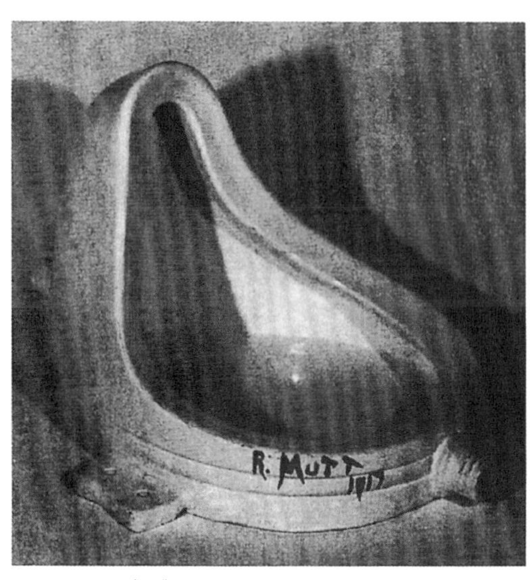

45　杜尚，《泉》，1917 年

毕加索的眼睛（Picasso's Eyes）（图 46～50）

毕加索在 1942 年把自行车车把和车座结合成的牛头，是继杜尚的"作品"之后 20 世纪最不可思议的和最具意义的艺术作品之一。

当一幅"常规(normal)"的拼贴画由有着各自故事的完全不同的部分构成，它们表达了一种新的内含，这里两个属于同一机制的部分结合成为一个独立的新的(并且是不一样的)机制，这一机制不可避免地引起了对牛头的浮想。实际上，这种联想是如此强烈以至于很难再从中继续看到自行车的影子。

自行车以牛头的形式被强行拉入背景之中。理论上说，那里至少应该有一个转换点使得组成成分在彼此的新影响范围之内互相吸引，在一种磁石般意义的影响下，牛头立即出现了或是消失了，由自行车或自行车的概念所取代。它可能类似于魔术师忽然消失的魔术表演，但是这里还真有点魔法。毕加索本人认为这件作品已经大功告成，除非有人当这东西是被丢弃到街上的没人要的东西时再把它变回自行车。

然而艺术家肯定最初就已经在自行车的零件中看见了动物性质的部分；显然他观察时它们没有那么强烈地固定于原有的条件。那么，这就是我们可以从中学到的——新的机制可以形成于这些部分新的组合，这些部分通过置于一条新的联结纽带上而从原有的环境中被释放出来。毕加索坚信能从它们不可见的"独立(autonomous)"状态中看见形式，当他偶然碰到时漫不经心地谈及了它们所构成的关系，这从他对眼睛的研究中可见一斑，即不费吹灰之力好像就变成了鱼，随之又变成了鸟。

形式对他来说——材料也一样——都无疑是自由的，而且被放在那里直至临时性地运用到一条特殊的意义链条上，或更确切地说是"意义体系"。

在进一步的考虑中，我们可以想见对毕加索而言使碟子变成书面意义上的斗牛场，这仅仅是一小步。事实是，他为斗牛着迷，而这是一个常常萦绕着他的主题之一，而别人可能会把这个斗牛场看做是装饰好的碟子。

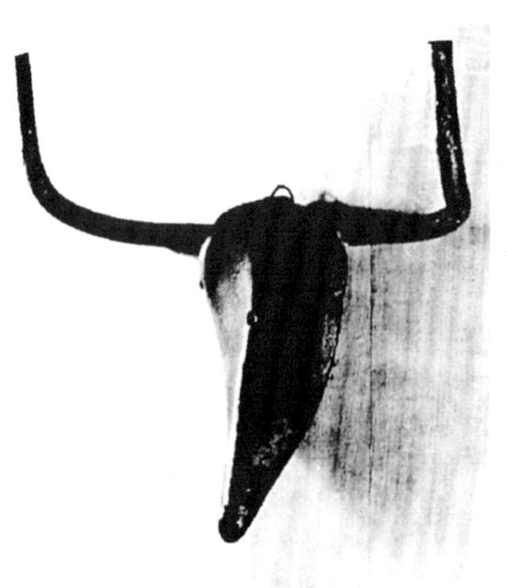

46 毕加索，《牛头》，1942 年

47 自行车和牛，这里正为斗牛实战做准备

48

49 毕加索，《盘子》，1953 年－1954 年

50

吃饭桌，巴黎，勒·柯布西埃，1933年(Dining Table, Paris, Le Corbusier, 1933)(图51、52)

勒·柯布西埃的桌子，由悬着的大理石桌面置于两条钢桌腿上组成，这在他的作品中多次出现并在Rue Nungesseret Colli的私人住宅中用做餐桌，可以视为是一种新的“机械论(mechanism)”。

当不是所有的桌子都是木制的和四条腿时，这张桌子是标准的了，它被人接受，因为即使是放在角落时桌腿也不时地挡道(比如把桌子靠拢在一起提供更大的聚会场地)。

勒·柯布西埃桌子中间的钢腿和它们的“大”脚使得一个合理稳定的桌面可以在各个边悬挑，给独立的桌腿以空间。这个设计的一个缺点是(一个不得不容忍的)极大的重量造成了一种受空间限制的特性。所以它既有缺点，也有优点。它完全取决于环境，不过的确是一个新颖的想法，使得人们有兴致去找出它的来源。依据Maurice Besset的说法，一天勒·柯布西埃访问了一家医院，看见了一张解剖台，正在用于解剖，这张解剖台使得上述的功能优点更为合理。

把它看做一张餐桌是一种特别笨拙的转化，但这显然没有给勒·柯布西埃带来不便，在他设计它以及与妻子日常使用时都没有出现问题。明显的他可以从思想里消除尸体的幻象或哪怕一点点的血色，这是对餐桌应有的考虑。

51

52

Bizarre认为这一例子可能意味着，它再一次表明形式是有能力改变它们的含义的。但它同样显示出勒·柯布西埃能够把这一特殊的形式从原有的关系链中分离出来并转变成一条新的纽带。形式自由了，所以可以说，关于它的含义和曾经容纳它们的框架被赋予了新的填充，这证明在不同环境下有着不一样的含义现在是可以自由接受的了。

■形式的转移就像它是从一种意义到另一种，它取决于在一种特殊情况下通过由形式引起并进而与形式产生关联的联系所表达的意义。因此，我们可以说：形式＋联系(1, 2, 3)→意义(1, 2, 3)。[2]

这是必然的，因此附着于形式上的各种关联决定你在做什么，是什么主导了或可能是预先主导了你；而无论它是什么，在较早的时候它都给你留下了印象并因此向你表明了些东西，它还被永远地表现于一个或其他形式之上，压制了过程中形式的早期含义。

这样，我们看见了从现有秩序的确定性中产生的重点转移——从形式上确定为固定的意义，转移到在它所确定的环境下对每一种形式的永久性依赖。

20世纪的画家看到了从它们原有的意义链中释放形式和材料的契机，使得它们可以互换概念并产生新的理念。

那方面的创造力是一种通过把它们从原有的环境中分离出来从而不一样地看待“事物”的能力，所以事物失去了本意，同时，在一个新的环境下被人们观察，唤起了其他的意念并成为了别的什么东西。

所以，在这儿实际上有一种东西被转化成了另一种事物，通过在我们而言相当于本能的东西去对其进行不同的解读。就像杜尚和毕加索等艺术家一样，这是可以抓住的契机，勒·柯布西埃成功地在建筑上引用了这一理念。

■形式和事物可以分别调整以适于新的情况并准备去容纳一个新的和适宜的目的。这样看来，创造力似乎是源于极端的适应力，不仅仅是你要适应事物的潜在性，与此同时，那些事物亦应适合于你。

“关于我们想在比希尔中心（Centraal Beheer）和 De Drie Hoven 安装的花岗岩洗手盆的形式，我拿到了一份关于它的形式应满足条件的详细清单，例如注满盛水的容器和洗手。实际尺度已经确定了，看看它们是需要嵌在砖砌结构上，还是必须浇注在混凝土中。然而这个形式究竟会是怎么样的呢？我试图让别人接受我的想法，向他们演示洗手时在空中画圈的动作。每个人都知道若制作大量形式简单、正方形的手盆必须有足够的资金。很清楚的是长方形的形式和我设想的流畅的模式是完全不一致，因而不可能保持清洁。直至一顶聚酯硬帽（polyester hard hat）突然呈现在我们面前的桌子上。有人曾看见它放在小橱里。完美的椭圆形，正是合适的尺度，理想就像一个模具，安装简便而且可从承包人处免费获得。”（1986 年）（图 53）

其理论如下：新的组织／机制／概念通过不囿于你的任务并与它建立某种关系获得——例如通过联系——与其他所知的任务相关联并将之引入到你的案例中。这里的困难在于这些任务与它们“原始”的含义之间像帽贝（limpet）一样附着在一起，就像一些化学成分一样具有强烈的亲和力，这使得我们难以将它视作独立的和可阐释的因素来考虑。创造性的空间依赖于对遗忘的掌控，依赖于消除偏见和学会忘却。那么，就是一件有关学会忘却的事情。一个和在别处一样不可避免地隐隐出现的老问题：创造力是一些你可以努力获取的东西，还是一个纯粹能力的问题？尽管你没有才能，你还是可以获得小的进步，你依然可以说越容易分离形式和内涵，就有越大的创造可能性；这意味着越是把形式看做自给自足的现象，思维越是开放，甚至产生新含义。是什么带给了我们像毕加索的那种能力将自行车车把从其原有含义中分离出来。现在的问题是你是否能培养出这种潜能，如果是可以的话，如何做到。

创造力的先决条件是仅有极少的部分适合于你，即绝大部分是不确定的。你越是对固有意义和那些禁锢你的“真理”表示怀疑，就越容易对他们进行分析，也需要更多的好奇去适应其他的可能性和其他的方面。

创造力依赖于你打开视野的能力，就像是在其他背景下看待事物，尤其是超越了“建筑领域”圈子所争论的限制去看待事物。

它是一个关于智力方面的问题而非理解的问题，教师应该做一些这方面的事情，即不再用教条去伤害学生的心灵并代之以给予时间令他们去接受挑战，去扩大他们兴趣的范围，去看更多的东西，去深入其他的方面，唤醒他们的热情、感受力和好奇心，促使他们更多地提出问题，经历更多的世界，从而扩大了与他们关联的圈子。教育，包括了对建筑学学生的教育，应该比其他学科更早地打开精神空间，因此可以去探索未知的、新的东西和其他的事物并将其引入他们的领域，而不是用我们已知的东西填入他们的脑海中。

使学生渴望获得信息，而不是用已有的去“喂”给他们。

■感知（Perceiving） 感知是一种在某些方面从它们所处的环境中将其分离出来的能力，就像能够把他们重置于一

53 洗手盆，De Drie Hoven 和比希尔中心，1970 年

个新的环境中一样。你以不同的方式看待事物，或者你看到了不同的东西，这决定于你感知的目的。每一个新的想法都源于区别地看待事物。新的信号刺激了你，让你相信事情并非你所想的那样，造成了不可避免的对新反应的需要和要求。观察它，然后明白你的处境和世界都不一样了，你必须有能力在另一种光线下看事物，以不同的眼光看那些相同的东西。为之你需要另一种敏锐性，由对事物、周围环境和世界的不同观察角度得来。

建筑师最重要的特征已不是传统意义上的专业技术、直尺和圆规，而是他的眼睛和耳朵。

19 世纪的某个时期，画家开始在树的阴影中画出光斑，阳光从叶隙中落下表明了阴影的区域。你可能会说那些光斑一定是早就有了的，在人们看到它们时就已经存在了。然而那些画家第一次发现了它们，至少他们仅从那时起才将它们作为我们称为“树”的基本组成，开始好奇地关注。他们的注意力集中于树的特性，如提供树阴和遮蔽，而实际上人们趋于逗留在那里而不是别的什么地方。人们在寻觅其他东西时，注意力在转移，意识到很多我们经常看见却没有注意到的侧面。

画家和他们的作品使你明白事物是怎样结合在一起的。例如我们受到了塞尚（Cézanne）的影响去体验普罗旺斯（Provence）的景观；实际上我们是透过画家的眼睛去看。你意识到你实际看到的仅仅是一定时间、一定背景下发生的感知。史前洞穴中的壁画，现在被认为是艺术家创作努力的顶峰，这些壁画是在洞穴长期关闭后进行的第二次考察时才发现的，因为最初没有人在那里面看见任何东西。

直至一些事物不再是相关总构架的一部分时，人们才开始感知它们。人们不再对它们感兴趣了，因为那时候人们的焦点集中在别的比它们更重要的事物上。所以就需要换副眼镜，去发现那些从未被察觉的事物。

在职业范围不同的生态学家、生物学家、森林巡护员、画家和运输规划人员的眼里，同一棵树就会被赋予不同的关注和评价。

首先生物学家可能会评价它的生长情况；森林巡护员则会计算它大约有多少立方米的木材；而画家则会去鉴赏它的色彩、形态，以及所投下的影子形状；对于运输规划人员来说，可能它坐落的位置不合适。所有这些人都通过自己的眼睛看待事物并且都有自己的观点，因此最终对事物的评价也是很不一样的。

我们可以把做出评价的每一种特定背景看做是一个意义体系，而每一个体系只对于该领域的熟练观察者来说是可获取的。那些在某一领域里受过训练的眼睛可以看见该领域中最细微的差别，而这些差别对于熟练其他领域的眼睛来说，仍然是不可见的。例如，爱斯基摩人可以根据雪花的种类判断出它是来自高山、海洋或其他方向，一些对于他们来说至关重要的东西能够帮助他们在广阔无垠的大雪中找到自己的方位，但大雪本身却并不能提供任何可辨认的东西。[3] 再如印第安人在数百米之外就能够辨认出数百种植物种类。这不仅对我们来说是不可思议的，同样的对他们来说也是不可解释的。就像我们可以在夜路中辨认出各种式样的红灯和其他信号，这些信号灯指示我们在数百米之外就需减速，因为它们警告我们路前方出现了问题。[4]

每个人都有属于某一特殊意义体系的眼睛，对于他们来说这有着特殊的重要性。因此他们很难看到其他领域的事物，即使是在最低限度以下，就好比从林居民第一次离开了他们

54　利伯曼（Max Liebermann），《莱顿（Leiden）的 De Oude Vink 餐馆》，1905 年

出生的森林并参观曼哈顿一样。当问道什么给他的印象最深时，回答可能就是曼哈顿的香蕉比他们家的大。所以在整个绘画史，以及整个建筑史，我们可以看到它们都有不同的侧面被揭示，每个侧面都有一个连贯的意义体系并引人关注，显然那是因为在不同阶段它们有着不同的重要性，或者仅仅是特别引人注目。关注各个相关的侧面可以无限地增强你的洞察力，就好像你一次能够观察到对象所属的整个领域。

如果仅集中注意力于某一个领域，你就会茫然无顾其他的领域，虽然你可以感知到它的存在，但是你却无法获得它的内涵。就好像你在某一领域中倾注了所有注意力，却忽视了另一个你焦点所在的并可以明确接纳的领域。

当一群在度假的法国孩子被从一个教堂领向另一个教堂时，他们的兴趣并没有在最安静的地方被唤起。他们仅仅盯着做咖啡的人、踏板车和那个年代大多数人都会感到好奇的东西：停车计时器。直到有一天在欧塞尔（Auxerre），他们突然排成一条直线走向教堂。我们最终有没有点燃他们对占据和启发他们心灵中有形世界丰富多彩的热情呢？我们在成功之前仅用了很短的时间，细致周到地考虑了周围环境。教堂是一种从斑斓的背景中独立出来的“停车计时器”，显然孩子们在这之前是没有看到过的。

穿行在遥远的沙漠地区，在到印度拉贾斯坦邦的旅途上，所有的驿站都供应盛在易碎的陶碗里的茶水，大多数的陶碗类似于底部没有洞的旧花盆。一旦喝空了就会扔出车窗外，伴随着一声闷响，它们在铁轨间的卵石上撞成了碎片。这和我们扔掉塑料杯子的情形相反，在西方世界被认为是毫无价值的，那里它们是如此特别以至于每个人都希望有一个，并把它视作一个需崇拜的物品放置在其他的珍宝中间，位于屋中一个特殊位置。在一个以手工制品为主的文化中，它被看成一个不可能实现的独一无二的精品突出出来。只有通过极度的小心我们才能把碗无损地带回到我们的工业世界中，从那些极易碎的碗中挑出一两个作为原始制品的范本，并把它们作为久别世界的一种纪念物放置在我们房间的一个特殊位置。

我们只能在某一事物上察觉到我们或多或少期望找到的东西，观察它们是为了确认一下我们期望的结果，换句话说也就是我们只具备了某一领域认知的能力。所以我们发现的实际上常常是再发现一个已经被思考过的总体中缺失的片段。

研究人员对那些无法融入他研究工作的现象是无能为力的，因为他的研究是建立在他已知理论上的。他是否应忽略那些新现象？他所能做的就是：运用推理把它们置入一个新理论中。我们只能把事物看做是环境（含义、领域和范例体系）的一部分来看待，因为同一事物只有被放在相关的环境下才有意义，它在所占据的情境中行动。要能够感知一些东西，它必须抓住你的兴趣，某种程度上你又曾经不得不寻找它，即使是无意识的。看来好像是某种特殊的迷恋，可能是我们与生俱来的，它持续地引导我们或者是在所有情况下影响我们的选择、决策以及识别能力。你可以称这一神秘力量为“直觉”。

如谢里曼（Schliemann），是他发现了特洛依（Troy）。很明显，他不需要预备知识就能指出开挖遗址的正确山脉，这一山脉实际上正是那座曾经一度不可见的特洛依城的隐身处。这完全是巧合，为什么他会决定在那里开始挖？心理学家解释：他行动的精确性是由于特洛依的地形与他儿时住过的莱茵河畔地形相近，[5] 他的直觉——你还可以称之为别的什么东西吗？——引导他找到了城的位置，他被一种无意识的经验所引导，这一经验从儿时就伴随着他。

当勒·柯布西埃在医院的解剖室中碰巧见到那张有着大理石桌面和两条坚固桌腿的桌子时，他必然意识到了这一形式就是总浮现于他脑海中的答案：即餐桌设计不一定是一个四条腿的东西。或者他早就想到了，把这个有趣的设计用于后来的实践。

勒·柯布西埃的写生簿(Le Corbusier's Sketchbooks)(图55～72)

"勒·柯布西埃曾与其他许多人一起合作,尤其是Pierre Jeanneret,共同设计了:152个建筑项目(其中72项得以实施),24个城市规划,419幅画作,43件雕塑,48部著作和文章;哥白林双面挂毯、壁画、书法作品,当然还有家具。"[6]

这些令人眼花缭乱的工作成果的重要性不仅仅在于其卓越的品质,也同样在于它所蕴涵的丰富思想内容。

评价20世纪思想探索领域做出突出贡献的人物时,只有柯布西埃能与毕加索相提并论的,柯布西埃可谓是建筑学上的毕加索。其他的建筑师没有比他更能抓住20世纪事物的发展方向并对它们进行非常全面的开拓和创造。

众所周知,勒·柯布西埃常常携带着一本写生簿四处游走,他在本上记下了所有曾给他留有印象的事物。

依照建筑师的惯例,你可能会把他的这种行为和旅行写生者作类比——勒·柯布西埃必然永远是一个旅行者。似乎即使在最不可能的情况下,他也会很有激情地抓住他需要的或者将来某一天需要的题材。

只有看过了柯布西埃数以千计的素描草图,人们才得以真正见到他所见到的所有东西。草图通常是快速完成的,但又通常有着精心细致的细节。通过这些草图人们了解了他对生活各个方面的热情,他总是在留心观察着四周,常常写的比画的还多。他的记叙文字和标题与快速的记录和简约的风格结合在一起反映出他的个人速记特点。

同时勒·柯布西埃看见了所有的东西——特别是画家所注意到而建筑师常不注意的事物:轮船,树木,植物,贝壳,瓶子,玻璃,岩石,餐叉,手,猫,驴子,鸟和女人,坐着的、站着的、躺着的、她们的手、她们的脚、她们的乳房;大量的家具以及所有日常物品的风格和任何地方、任何情况下的人。

显然,他取材于四周的瞬间世界,即源于一个官方的或正式的建筑(如宫殿、教堂等)和非正式建筑(如农夫的小棚等)之间没有区别的世界。在这一世界中,短暂的和隐约出现的瞬间事物就像实体一样巨大,厚实的大型建筑物"为了永恒而建"。勒·柯布西埃搜集的图像中不存在等级差别。对他来说,事物间的区别只是他用于构筑新世界的一些价值相等的不同砖块,这是一个属于新关系的世界。如果有一个建筑师能最终对所要求给出的特殊建筑形式,采用日常环境中的形式并且使之与流行的形式非常和谐,最终成为一件伟大的建筑作品,那么勒·柯布西埃就是这样的建筑师。他在每个时期的作品中都考虑了所有的日常使用和日常体验,而且每一部分的形式处理看上去都和单体一样非常壮观,从他的写生簿即可看出。他对周围的认识与他的建筑作品四周的环境是一致的,也就说他总是拥有一种可以融入建筑使用者的思想、行为和他们将来的体会能力,正是这种能力使他在所有的作品中均强调了色彩,并成为他的建筑和他自己独有的特色。柯布西埃的建筑在设计绘图阶段就能预见到,他的作品不会因为建成结果而失

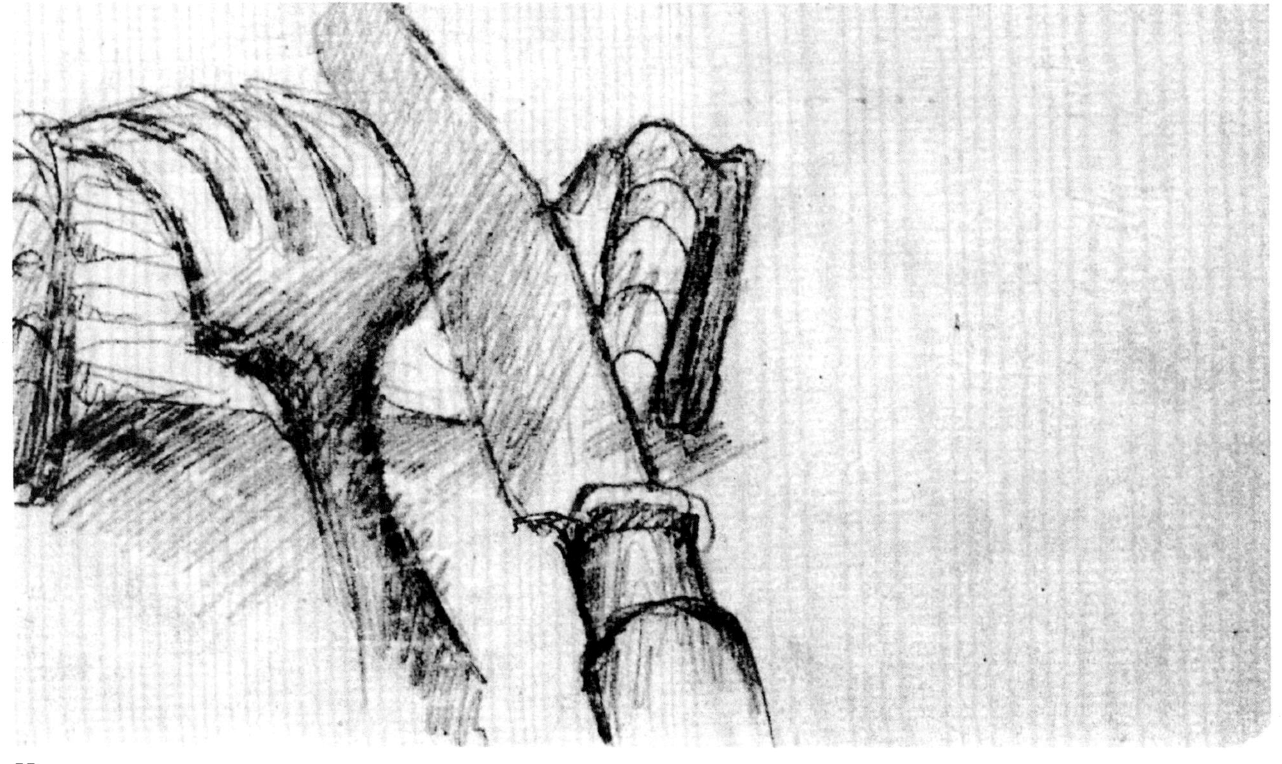

55

56

57

58

59

60

61

62

63

去光彩。

正是以这一指导思想为依据——从观察笔记开始，然后是设计草图的阶段，最后到已建成的建筑——使得勒·柯布西埃的作品处于研究和思考的理想状态。你可以从他作品的设计过程全方位地理解他的想法是如何产生的。

像柯布西埃这样的在20世纪有代表性的先锋建筑师的所作所为，源自一个事实，即他们对来自任何地方和任何时代的图像都不是封锁、束之高阁或禁锢，而是通过面对面的交流，抛弃他们的旧观念，从而自由地接受新事物。他所支配的无可比拟的丰富宝藏就像一些积极的暗示一样散落在他作品的每一个角落，因此不能以一种空洞的感觉去看他的作品。

柯布西埃全部作品的思想财富就是他自己所积累的丰富图像。当然可以立刻得出结论：拥有这样的经验财富是成为好的设计师的关键，但它只是一个条件。显然所有的设计师都有自己的工作方式，从广义上说，它包括了一个在思考过程中的思维定式。你可以把思维的进行过程想像成这样：你将吸收和记录的所有图像都存储在记忆库里，可称之为“图像库”，当你碰到问题时你就可以利用它。经常会出现这些图像，这些留在你记忆中的事物在实践中突然派上了用场，给与你一种灵感。此外，常常还有一种趋势就是把你曾见过的所有事物和当时你脑海里的事物隐约地联系起来。你继续审视观察四周，以便获得一个能解决当时问题的办法（因而我们看见柯布西埃常常带着他的草图以及正在进行的工作的详细参考资料）。通常情况下，这些图像储存在你的“库”里，它们会间接地影响你，帮助你提出想法。这一过程产生了联想，需要有某种程度推理的联想。联想的实用价值不大，但它会令你更接近答案或解决办法，因为它们让你看到了其他的可能性、其他的范例、组织模式和机制，从而开阔了你的视野。只有在你做一种风味不太熟悉的烹饪时，才刺激你在不明确配料的情况下以新的方式来准备食物，所以联想也可以鼓励你放弃熟知的路径，暗示你问题的答案可能在完全不同的方向上。在这里增加的不是配料的实现而是你实现新事物、新机制的能力。

你所经历的、看到的和吸收的越多，存在你“库”里的经验就越丰富，从中选取的相关的潜在指示就越多。简而言之，也就是你所能参考的范围拓展了。（这就是为什么你能从一年级学生的设计所采用的形式中，立即断定出他们是否训练有素——而不管他们的组织能力，或者平面布局如何。）

能否通过根本不同的方式去解决问题，也就是说是否能创造另外一个机制，取决于一个人经验的丰富性。这就像一个人的语言措辞能力不可能比他词汇量的范围拓展得更远。我们也应该

37

64

65

66

67

68

69

70

71

72

承认：针对同一份材料，有的人就可以比其他人从中获得更多的东西。

当我们从事设计工作时，记忆中的形式有意识或无意识地在对我们施加影响。事实上我们能想到的问题都源自头脑中各种形象的积累。你能有更多别出心裁的想法吗？仅仅了解一些厨艺的诀窍无法使你拥有高超的烹饪技术，只有脱离并超出这些你熟知的事物，你才能练就自己独有的烹饪技能。

新的想法只会诞生于对前一个想法的破除。

设计，除了所有的思想、方法、过程、技术和理论外，还有很多其他的方面，就像你观察一架飞机起飞：无论你有多么关注，也不管你的分析多么深入，实际上令它起飞的，完全是另外一回事。

是否应该这样，你的图像收集量增加，你的设计水平才能真正提高。由此可见，你的能力是由你间接掌握的经验财富度所决定的——那么首先要做的事情就是运用你的眼睛和耳朵，在每一种容易接受的环境中，考虑哪些是自己需要的。

大体上说你所要的题材随时随处都有，在街上、房间里等。一位建筑师比起一名专家首要应具备的是，一种对周围环境的态度！

其次至关重要的是所见所闻对你的影响。

对各种影响保持敏感使你能尽量多地学到知识。不论某些东西是否真的给你留有印象，它们都伴随着你先前的体验、当时的那种氛围以及与你的联系。(当你穿行摩洛哥时，你在各处听到的音乐也许没有给你很深的印象；但过了段时间，在家里当收音机突然再度播放了同一类型的音乐，那时它确实能给你留下印象，并使那次特殊旅途的景象不断在你眼前涌现。显而易见，音乐之所以能带来冲击是由于它带来了美好的回忆。)所以，尽管我们不能控制我们迁移的时间和方式，但至少我们可以通过在纸上记录事物的习惯来锻炼我们的眼睛。我们每个人应该有一种能清楚说明事物的个人表达方式，保证我们的所见所闻以及那些在谈论和沉思时被思考过的东西能为我们所用。

面对一个客体时，在各种描述记录它的方式中(包括记叙在内)，绘画将是最适合者，至少对于我们的目的而言是这样的，比如说，有时它比照相机更为有效。

在许多例子中相片无疑是一种很有说服力的方式，这种展示方式显得更“客观”，因而似乎更可信。如果用绘画表达，其缺点通常是因艺术家的主观性削弱它所传递的信息的客观性。

然而，用绘画表达的优点是，以更高的精确度看待事物，更重要的是这种方式可以有选择地把你认为重要的东西记录下来，你在记录的同时也将会提高观察事物的精确度。

绘画可以使图像印入你的脑海中。[7]

■即使是今天，柯布西埃仍然是他方案中蕴涵的思想、概念和图像的最伟大的传递者，无论是有意的还是无意的，这些东西仍然被后代建筑师所采纳。因此他所积累的财富从过去开始一直流传到今，并且转化为现代化的助燃剂。

许多年轻建筑师过去很少认同他的建筑形式、材料和工作方法，他们认为柯布西埃的这些财富已不再适应当今时代了，它只不过是另一个时代的信条，有着另一种的劳动关系(labour relation)和社会环境。受怀旧之情引导的有关传统形式的认知可能并不鼓励产生一种具有传统风格特征的折衷主义作品？

但是有些时候，柯布西埃采用的历史形式几乎是刻板的，如朗香教堂——可以说是直接的影响——它们的关系是既近又远。来到朗香教堂，任何他借鉴的或窃取的传统形式(如果你喜欢这样说的话)，通过他的处理变得极为现代。例如，被所有人敬仰并在 Chartres 大教堂中使用的各式各样彩色玻璃，柯布西埃就出人意料地赋予它们现代的形象。

总的来说，影响是一种间接的领悟方式，并且通常是无意识的转化过程，但你也可以用另一种方式领悟，观察建筑的形象并挑选出可能对你有用的东西。那么你就可以在一个新的适用的角度下解释你所见的东西。这一过程的特点就是超出原有风格以更广泛的价值观看待事物。

历史学家趋向于通过某一特定时期的文字来追溯当时的时代特征，建筑师则喜欢用另外的一些表达方式。因为这些方式并没有丧失它们的适用性，它们可能对我们也很有用。同时我们用眼睛选出了可用的东西，并标之以永恒。这些永恒也正是我们所要寻找的。

在当今的世界中，没有时间概念就意味是永恒的。从特殊的时间框架中解放出来的元素，是那些具有更综合的重要性和不断地以不同姿态出现的东西，显然，因为它们可以追溯至人类的基本价值观，如果他们的重点发生了变化，那么这种变化方式是以不同语言遵守同一种潜在的语法规则。我们研究历史不仅要看事件发生的时间、地点、惟一性，以及它是如何

的与众不同，还要看它在思想上是否存在突变，还要通过恒久的规律来认识潜在相似结构中的内含，就像一个陶罐被一片一片地掘出，然后再进行组装，以此认识原物。

历史不断地呈现出在变化的条件下那些不变结构的不同侧面。

使我们的想像力不受束缚的惟一有效方式就是把我们的注意力更多地引向我们所共有的经验和搜集来的记忆，它们有的是与生俱来的(！)有的是通过传播和学习获得的，从某种意义而言，这些经验和记忆一定是以我们所共有的经验世界为基础。……我们假设存在一个隐性的“客观”结构形式——我们称之为“第一形式（arch-form）”——我们将在一个给定的情况下看到它的衍生物。

“无论在任何时间、任何地点，整个‘虚拟博物馆（musée imaginaire）’的形式一直呈现多样性而且处在一种不断变化的状态中，直到最终回归到原始不变状态并集主要形式于一身的基本形式为止。通过把每一种形式回归到它最初不变的状态，我们就可以试着去发现它们所共有的形式，并从而找到‘这一集合的横截面’，即一种所有实例都隐含的不变元素，其中的大多数例子能唤起人们对形式起点的认识。

我们的图像搜集得越丰富，那么我们可以指示的解决办法就会更为准确、更为客观，也就是说它会被更多不同类型的人接受和认同。

我们不能创造任何的新事物，而仅仅是再改造已有的事物，为的是使它们更适合我们的环境。我们需要从这个伟大的‘虚拟博物馆’意象中吸取有用的东西，重心改变的过程也是人类在努力发挥想像力的展示过程，人们常常能突破现有的规律秩序，直到找出对某种情况更合适的解决途径。

只有当我们以分析作辅助手段，并通过巨大拼贴画的透视去观察事物时，我们才能以推理法找到改进的办法解决未知的问题。

设计只能是潜移默化地去转变事物，而那种在一张白纸上一切从头开始的想法是不合实际的，此外，令人悲伤的是当它需要完全从头开始时，那些现存的空间、被破坏填满了不实际的和无效的结构。每件已发生的和正在发生的事情都有着多种重要性，就像旧的绘画手法一层叠加一层，而且它们全部都是为我们而形成，底层可以被新的一层所覆盖；一种新的含义会稍稍改变事情的整体。

这种转变过程是通过把某些已过时的重要性带入历史，并加入新的东西而实现的，它必须在我们的工作方法中永远地体现出来。只有这样的辨证过程，才会在过去和将来间产生连贯的线索，以及保持历史的连贯性。”[8]

以上所引述的观点，开始于 1973 年，重点在强调形式，它们被认为是一种按照时间阐述的更为广泛的“第一形式”。在这本书中我们涉及的建筑就是这样一种空间形式，为此我们必须扩大“虚拟博物馆”意象的概念以涵括它们所造成的空间。然而形式通常或多或少地留有它们所属时代和地域的痕迹，而空间——即使是它们的对立形式——至少在理论上是超越了时间和地域的限制。

当考虑其他年代和地域的建筑时，我们需要将眼睛从实物转向被赋予了形状的空间，并超越那些特殊的形式去提取空间本质的精华，因此我们要把探索的重点从建筑的形式转向在观察和保护过程中的所作所为，以及最后发生的结果。

无论什么方式，你看到的和体会到的越多，你的参考框架就会越大。但我们不能像一个普通的图像“接受者”一样，过分贪婪，不管任何时间、任何地点和以任何方式一律接收。

所有东西都可以和有用的人造物品产生联系，如蝴蝶翅膀、羽毛和战斗机，小鹅卵石和岩石排列方式可以启发建筑师的想像力并扩大空间布局的手法。这样人们就能在所有可想到的空间中找到自己的位置；你也就必须去认知和辨别那些能引人注意的核心事物。

产生新理论的创造力源于你积累的参考资料。同时你的兴趣越广，你就可以越快地从建筑形式简单模仿的束缚中解脱出来，这种模仿是因为思想内含缺乏造成的，你就可能摆脱那些四处流行的技巧手法和潮流。正确的方法是不去考虑观察的建筑，而是去分析和其他情况的相似性来引导出新思维（当把它看做 x 时可以帮你发现它更适合于 y 的潜在性）。

有时你的资料储存也会起反作用：在设计过程中，通过建立潜在的、可能不合适的可能性来应对一项特殊的任务，如果你喜欢的话可以称之为“负向的选择（negative selection）”，使你对随后必须走的方向保持清楚。不仅仅是你对实际寻找的东西心中有数，质量的标准也做出了暗示。设置这些标准的目的是为了告诉自己是否已经“到达”要求或是否需要继续探索：设计的过程实质就是舍弃的过程。舍弃比探求你所要的东西更重要，因为至少你确认它们是你不需要的，所以设计大多是不断探索并且永不满足于现状的过程。

你所接受的影响越丰富和越广泛，你为自己创造的精神上的自由空间就越多。一个关于探索事物的原理是在所有的地点和时间，通过根除旧的意义并建立新的终点，来发现旧的机制是如何转变成新的。也就是如何把你的参考构架建立得尽可能广泛的问题。

■实验 -体验（Experiment-Experience） 你获得的经验越多，你脑中的画面就会变得越大、越清晰，但遗憾的是还有另一种情况：就是你的经验越令你接近知道什么是可行的，什么是合适的，什么是不合适的，你的开放性思维就会更快地消失，体验肯定会给你带来冲击力。

这一过程和空间必然要向场所转化的方式有明确的相似性。

累积起来的实践最终形成了经验、适应力，以及最后的程式，它们是已被反复证明的、成功的公式的结果。

你依据以前相似状况下的经验来衡量每一个新的体验，所以你发现新事物的机会要好于比你不断遗忘已知事物，因此对大多数的人而言继续探索的需要也随之消失。所以我们看到每个人都是自然选择过程决定的，所以说，人们总沿着自己铺垫的道路向前发展，因为这样做危险性最小。

人们代代相传的是要重视以往的经验，好奇心减弱了，它意味着随着时间的流逝，我们对现实生活中的可能性越来越适应，而不是使它们适应我们，进而抓住和探索这些可能性。你经历的越多，你获得的经验就越多。所有的经验都被你储存在适当的位置并在确立价值观时发挥作用，然后影响你的思维，不可避免地限制你的自由。不管你愿意与否，经验是你对世界的认知和你适应世界的表现。

我们的大脑固执地催促我们以这样一种方式去改变所处的环境，但当受到限制时相反的事情发生了：我们的期待和需求被改变，直至期待和需求适应了环境。第一次变化发生在孩提时代，第二次随之而来。只有艺术家可以保持第一个阶段的特性。[9]

首先是我们创造了世界，然后是世界创造了我们。建筑师的思想引导了他的创作过程和设计工作，他的思想一方面受到他不断深化和完善早期发现成果趋势的控制，另一方面又受到努力发现新事物的希望的驱使。这就是我们为何不断地徘徊于实验和经验之间。

也就是说，当我们开始实验时就伴有风险和危险，但经验能保护我们避免风险的发生。[10]

获得的经验越多，就可以越早地消灭缺点，而且我们的经验素质(experience as quality)同时也将获得力量。

经验在寻找它的发展之路，教师为掌握知识，主动帮助经验去寻找。尽管经验停留在知识和理解上，但与之对立的实践却在努力地发现和寻找未知。经验所设定的目的是清晰的，而实践却不是。然而我们经常看到思想的迸发就像带有过多能量和热情而又无目标发射的导弹，目标是模糊的或者根本就不存在。如果经验和实践就像一对互补的范畴一样运行就好了，但不幸的是，它们却是相互对立的，在创造过程中令人难以选择。

如果我们能够从我们的经验中脱离出来就好了。

3

空间的发现

Spatial Discoveries

■空间的发现（Spatial Discoveries） 我们所说的空间发现是指产生了根本不同条件的机制和概念，用建筑这样一种媒介去完美地表现它们。建筑具有很强的以空间的方式解释（而且"明确地表述"）自身的能力。这是活动的区域，对此建筑师应给予无条件的关注。的确，如果建筑师要求一个特殊的文化目标，或是希望制造一些改变人们感知方式的东西，或在另一种氛围下看待他们自己和他们的环境。空间发现敞开了大门，这样现存的体系可以被破坏，随之而来的是新的范例，甚至可能是新空间概念的开始。

以前建筑史的内容几乎只是限于建筑外观以及它们如何随时间改变，现在取而代之的是，注意建筑进程本身在思想上的变化、不断变化的可能性及受变化影响的环境，以及那些曾经出现的、直接或间接形成的关于建筑、形式、技术等不同方式的诱因，并因此反复地为空间发现提供推动力。历史是以那些革新性突破的时刻作为标志。我们可以说，以不同方式，用另外的结构、形式和空间去创造的时机成熟了。有时这会不可预期地产生，但通常它会在很久以前就被提出并积累直至最后阶段，这在回顾中是有意义的，就仿佛是对早前闪现的思想火花逻辑性的结论。

以里特维德（Gerrit Rietveld）在1918年设计的著名的红－蓝椅子为例（图75、76）。在1903年及前后几年中，我们就可以观察到，在马金托什（Mackintosh）（图74）和赖特（里特维德的老师）的椅子（图73）中椅背变成了一个自主的元素，P. J. C. Klaarhamer将这种解构贯穿于整张椅子中。显然是明显地受到了贝尔拉格（Berlage）的影响，但Klaarhamer的设计无疑是更为直率和深思熟虑的。[1]

里特维德，显然对前辈的作品保持警惕，以坚决的和感人的风格使情节完美。他还和风格派（De Stijl group）的画家进行接触，在那里，风格派艺术家蒙德里安和Bart van der Leck正进行离散式平面的设计工作。里特维德把这些平面从二维体系中分离出来，并把它们做成三维体量放置在空间中。这是一种具有强烈的革新性的运动，远离拥有结构元素的互锁（interlock）以及由此产生的消极影响，而是把这些元素视为纯粹的体积。在后来李西茨基（El Lissitzky）将里特维德的椅子结构返回到了平面的油画布上。

我们假设，里特维德的一个动机是赋予工业化产品的可能性，他努力从一块单独的厚木板去组构他的椅子的所有元素，还要尽可能少浪费材料并使各部分能够简单地结合。

无论何时，作为对新挑战的反应，新的空间概念出现了，它们往往成为转折点。在那以后它们成了共有财产，直至最后，过时。通常的解决方法是，一度受到质疑的有关改进的可能性，可以由于重点的转移而完全被改变。这就向新的想法敞开大门。继之而来的是导致了新的组织模式，然后是不可避免的新的空间概念。

以图书馆为例：我们都知道它所经历的演化。最初图书馆只是手稿的存放处，后来成为可以研究善本和拓片（imprints）的地方，只有经挑选出的一组研究人员方可进入，在那里知识分子及其必需的物质财产都被认为是高于一切的。而现在它是一个"公众的"机构，在这里原则上每个人读书和借书都是受欢迎的。所以关于图书馆的概念从保存文件发展至传播知识。当文化和知识变得更加开放时，图书馆的空间和它的组织就因此而改变。

因此一个供借阅的图书馆，不仅仅是一个普通的机构，在你去之前必须先弄明白去的目的，图书馆可以被认为是这样一个地方，它邀请你去浏览和查找，刺激了不可预想的发现。它与大的书店是如此的相似，以至于只需要一小步就能把它重组成那样。那么，通过一个连锁反应，得出了导致对于这一新范例的新概念（可以说，关于结合的协调性原则）。由此，我

73

74

75

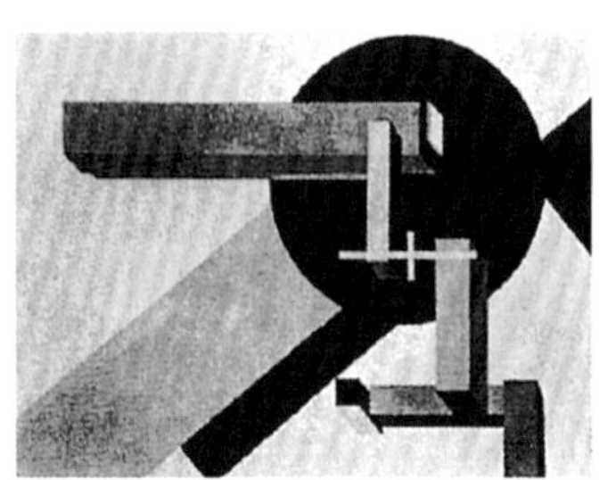

76

们看到有着特殊要求和潜在可能性的新组织导致了空间概念的变化。

随着查找功能被数字化系统所取代，例如设有对所有人开放的互联网，这一概念将进一步的发展，可能回到了“排外主义”，因此作为传统聚会场所的阅览室可能有了全新的未来。一个新的范例通常意味着它要取代的例子被迫成为了历史；这自动地引发了对新的建筑语汇的需求。一旦新范例确立起来，每个人都追随它而且不可能用其他方法、观点分析事物。

在整个人类历史中，曾经有过多次伴随着术语和价值观的转变而引起注意力的转移。通过对从普通人群中分离出来的多类不同人群的分析（例如精神病患者和囚犯），福柯（Michel Foucault）证明了异常的认知，曾经出现过多次——即，在一段特殊的历史时期中，具有普遍有效性的连贯的“推理结构（frameworks of discourse）”，决定了人们行为和判断的各种条件。[2]集体价值观判断体系，就像偏见一样在每一个可想像的形式时间周期中被重复地曝光，受新事物的压抑就像社会程式一样并由于建筑的变化而蔓延。

建筑也从属于价值观的改变，这是从大量明显的实例中得知的。

我们所认可的措施有：对残疾人在道德和法规上强制性的义务，25 年前尚不存在；尽管当时社会上也有残疾人，但在那时没有人注意到义务问题。

同样，今天当人们突然间为能源相对缺乏而感到恐惧时，才开始关注环境和能源。

现在，在荷兰有放弃土地的要求（虽然要求的呼声并不强烈），荷兰人曾经从拦海造田中获益但现在由于必须对这些土地加以维护而变成了一个重负。放弃它，那就是退地还海。花了数百年时间从海洋争夺过来的土地，现在正在某种条件下被返还回大自然，这与是在水边或是靠水谋生的实际情况紧密关联。

我们再一次被新发明、新进步和计算机搞得头晕眼花。在任何领域，各种各样的想法不断地翻新，导致我们放弃了手中正在进行的工作。我们真正应该考虑的是，是否建筑上的根本改变可能不是社会变化导致的，而是我们对人类关系的思考发生了改变。在社会中也可以有一种变化，即使是小变化，部分原因也是由于空间发现所致；这是建筑师梦想的空间发现。

整个世界观仍然不必因为建筑上的创新而去改变。建筑继续发展而没有提及不断重复的、变化的原因，尤其是小规模的建筑，从而构成了世界观的部分内容。在建筑师日复一日的实践中，一个个项目中反映出伴随新想法的动力潜流，引入的新想法转变成了其他的概念。

新的范例不一定时常导致其他的目标；常常是更有效地利用新的可能性通过其他途径实现目标的。我们区别对待事物，然后那些相同的目标就会在新的环境下出现。

文化发展是因为我们相互影响和相互激励，在已有基础上一步步建立起来的，同时理论上文化发展意味着更高程度的完美。但是一个体系或原则越完美，对变化的需求就越少，发展到故步自封的地步。直到突然间发现我们曾经苦心研究的某些东西早就过时了。我们始终需要外部的推动力去打破平衡，才不至于陷入偏见的泥沼。同时在空间上保持所有开放的选择。

在一个恰当的时刻修剪树木和灌木，给了它你意想不到的新活力。创新不仅仅带来了新的生机，而且还产生了更新的影响。

77　Boullée，公共图书馆室内

78　伦敦大英博物馆，阅览室

无论变化大小，都给建筑的推动机制以新的动力并保持它的正常运转。它们使一些最初不在人们注意力范围中或根本不在选择之列中的事情发生了。

若没有了潜在的社会乐观主义(social optimism)，建筑英雄主义时期 (Heroic Period of architecture) 的辉煌是不可思议的，而且被创造的物质性空间或多或少地等同于与之伴随着的心理空间，当今主要是设计作品的容量释放了乐观精神和光彩，但非常缺少空间。这就是为什么要成熟、谨慎去探索我们世界观中更重要内容的原因。新生代继续从坚定的信念中汲取动力和热情并由此提出新设计和新概念。

正如我们的经济似乎没有了增长就不能运行一样，同样的，没有了变化建筑就不能生存，而它看起来仿佛是老化和更替的过程，不仅建筑如此，价值观和思想也是一样，这一过程是迅速积聚的过程。我们似乎对昨天还是新东西的事物很快产生了厌倦，同时这的确是年轻建筑师的黄金岁月，他们用各种新思想、新观点彼此超越引导潮流，针对新挑战采取新反应。

变化和持续出现的挑战成为了建筑的参考值，每个年轻的建筑师都必须投身到了这场洪流中。他有机会去表现才华，抓住机遇。我们必需牢记——他的客户与他同在一条船上，如果要完成工作就必需同舟共济。实际上我们要适应变化。变化和更新是对旧标准的改进提高，如果不把目标瞄准未来就不会有进步，而仅仅是为了变化而变化；在此这是一种对于新的，不可预期的，原来不可想像事物的兴奋，无需面对质量的问题。虽然前辈们更希望是建立在他们发现的基础上，但新东西是必需的。每一代新人要站出来证明自己，要做到这一点只能通过强调先辈们所想所做的工作是不完善的和无用的，过时的，因此很快便失去了兴趣继续追求新事物。这是为什么每一代新的建筑师抓住了新的需要、要求和挑战；这给了他们渴望变化，努力创造的好理由。

夸大是不可避免的。要把旧的概念逐出舞台是很困难的，除非不断引入新概念。大量的理论得以融合不是因为它们更好，只是因为旧的概念丧失了吸引力："那是过时了的"。结果是众多旧理论"消失"于历史中，无可否认的是会有充足的新东西去取代它。除了新事物的必然性，还有一种感觉是"通常会有改进的空间"！当人们的雄心壮志与敏锐的批判协调一致时，新的发现便会产生。我们必须寻求真正的、本质上的更新和建筑中的惟一标准，根据这一标准我们判断出空间重新获得生机。我意欲说明的是，这里列举了许多 20 世纪现代主义(modernism)创造的无比巨大的空间，尽管对此常有疑问。

只有在建筑中产生了空间，创造了经验，并满足了容易引发变化的条件，反映了价值观中的一些内容。建筑不仅仅是一个自由安排、自我陶醉的现象。

79　国家图书馆，巴黎，阅览室

80　Strahov 修道院图书馆，捷克

就在我们期盼的时刻，由于受到超越建筑的思想的启迪，空间的主题形成了。思想得以表达，并被建筑这一媒介所强调，成为推进文明发展的一个步骤。建筑不只是它自己，此外还作为隐藏在思想转变背后的动力，尽管这种转变可能很小。只有在极少的情况下，建筑空间可以当做是社会变化的模型。

我急需指出，没有人称建筑可以改变世界，但这两者可以相互一步步地，一点一滴地改变。

你必须步出专业的苑囿，不能拘泥于建筑范围，而是在一个更广阔的范围展开思路，虽然建筑体系内部也存在思想、理论的发展进步，但你与形式和空间相关的思想从来不是单独产生于建筑。这里引发了这些思想真正要点的讨论。哪些事情是你能或不能用建筑的方式去阐述的，同时它们导向何方？

作为一名建筑师你必须去调和你周围所发生的事情；使你重视注意力的转移，认真分析各类价值观而非坚持排斥的态度。容许自己受这些变化影响的程度关系到生命力持久性的问题。建筑由于其外观设计，利用社会和思想领域发展变化，运用各种新发现概念等诸多能力而区别于时装，它不只是一种享乐主义的、自我陶醉的、无限度的渴望。

建筑师必须对世界做出反应，而不是对彼此反应。

81 汉斯·夏隆(Hans Scharoun)，Staatsbibliothek，柏林

“来自学校的资讯”，罗伯特·杜瓦诺，1956年（“Scholastic Information”，Robert Doisneau，1956）（图82）

把教室想像成为一个空的石制空间，与外面的世界隔绝，在那儿孩子们被迫将注意力集中在老师和黑板上，这就像认为学生在学校里的首要任务就是学习知识的想法一样顽固。

学校建筑的组织和外观，在每一方面都有助于加强这一教育原则。建筑师的作品以混凝土的形式来表现这一建筑范例，虽然它今天仍存在于世界各地，但这对我们而言就像在19世纪一样。窗户被设置得足够高以尽可能地限制视野范围。它们的作用仅仅是提供足量的光线和仅够需用的空气。

以下照片中的建筑只提供了一个背景，而主角则是三个正在思考的学生。尽管他们的环境非常封闭和笨重，但仍不能阻止他们勇敢地去面对现实，甚至是发挥他们自己的优势。

沙丘中的露天学校（Open Air School in the Dunes）（图83、84）

20世纪初，社会参与（social engagement）浪潮为教育提供了一个新前景，也促使人们重新思考学校建筑设计原则。现在社会把注意力集中在了那些贫穷的、被人忽视的城市无产阶级家庭的孩子们身上，学校的首要任务是努力改善他们低下的物质条件。毫无疑问这一运动的动力来自社会上层，当时人们坚信“健康的思想存在于健康的身体中”。无论这在科学上是多么令人怀疑，但在空间上却由封闭转向了开敞，由室内转向室外。空气越多越好，而那无异于摆脱掉墙体。因此露天学校的概念就诞生了，随之在建筑上就期望对巨大体量的分解。作为新精神最极端的结果，那种属于19世纪教育理念的学校建筑现在遭到否定。在下面两张照片中除了对新鲜空气的保证外，我们难以辨认出其他新东西。教室依然是以传统的方式布局，以教师和黑板作为两个焦点，学生似乎是被无形的墙所包围，但现在至少周围的空间和所有可能的冒险显然没有了局限。

83

82

84

露天学校，叙雷讷，巴黎，Baudoin & Lods，1935年（Open Air School, Suresnes, Paris, Baudoin & Lods, 1935）（图85～93）

在阿姆斯特丹的杜克露天学校（Duiker's open air school）（1930年竣工）建成6年之后，基于"学习和工作应该在露天下进行"的概念，在叙雷讷建成了类似的学校，而且这一原则有了更进一步的发展。[3]

该学校是由当地一位具有进步思想的议员建立的，人们认为：学校是一个机构，除了传授知识以外，更为重要的是为那些体质较差的学生提供了在学校活动的物质条件。因此学校表现出了一种福利设施的印象。这个新学校的范例无疑是一个被强加的条件，是形成全新学校概念所必然导致的结果，在这类学校中，重点放在了公共设施上，例如盥洗室、餐厅和休息室。每个教室都被设计成为一个具有不同物质形态的独立单间。不仅设计，其结构和材料也都与众不同，因为在这一新概念中，教室已不再位于走廊两侧，楼梯不再位于走廊的尽头。我们针对这组新问题采取一些措施，所以说，我们处在一个全新的世界中。

今天，学校在社会中越来越担当了另一个完全不同的角色，重视社会培训功能，我们不再懂得如何把教室设置成为自我管理的、独立的单元，没有一个主要的集会礼堂，也没有一些可以供孩子们进行与教室无关活动的辅助空间。

但是今天仍然令我们为露天学校感动的是，它们的建筑师对新范例的激进的反应方式。以下照片所表现的孩子们学习的情况，充分表明那个时期的乐观主义思想——室内高高的屋顶一直延伸至户外，这要归功于那宽阔开敞的外墙。它绝对不同于为了避免孩子们受外界事物的吸引，分散了对老师和黑板的注意力，而将窗户设置在高处的寒冷的教室，这种设计直到今天仍最为流行和普遍。有趣的是，大概是为了集中学生的注意力，照片中的孩子们都是背朝外面而坐的，所以教师是由外界景致提供空间的最大受益者。

现在计划要在管道式的空间中重建这个独一无二的学校，但是能把室内空间转化为室外空间的可以滑动的巨

85

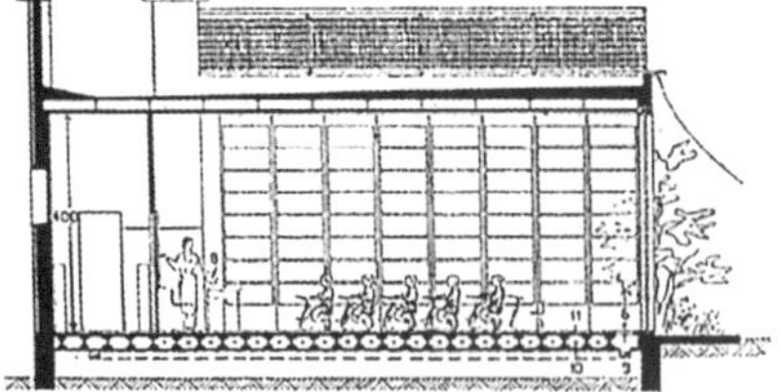

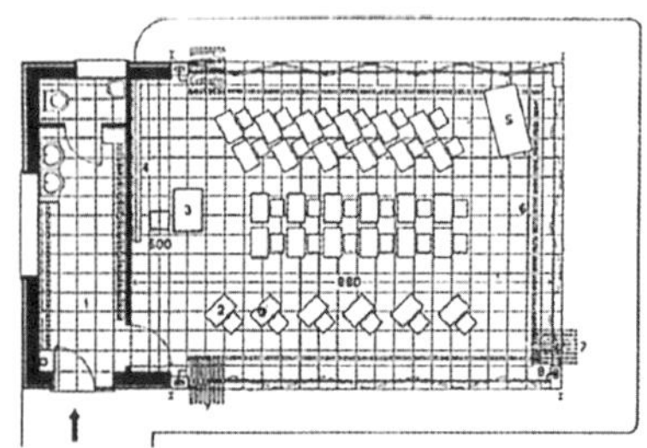

86

87

88

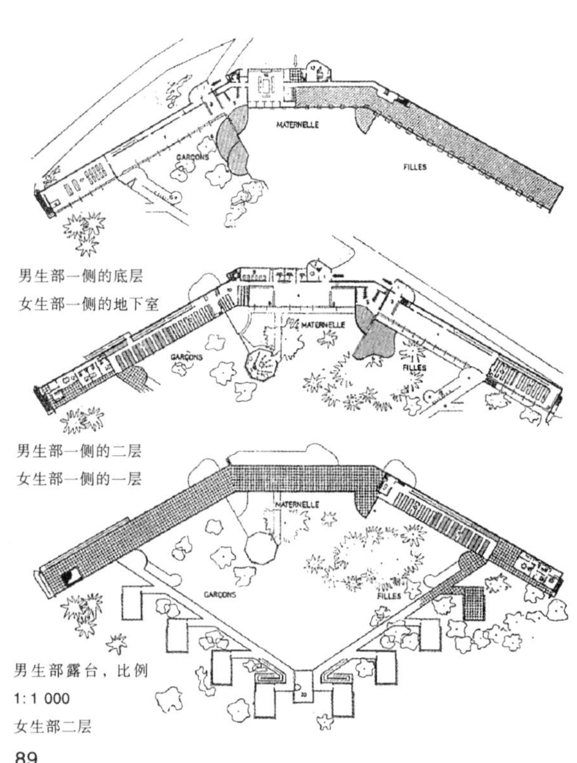

男生部一侧的底层
女生部一侧的地下室

男生部一侧的二层
女生部一侧的一层

男生部露台，比例
1:1 000
女生部二层

89

大玻璃折墙，敞开的可能性很少，这是由于今天所用的双层玻璃质量巨大，必然要求一个过于沉重的结构来支撑它。

今天，对于分隔的要求就意味着建筑构造方式的改变。这一具有优先权的变化已经在空间上明显地留下了印记。即使是作为一种对事物状态的反映，我们的确不应期望这种空间使用的方式在未来仍能保持有效。如果是那样的话，也只有学校粗线条的轮廓得以保存，未来使用者的注意力已不再停留在这座最初的设计意图上了。由于教室就像独立的楼阁一样四处分布，学校成了这些零散部分的集合。只有场地北边尽头的被拉长了的综合设施给整个学校赋以了某种印象。

楼阁由人行天桥似的雨篷相连，使你不会被淋湿，而且还可在楼阁上面行走。穿行于苍天大树之间时，强烈地感受到这个空中走道的连续体系所暗示的内聚力，这更多的是由景观导致而非建筑和房屋。地面的功能设计强化了这一效果，设计中设置了玩耍和游戏场地，以及露天休息场所。那么，从整个综合体中获得的主要印象是一个建成的景观。

90

91

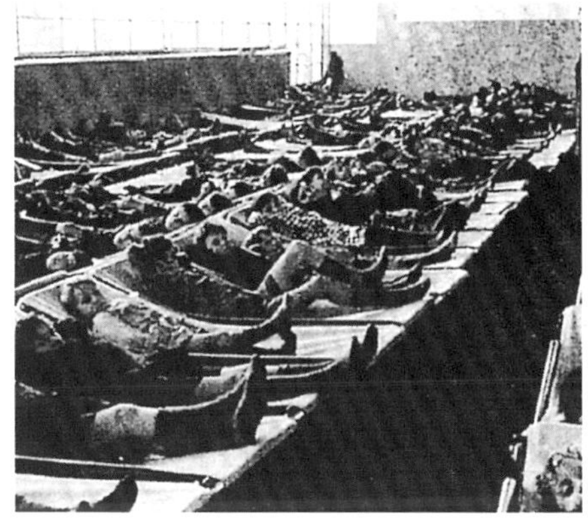

92

93

在像堡垒似的学校中，孩子们除了 15 分钟的休息时间不会再有其他的户外活动。在这类学校之后，20 和 30 年代出现露天学校的概念。60 年代教学上的新思想大部分都鼓励将学校完全置于另一种社会环境中的教育模式。露天学校主要是因健康原则而产生的，它对自我管理的单元教室组织没有任何干扰，学校组织方式的社会“范例”正在日益促进一种新的空间概念的产生，这一概念将重点放在了室外区域，在那儿孩子们可以自发的或是有组织地聚集。教室走出了它圣洁的神坛。走廊变得不光是一个环绕空间，其与教室的关系更加密切，比那种只有教师才能通过门上的小窗户观察室内外的方式更为的亲切。

在位于代尔夫特[4]的蒙特苏里学校以及后来位于阿姆斯特丹[5]的阿波罗（Apollo）学校中，教室由礼堂环绕成组地布置着，这样在礼堂中的活动至少与在教室中进行的活动一样多；它对学校社区的作用就像是一个主广场对小城镇的作用。

在现今的学校中各种社会技巧，如协同工作，共同生活，学会如何与人相处等，变得越来越与传统的学科教育一样重要。这需要另一种空间概念，此种空间不是外向型的，但更多地在内部表现，原来由多个单独空间构成的空间，演变成更大的开放性的空间，这就是标志。

这一方面，由 Takis Zenetos 设计的学校的概念是特别激进的，建成方案表现了建筑师不得不返回到他最初的设计。

在接下来的一些例子中，如果空间概念在社会中继续发展，学校提供的空间潜在性反过来必定会刺激这些发展。

学校，雅典，Takis Zenetos，1969 年（School，Athens，Takis Zenetos，1969）（图 94～99）

坐落于雅典的 Aghios Dimitrios，由 Takis Zenetos 设计，就像一艘废船似的立在这个质朴的住宅区的空地上。尽管已经破损，但形式仍然清楚地表现出来，一眼就能发现这所学校特别的组织方式。

与其他学校，尤其是更大的学校不同，它的教室就像火车的车厢一样被作为辅助空间而搁在两翼，围绕着一个中心开敞的院子组织成一个三层的半圆柱，学生和老师在教室之间来回不停地穿过院子。

沿着最上层教室的敞廊提供了一个景致，在敞廊的各个角度几乎都可以看到圆形的内院，专门设置的楼梯将敞廊和内院相连接。如果重点在表现循环，那么这就导致了流畅的运作，而教室间频繁的来往是对社区活动的表达。楼梯进一步联系了地下室和上面的世界。尽管这个区域是冷清的、不吸引人的，但当你看到设计图纸时，它表明了这里恰好是这所学校潜在的设计意图最完美的体现。

从图纸中我们可获知，Zenetos 在内院的下方有一个为表演、集会和其他学校的活动而设的礼堂。这形成了第二个庭院，与下方的第一个院子面积同样大，它更适于集中注意力，更宜于深入、直接的交流思想。

教室沿着半圆形的外围布置，显示了空间组织模式的重要变化，这明显与 20 世纪 60 年代的教育思想和教育理论相关联。[6]重点主要放在假设孩子们对大自然充满好奇和热情，不必进行煽情——就像发动机可以不需要点火星就开始工作一样。如果今天看来这像是一种过分乐观的展望，那重要的是建筑师对社会的革新思想已有所认识，并已经表明了可以通过空间的方式来刺激这些思想的实现。在这里，建筑师不是附和了一种趋势，而是创造一种能激发革新的空间，因此空间是其他与社会相关的各种形式的模型。

采用那样一种超前的立场是冒险的，显而易见要承担失败的风险。在这一例子中我们可以怀疑目前当地的教育状况：教育确实未能获得发展，根本没有利用发展的可能性。

那么，遗留下来的是一个通过建筑品味当代的教育模式颇具启发性的例子，从而形成社会理想。空间组织的发展不仅是将教室和其他房间集合起来，而且还包括建造。主要运用混凝土梁以及不相称的巨大悬臂（Zenetos 作品的

94

95

96

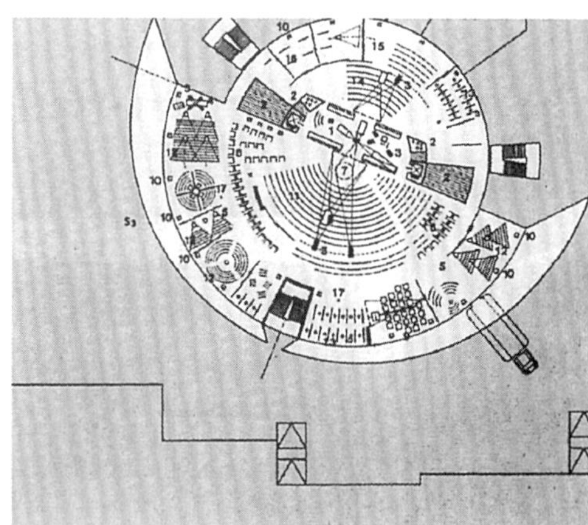

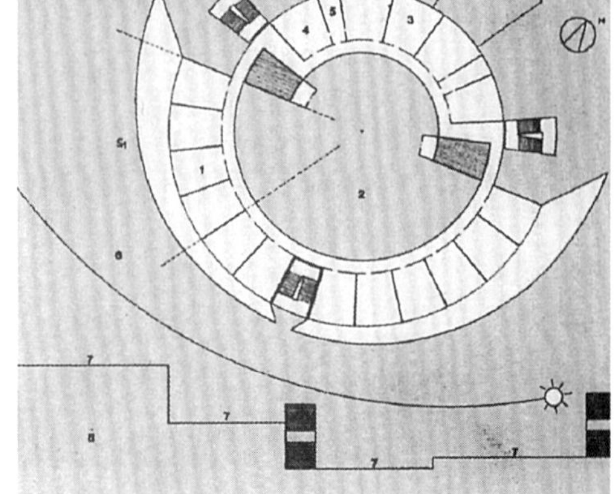

97

98

99

标志），从远处一看即可使人联想到杜克学校，因为它们都是对统一结构的直接表现。[7]

悬臂强调了开放性和整体性的统一，这里分隔墙位于房间之间、位于房间和共享区域之间、交通区域之间，它们似乎是相对次要的和临时性的附加物。

最为壮观的外部装饰构件是由混凝土板组成的遮阳系统。利用主梁的突出悬臂，它们像壮丽的和富有表现力的“天篷”。太阳光角度越低，它们在空间中伸展得越远。因此这些由图形所阐释的天篷，形象地表达了在学校整个一天中太阳的运行路线——更像个巨形的日晷。这一嵌入的遮阳板并没有遮蔽景观，而且从里面向外看，它一点也不夸张，仿佛是在一个太阳对日常生活有主要影响的乡村中所预期的一样。

在这位被不合理地低估了的建筑师的作品中，气候在构造形式上的影响是另一个重复的主题，他将现实主义“法国技术”传统（其中包括他的老师Jean Prouvé,后来的让·努维尔便是这一流派）的成果融入了希腊环境。

De Polygoon 小学，阿尔米尔，1990 年－1992 年（De Polygoon Primary School，Almere，1990－1992）（图 100～115）

在这所学校中，教室沿着像街道似的拉长了的空间布置，而没有像所有以前我们设计的学校一样，环绕着一个主礼堂组织。它由一系列的位于两边的教室所环抱，这一全面渗透的空间，其空间效果应归因于把所有的组成部分都聚到一起的曲面屋顶。在开敞的条状区域中央设置辅助设施，好像一串岛屿。由一系列较小的开放的封闭空间构成的条状区域被开放的广场似的岛形区域打断，这些区域供四个班的学生进行集体活动。这些空间可以安装滑门进行任意的分隔。设有为特殊活动安排的房间，例如手工室、一个图书馆和一个计算机区，还有补习室和其他更为单独教育活动的空间。

还有许多房间是没有预先设定功能的工作间，并适用于现代学校中可能出现的各种各样的教学情况。教室都有凸窗，把整个教室向中心“街道”开放，像有着巨大橱窗的商店。如果需要的话可以用窗帘和屏风暂时将它们遮挡起来；它们若是被设计成封闭的模式，就不会有开放的可能。这条街道不仅允许你路过时往里看（因为教室朝着“街道”敞开），而且鼓励你在教室外面活动，这类活动仍旧属于班级的活动内容，不仅如此，以天窗射入的光带洒满整条街道。天窗和教室顶部都装设玻璃，使入口区域成为活动区域。最吸引人的工作间是光线集中的地方。装有凸窗的教室区和日光区在活动转化方面发挥了很大作用——传统上朝室外开启的窗户这里却是向内的，对着室内的街道空间。这意味着教室对集体的室内空间提出了要求，并有效地扩大可用的楼层面积。因此我们更要强调对中心街道空间的积极使用。它不再只发挥划分教室的

100

作用，而是在教学中正式使用，这一主干道似的区域可被描述为一条“学习的街道”。

在为这幢建筑举行的政府交接仪式上，允许建筑界的各类赞助商在各个教室内向访问者展示自己的产品。突然间学校仿佛变成了一个商场。此时此刻，学校和购物中心的概念比人们以其他方式可能想到的要接近得多，伴随着立面开放的原则，琳琅满目的主干街道和学习街道非常相似。

一个看来无关紧要的细部，是衣帽间凹处的所在，在实际中却是举足轻重的，因此所有的墙体都不能牢靠地挂衣服。实际上墙体是供活动和“场所”使用的。在传统的学校建筑类型中，足有1英里长的冷漠走廊里布满了挂衣钩，即使最著名的建筑师也难以避免这一现象。

衣帽间凹处、教室开敞的橱窗，学习街道中的光线——所有这些要素都是决定性的，这些重要条件一旦失去，无论你的学校设计有多引人注目，都是毫无意义的。

101

102

103

104

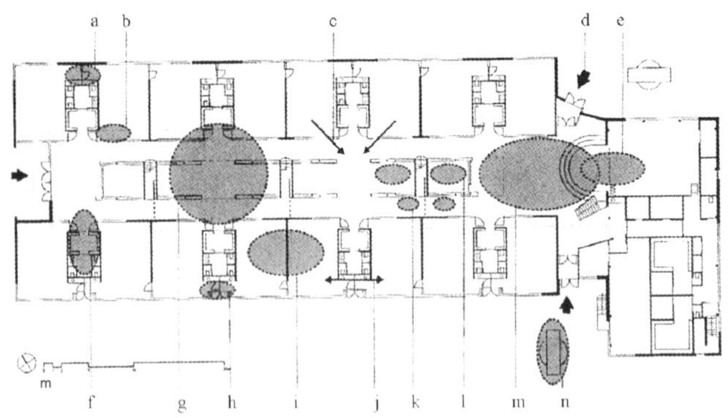

105　a. 所有教室中的厨房单元；b. 通向集体空间（仿佛它是条主干道）的像橱窗似的凸窗教室；c. 教室和学习街道间视觉上的联系；d. 同等重要的三个入口，使用起来非常灵活，把小学和中学的入口分开；e. 游乐区和中心礼堂可以相结合；f. 衣帽间的凹处供两个教室使用，集体空间的墙体不受衣服挂钩的限制；g. 供四个教室使用的共享空间（"广场"）；h. 从小学教室到室外的直接出口；i. 滑动隔断或隔门可以将两间教室改成为一间大教室；j. 两间教室间的捷径；k. 滑门在走廊中形成的学习空间；l. 工作区域，使用滑动隔断实现全封闭到开敞；m. 整个学校的集会区；n. 入口处取代了雨棚的遮蔽物，供等待、玩耍或遮阳挡雨使用。

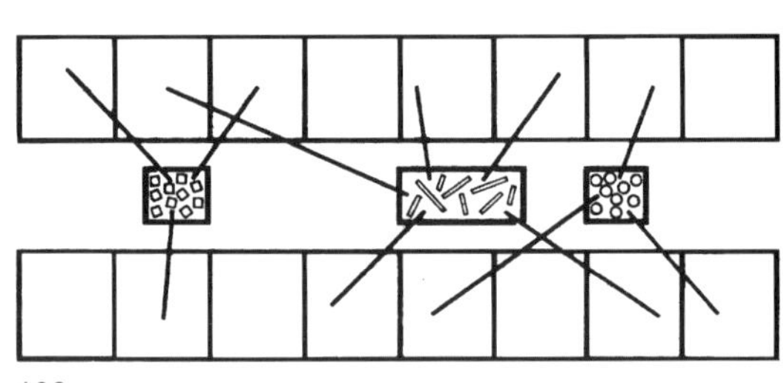

106

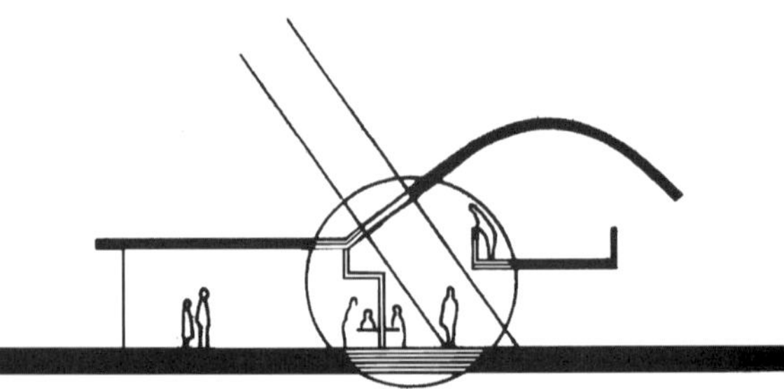

107

108 传统学校的走廊被衣帽钩所占据

109

无论在教育发展史上如何评价，教室传统上的自主管理（autonomy）及教室的控制一定会不停地逐渐减少。结果是，学校建筑的重点走出教室，游离到外面的空间。对空间多样性的需要正在不断增长，孩子们对其他新主题产生了兴趣，这要求出现新的概念，概念的出处不必来自学校建筑。通常你所处的另一种环境将你指向了正确的方向。在现有的例子中，为建筑学学生开设的国际性研讨班（INDESEM）配备了一个厂棚。利用了空间中由柱子暗示的室内再分隔，我们在每一边都划分了成组的空间，在中间，是被从头顶阳光照亮的中央区域。一个舞台和一个酒吧是主要的汇合点，被安置在了端点处（建筑学校均以酒吧作为核心）。在那个研讨班期间的所有讨论都在中央区域进行，所有成员都在那里。

针对其基础环境条件而言，这种基本构造是完美的，作用是最终把我带入小学的“学习街道”模式。要求我们带着设计任务，去认识在绘图板和计算机屏幕以外的环境条件，然后设法把这些环境转化为适合我们自身使用。

110

111

遮蔽物 遮蔽物充当前门的雨篷或其他设施,而且是孩子们逃避恐惧的避风港。因此我们设计了独立的遮蔽物,为孩子们提供机会在前门去等候或找到彼此。[8]遮蔽物由一块充当座位的混凝土板和一个钢屋顶组成,这是其基本特征。下雨的时候,遮蔽物很受欢迎,阳光灿烂时也可备受青睐。孩子们上下学或幼童玩耍时利用率最高,它在极为宽广的游戏场地上提供了一方可以依靠的绿洲。

112

113

114

115

Petersschule，巴塞尔，瑞士，Hannes Meyer 和 Hans Jakob Wittwer，1926 年（Petersschule，Basle，Switzerland，Hannes Meyer and Hans Jakob Wittwer，1926）（图 116～119）

坐落在紧挨着圣彼得教堂的巴塞尔中心内女子学校（11 个班级）的竞赛设计是一个现代建筑的标志，最重要的是传说中由保尔·克利（Paul Klee）绘制的透视图。

当然正是那个平台，以一个令人吃惊的距离悬挑入空间，控制了另外一个非常平缓的体块，这一异常突出的自我表现的结构，毫不掩饰地表达了一种与所处死气沉沉的乡村环境的对比。

依据设计报告，如果在没有娱乐空间的地面之上设置大型的雨篷作为附加的室外平台，它将是非常引人注目的。孩子们可以在悬吊的平台上面玩耍，腾出地面空间作为公共区域。毫无疑问这种自由悬浮的悬臂屋顶看似会产生一种无与伦比的空间感受，但这不是主要的意图。总的来看 Hannes Meyer 并没有被限制在建筑表达能力上，而主要关注更好的教育基础条件和学校建筑所担负的角色方面。他的态度是严格而正统的，甚至比他在荷兰的校友 Mart Stam 更为严格。他着迷于更为实际的问题，例如教室里较好的照明，他有可能成为第一个在学校建筑上提倡更为科学方法和客观性的设计师。但有趣的是，这里展现了对现代科技的笃信，同时它的巨大开支让我们无法理解。

你再也不会找到像 Hannes Meyer 那样轻率地从事设计实践工作的人。虽然这几平方米室外空间仅仅是这位构成主义者展示力量的借口和诱因，但它不仅仅只是反映产生强烈印象的愿望。对原苏联构成主义者的直接影响是毋庸置疑的，悬挂在岩壁上的 Ladovksy

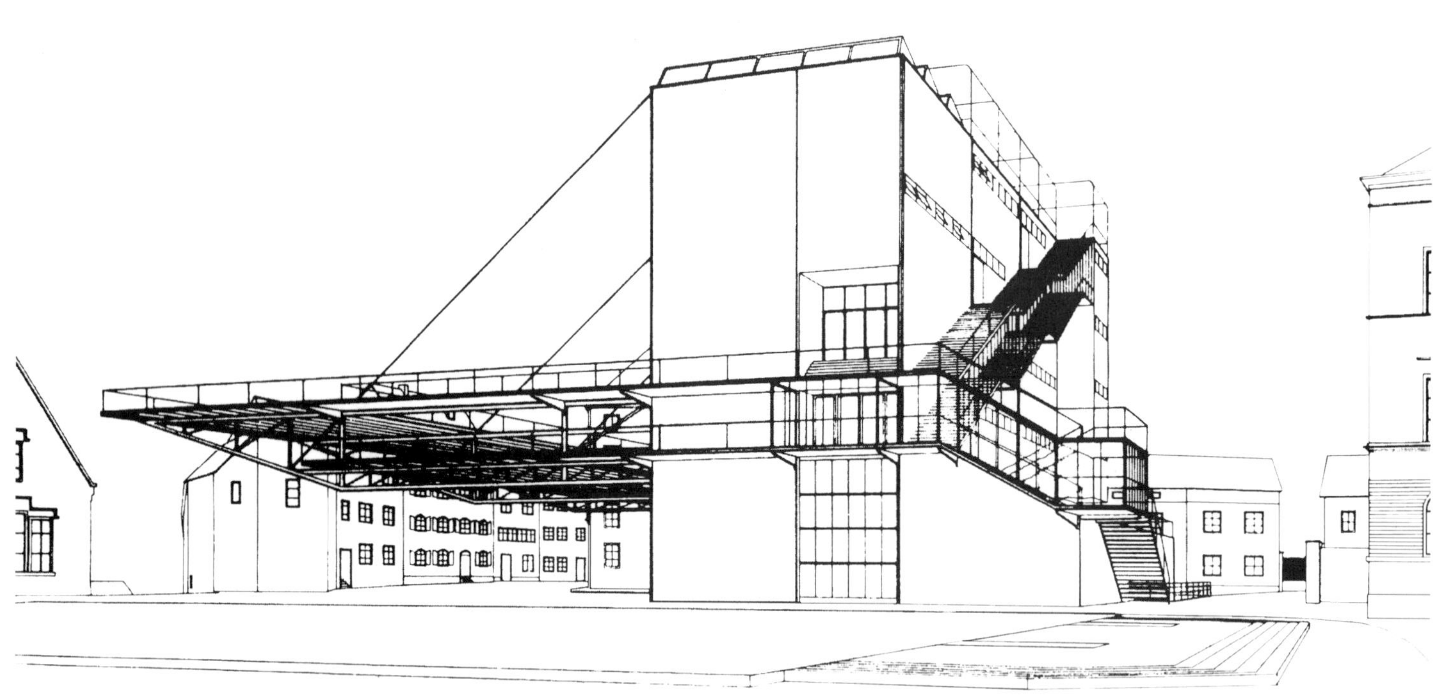

116

酒店（1922年）和李西茨基的Wolkenbügel（“云撑”）（1924年）便是佐证。这些项目用它们那种挑战重力的悬臂，竭力逃离固着于土地的传统状态。

正如上文所述，为了实现目标他们进行不切实际的、乌托邦式的努力，这些都成为了纪念性的项目，当然它们不只是打破惯例的纪念物。

这所学校大胆的、富有挑战性的结构突显了建筑师躁动的生命力和火热的激情，唤醒了对于具有更好教育的新世界的联想，那将会更关注儿童的发展；在这里，它只做到了表述出更多物质上的自由。很难再看到像这样一个对传统环境公开加以批评的建筑，它因而赢得了竞赛，这个建筑所附带的信息对当时的环境带有过多的威胁性。

117

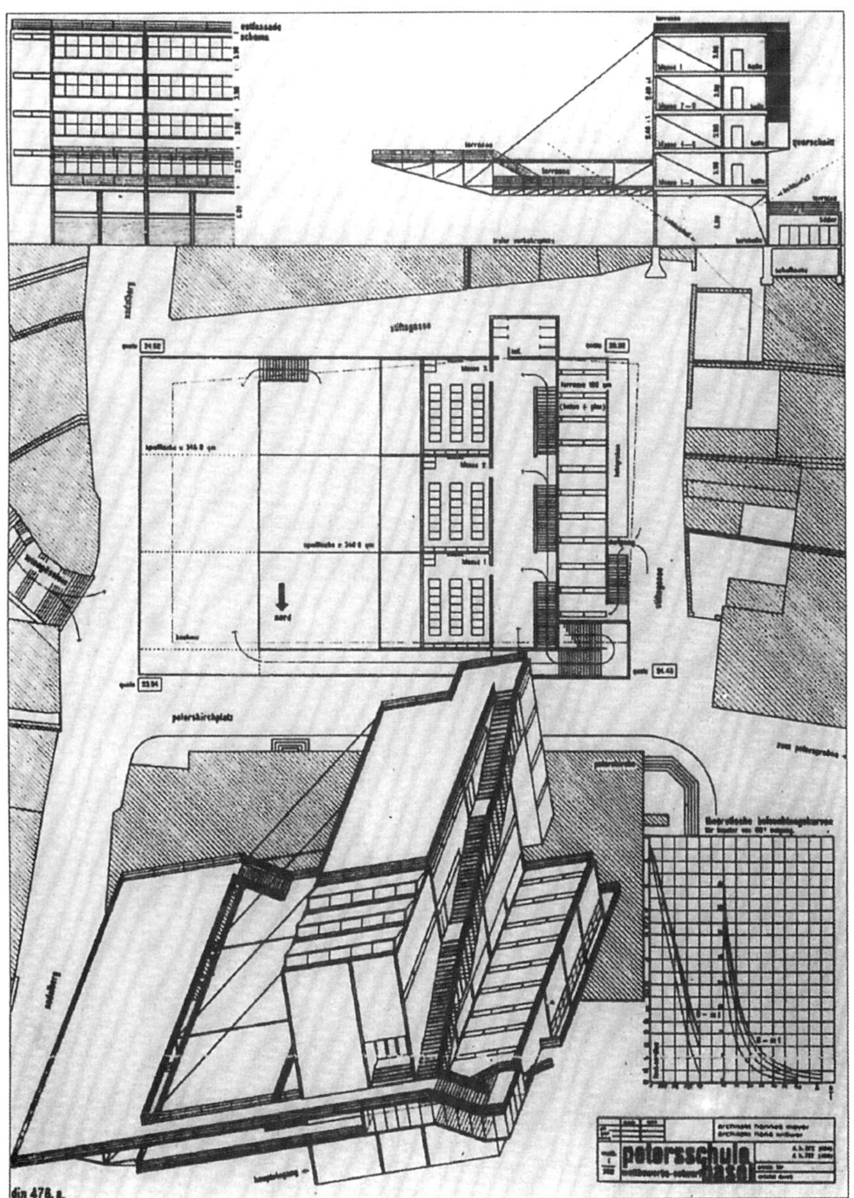

118

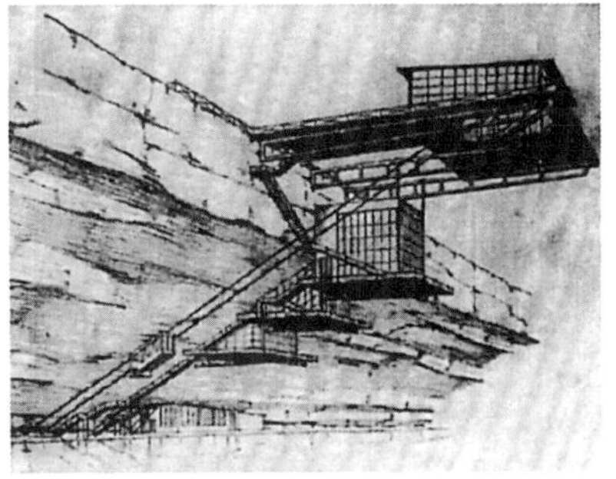
119

悬宅，Paul Nelson，1936 年－1938 年（The Suspended House，Paul Nelson，1936－1938）（图 120～123）

Nelson 把这个为“未来住宅”所作的设计看做是一个如何将工业方法结合进“生活机器（machine ã vivre）”的深入研究，他追随许多前辈，其中包括：勒·柯布西埃、布克敏斯特·富勒（Buckminster Fuller）、艾琳·格雷（Eileen Gray）、皮埃尔·切罗和 Jean Prouvé。其理念是“预制的独立并可变的功能性空间单元，被悬挂于一个固定的外罩所形成的室内空间里，创造了它们自己的室内体量和永远变化的空间”。[9]

这必然包含一些独立的、工业化的预制单元，每一个都有自己的特殊形式，沿着在空间里延伸的坡道可以进入，而且每个单元都是可以更换的。

房屋所悬挂的各种各样的组成部分或多或少就像在被外墙所限定的盒子/容器的空间中飘着的物体一样，因此房屋的空间实际上是完整的。这保持了地平的完全自由，因为没有柱子和其他的“障碍物”。

该设计表达了一个全新的空间概念，这一自由的平面不是在固定的地板之间被表达，而是在一个获得了完全自由的盒子里表达出来，不仅是在长度和宽度上的自由，还有其高度上的自由。

在这个盒子的边界之内获得了最大可能的自由空间，虽然这个空间是被外部明确地决定的。那是一个它自己的世界，特点是受限的和内向的，与其外部的事物无关。在这个内部世界里重力似乎已经被悬吊起来了，同时李西茨基的盘旋结构实际上已经变成了现实。这里违背了建筑学的常规，我们也可以将其看做是一种对建筑学的否定。这一好像是地球外的神话有着自己的规律——而那正是容器的限定范围。当所有的都被说明了和完成了的时候，从外面看，它就像一个貌似空间的空间，让你进入后有一种逃离现实生活的感觉。

在内部，你不会察觉到巨大的节点

120

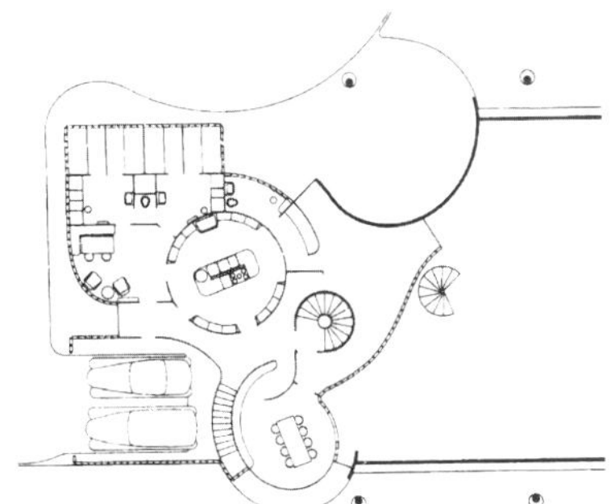

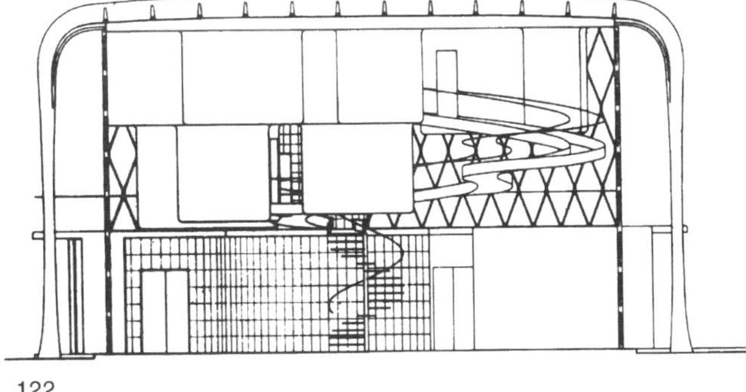

122

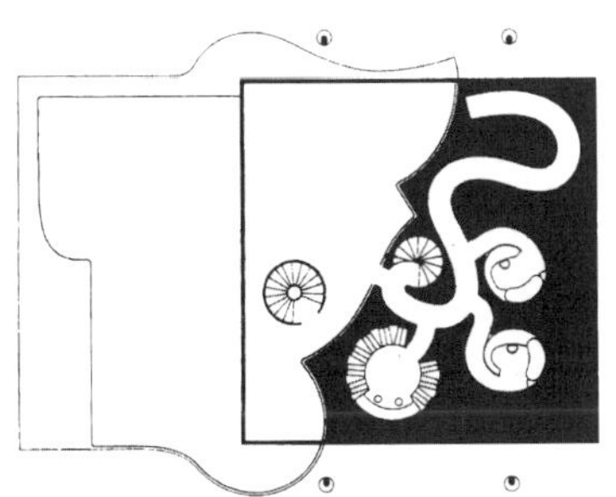

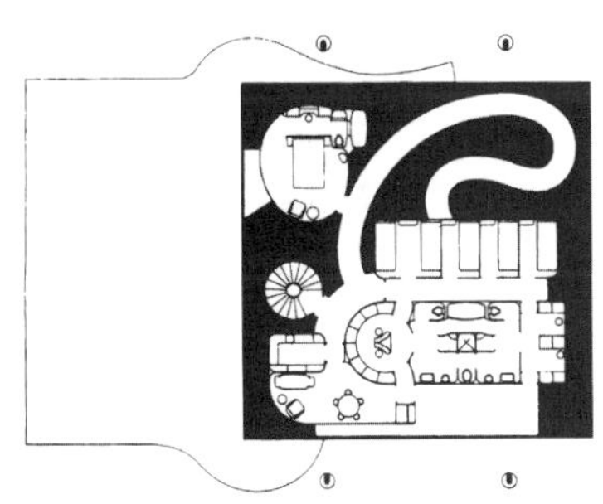

121

对重力的控制作用，因为这些节点从容器内部是看不到的，它们承受着悬浮单元的重量。看样子 Nelson 似乎是依据切罗的玻璃住宅来设计这个项目的。那所房子也基本具备了一个极高的空间以及可移动的"技术上的"过渡构件。顺便提及的是，构成主义者的柱子总的来说是没有影响的。它也是一个内向的内部世界，极少为外部世界所穿透。

众所周知，悬宅迷人的模型（现在纽约现代艺术博物馆）恰巧也是由 Dalbet 制作的，没有他，切罗和毕沃耶特的梦想就难以实现。今天，独立构件的观念作为主题以各种形式在设计中反复出现，这些构件由步行道相连，并自由地分割了整个空间，就像是将鱼放养在某一地点（被挖出的大体块的负像），如鱼缸中一样。

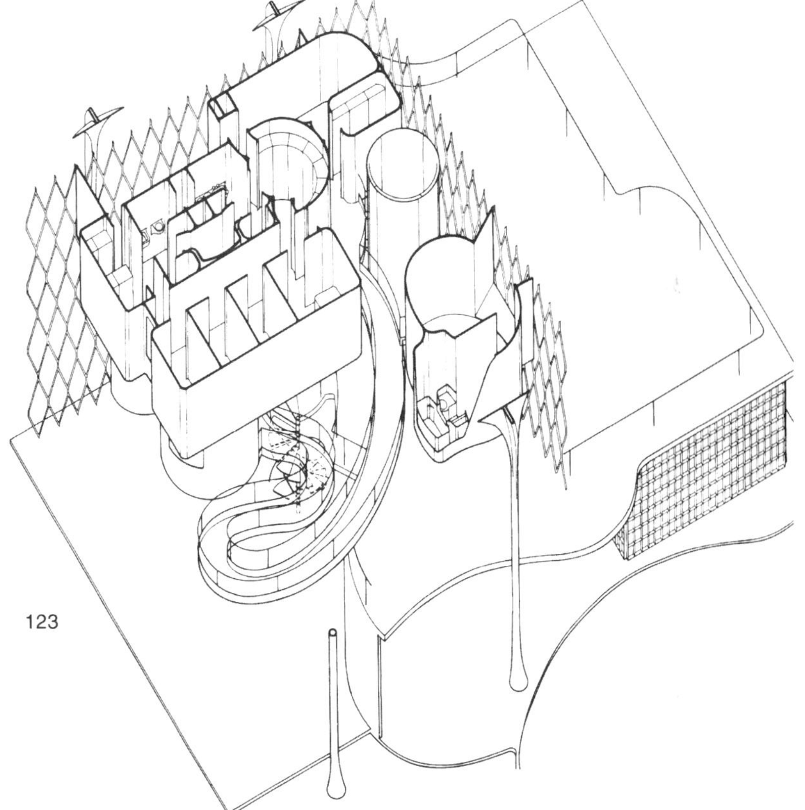

123

大学中心，马尔摩，瑞典 (University Center，Malmö，Sweden)(图 124～134)

关于在马尔摩重建大学的竞赛纲要，要求一个清晰可辨的中心，坐落在城中一个特别的地点——在水上。这促使我们去设计一个带有屋顶的城市广场，它既可用于大学社区也可用于城市。当广场纳入社会生活时城市与大学二者可以互通有无。作为一个带顶的广场，它是一个大学庆祝活动和聚会的理想场地；同时，作为公众场所，若不考虑学校使用目的每一小部分都是完美的。

尽管还可以更广泛的方式加以界定，在这种特定的条件下，两次折叠的平面形式 (the form of double-folded plane)已清楚地阐述了其特殊的概念。通过一个概念性的草图可以解释——这一主要的形状是对基础观念简单易懂、具有启发性的表现，还构成了各种解释的基本框架。折叠形状像意象符号一样表现了设计意图和潜能，并没有赋予它们固定的形式。

虽然建成的空间在质量上和数量上是自由的，但在封闭空间内部的每样东西都属于大学。最终的倾斜平面的外

124

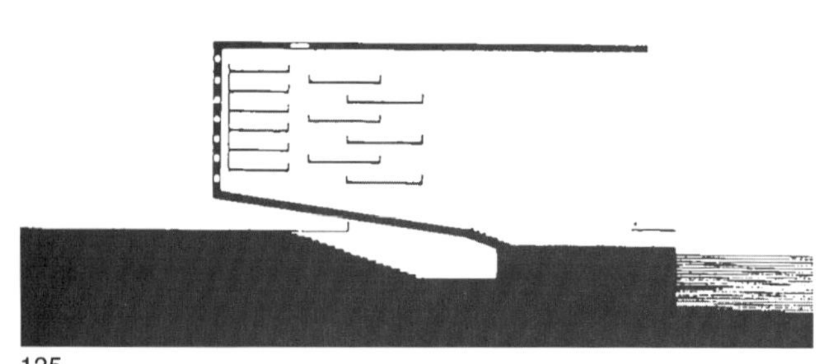

125

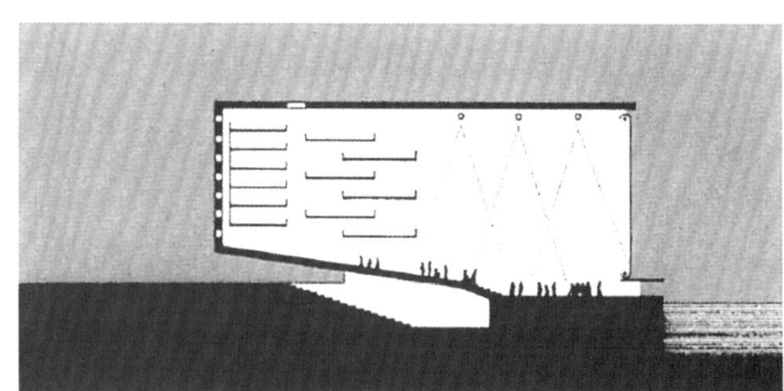

126

观成为“建筑”和广场之间的中介；就像在一个纪念性建筑物的入口处有成排的按阶梯状或倾斜布置的座位似的楼梯。

这种形式使倾斜平面下方有富裕的对外空间，即，与广场完全隔离。一个自我封闭的形式，也将不可避免地是排外的。这个空间面对着街道，自然就把它对大学的从属性否定掉了——这一形式只能传递都市化的确定性。

此处概念所确定的不仅仅是一个空间外壳和在地域中的分区，而且决定了空间都市化的容量，例如它的能力。

纽约洛克菲勒广场是这类广场的杰出范例，它在不同环境条件下均具有无法超越的吸引力，在那儿空间条件是它频繁使用的主要原因，特别在冬天。[10]

127

128　纽约洛克菲勒广场

129　纽约哥伦比亚大学图书馆台阶

夸张的巨大屋顶就像一把巨型的雨伞保护着广场。其设施既实用又具有象征意义，给恶劣的气候（寒冷、提早到来的黑暗，以及万物的缺乏）带来了阳光和地中海地区的生命活力。有绳缆从屋顶的一面拉起帆布墙，把广场转化成一个具有城市尺度的"房间"，阻挡了寒风和恶劣天气。看起来就像马戏团的帐篷或微缩的带着顶的运动场，这个城市场所可以以剧院和运动场馆的角色，承担作为一个暂时性城市中心的责任。

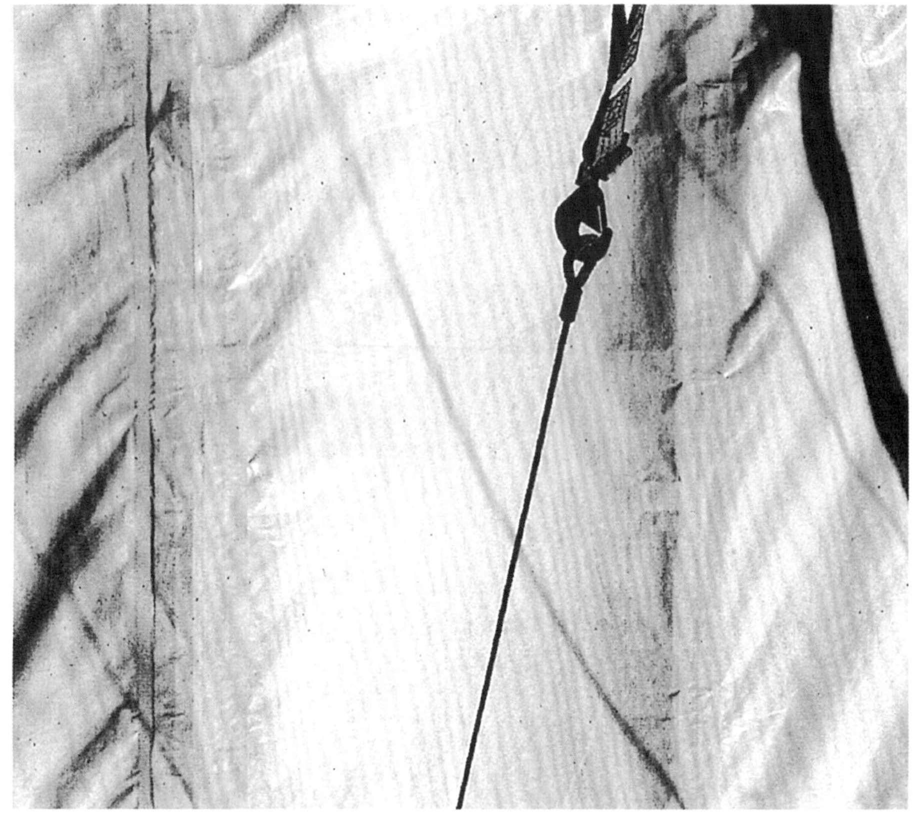

130

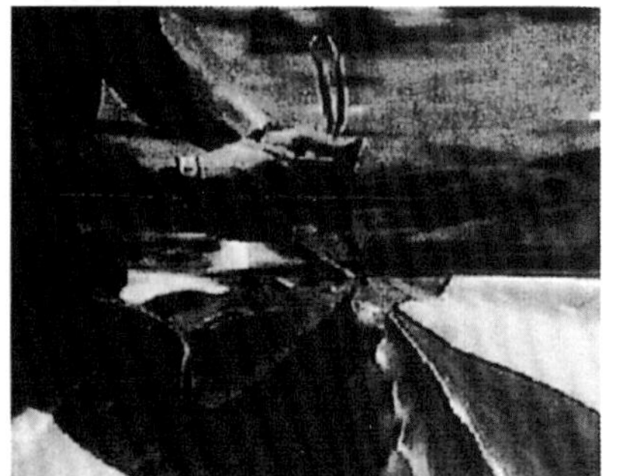

131

132

133

134

古根汉姆博物馆，纽约，赖特，1943 年－1959 年（Guggenheim Museum，New York，Frank Lloyd Wright，1943－1959）（图 135～137）

设计大师的这一后期作品的形式常常受到批评，主要是它的外表像巨大的厨房用具。还有批评意见认为，以几乎是天真的和过分单纯的风格，用螺旋的方式去引导观众浏览收藏品，导致脚下的地平总是倾斜的。然而至少在一个方面，你无法否定这一设计概念，即把这个环形的坡道设计成贯穿整个圆形空间，缠绕成一个开放的画廊的方式，表现了关于艺术作品和在你面前来往人群的不断变化的景观。这给予了你关于将要到来的东西的预示和对其他观赏者的连续观察。很难想像有别的空间形式可以提供更好的全景。

正是这种水平面的渐变，以及不同层面的缺失（不同层面是一种明确的单位），就把平面图转化为一个连续的扩展，它的螺旋形式生成了最小的视距和最大的视角。

如果设计意图在于生成“漫步式建筑(promenade architecturale)”，该建筑以其连续性使空间没有根本的改变，它是将更多的重点放在了绘画和人群的连贯性上了。

135

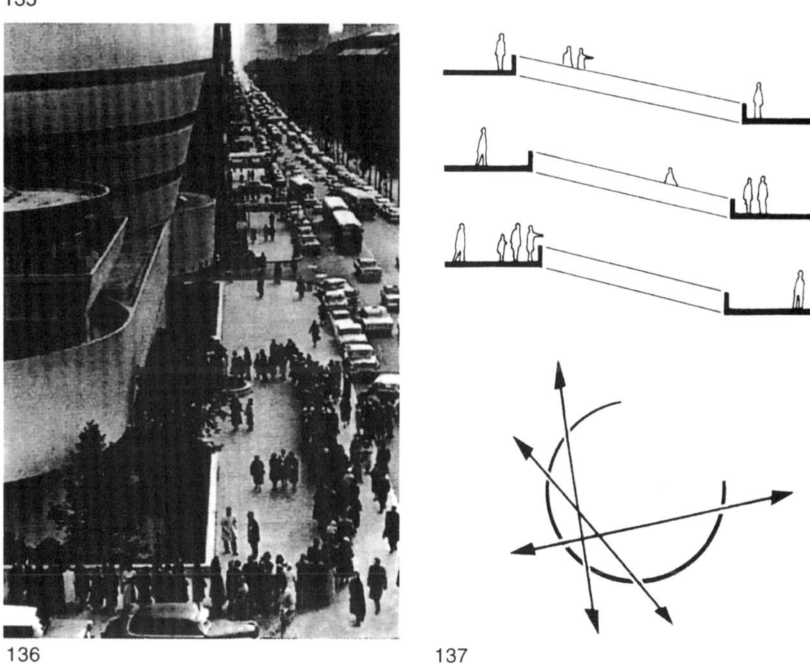

136　　137

香港汇丰银行，香港，诺曼·福斯特，1981年–1986年（Hong Kong Bank，Hong Kong，Norman Foster，1981–1986）（图138～146）

诺曼·福斯特的香港汇丰银行最杰出的亮点是其完美的装饰。这一"过去一个世纪的最昂贵的建筑"，以其崭新的平滑技术细部（smooth–tech detailing）征服了世界。然而，人们更感兴趣的是在建筑下方的公共道路，它不是简单地占据了空间，而是其底层主要部分用于穿行，并因此仍然是公众领域的一部分和穿越城市的人行通道中的一处接口。

从建筑中穿过就涉及细部的问题。总的来说，室内的布置可以定性为公众通道的性质，换言之，就是都市化的内部空间。结构完全符合一个事实，即底层平面可以保持没有柱子并假定了一个城市广场的尺度。这在给予这幢建筑以富有特色的构成主义桁架外形中得以真实地表述。

沿着地下通道穿过建筑，你可以向上穿过它那如瀑布般的玻璃幕墙间的巨大中央区域，看到上面像教堂一样的中庭被开敞式的办公室所包围。最初，其概念似乎要使这个空间完全没有玻璃，并在下部开放，也就是说，朝向外面的世界。那么室内空间，理论上成为了城市的一部分，即使是最高超的消防队员也对这个坚固的火焰式建筑充满信心。同样，公众的入口像在大多数的同类建筑中一样，以时髦的形式引起人们的注意，而且要求安排在前面，作为对自动扶梯终点的限定，扶梯——它有着非正常的高度——在底层的公共区域随意地运行。这几乎没有占据任何空间并且有利于保持建筑下方广场的自由和开放。当进入建筑时，就到达了位于中庭尽头中央平台的接待处。中国传统风水理念，促使这个扶梯以看似随意的角度穿过玻璃层，显然没有察觉它所造成的影响。

缓缓倾斜的地下通道及其向上的壮观景象，还有充分体现了不朽的入口，共同构成了令人瞠目的空间感受。给建筑不可接近的排外性加上了明确的可接近的城市尺度。而所有这些，当要截断通往这座金融和权力堡垒的桥梁时，所要做的仅仅是关闭一个扶梯。

138

139

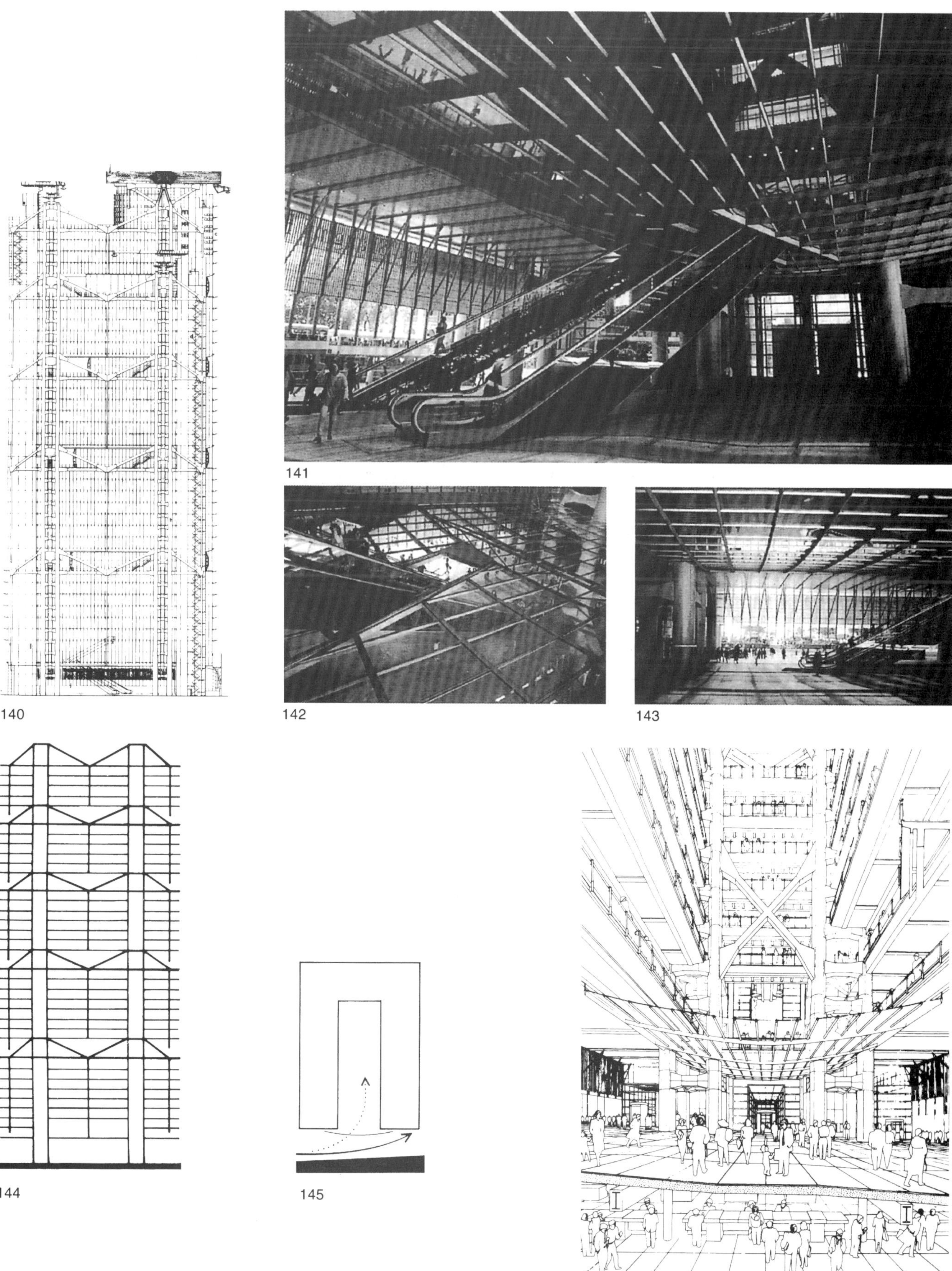

140

141

142

143

144

145

146

巴里体育场，意大利，伦佐·皮亚诺，1994 年（Bari Stadium，Italy，Renzo Piano，1994）（图 147～150）

从罗马圆形剧场时代至今，体育场基本保留了相同的形式。运动的内容和真谛可能已经发生了巨大的变化，但它们的目的仍是聚集最大量的人群，使得人与人之间和人与体育比赛之间处于最亲密的距离之下。微小的界限和最远的距离是实现目标的最大限制条件，根据这一实用的原则，通常每个时期的体育场多有基本相同的形式和尺度。

基本说来，一种特殊形式在我们的"传统"中留下的印记越深，看起来就有越少的理由去改变它，或者应该说是更难看到改变的理由。

总体说来，现代化的体育场只需辅助性的小规模的改造，对主体外形产生的影响很少。（伴随着技术进步我们还是希望无屋顶的结构，所以仍存在因为下雨导致表演终止的可能性会令商业利益承担风险。）

巴里体育场是为 1994 年世界杯所建，位于开敞的、古老的景观中，就像一艘刚刚降落的来自外星球的飞船。

从里面看，它由一个巨型的碟状物水平地联结着两个部分组成，留下一个大裂缝使之可以与外界有视觉接触，并且可以从室外看到室内的活动。

因此，内外世界保持着联系，这种视觉接触在某种程度上与那样巨大的尺度不相符。另外有一个特征是体育馆设计中从未碰到过的，即这个大型的水平接合部（articulation）划分结构的方式，分成一个陷入地面的部分和一个更富空间感的对看台起补充作用的升起的部分。

利用节点在水平和垂直方面的基本规律，庞大的人流在独立的花瓣形走廊中走动时被分流了。这实际上，从心理和实际都减少了不可控单元的数量。

有关节点的基本原则被人们理解并运用于入口和出口系统。当观众人群移动时，他们的整体移动有效地抑制了个体的移动。所以就有了一个分流体系，是减轻当时流量压力的理想办法。

147

148

149

150

蓬皮杜中心的扶梯，巴黎，伦佐·皮亚诺和理查德·罗杰斯，1977年（Escalator in Musée Georges Pompidou，Paris，Renzo Piano and Richard Rogers， 1977）（图 151、152）

这个建筑被构思为一个巨大的容器，所有通常可以在内部找到的设施，在这儿都被移至外部，留在内部的少数物体并不足以妨碍任何形式的展览。遗憾的是，最近的室内重建削弱了这一清晰的概念。人们通过一个悬吊在管道内的扶梯系统进入建筑内部，该扶梯贯穿了建筑的全长。

这种进入的形式就像是传送带。它使进入大楼的人总是保持站立姿势，仿佛是在电梯里，人们进入建筑的行为发生在紧靠建筑外侧的，一条通达各层的玻璃通道内，而且每一个分支实际上都是进入建筑的一个独立入口。

在通道里没有身处建筑外部的感觉，也不觉得是在内部。它的全部意图和目的是一个具有城市尺度的单独的拉长入口区域，它能载着你穿越城市。你或多或少地是被迫停留在管道里，这不像在火车里——使你感受到了渐增的幽闭恐惧症，故这种感觉不能被宏伟的景观所抵消。超出你所到达过的街道高度，一幅城市的全景展现在你的面前，获得一种难以比拟的空间体验。

151

152

公寓屋顶，马塞，法国，勒·柯布西埃，1946 年－1952 年（Roof of Unité d'Habitation，Marseilles，France，Le Corbusier，1946－1952）（图 153～162）

这所公寓是勒·柯布西埃为马塞所做的设计，像是个被堆积起来的住宅区，设计中包含着某种意义上的独立生存（self-supporting）的概念，后来他为南特（Nantes）、柏林、Friminy 和 Brey en Forêt 做的设计中都蕴涵了这种思想。设计中包含了一条商业街（它仅是在最近才开始完全运作），同时积极利用了屋顶。正是这些元素赋予了公寓海船的某些特征，并使得公寓的其他体块成了看似柔弱的、漫无目的的结构。

马塞公寓的屋顶就像是带有差异的船的甲板，它为整个社区和偶尔到来的建筑游客提供了休闲、娱乐场所。

在屋顶上，由于远离了城市的喧嚣，人们可以亲密地贴近建筑，这里迷漫着一种宁静的，好似天堂般的氛围。居民们特别是孩子被吸引到了小的戏水池中游泳，在仿佛是某个遥远的田园诗般的沙滩上享受着日光浴。

令人惊讶的是怎样使这个全混凝土的场地——仅在一些零星的地方用玻璃马塞克饰以颜色，例如在水池里面和水池周围，一个没有植物或装饰物的巨大灰色"雕塑"——可以散发出那样一种温柔和丰富的气氛。[11]

这个屋顶景观与众不同，勒·柯布西埃在大多数私人住宅中都设计了华丽的屋顶花园，这一手法最初是 1923 年在 La Roche 住宅（Maison La Roche）的设计中采用，作为私人领域的一部分，在那里只要是气候允许的地方就能找到可住人的屋顶。而此处是一种公共空间的新形式，带有某种庄严伟大的东西，这些原来大多是在私人拥有和管理的花园及院子里才能找到的东西，现在已为所有的居民共享了。

建筑师努力使每个组成部分具有雕塑般的感觉并使其具有实用价值。这种观念随处可见：戏水池宽大平坦的圆形边界，恰恰适宜于儿童；深深的座位可供你安全地依靠其中，弧形的独立墙体后面可用于更衣，倾斜的表面和它的附加高度提供了一个超越了屋顶周边

153

154　乌代浦（Udaipur），印度

155　石油酋长，阿联酋

156

157

158

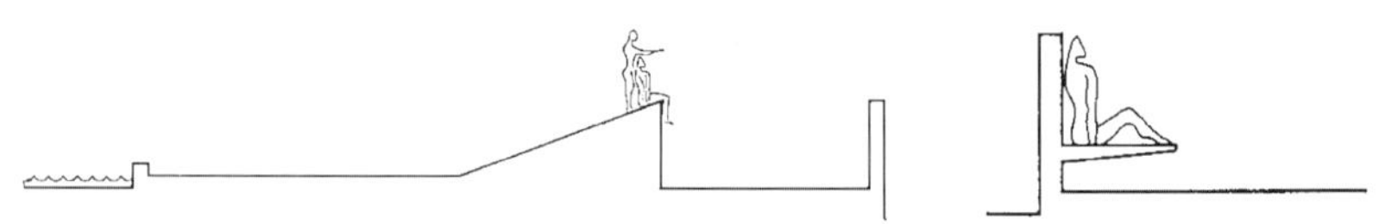
159

160

极高的女儿墙一览无余的视野。

所有这些设施和形式证明人们的确应该对充满魅力的特质投以关注，因为勒·柯布西埃常常在对空间做出雕塑般表达之前，已欣然对其引以为荣了。悬挂在他工作台上面的是一幅大照片：这个混凝土景观的传奇而浪漫的照片，必定恒久地成为了他的评判标准：建筑师传达给人们——他们对希望的天真的表白以及针锋相对地指出今天社会中诚信的缺乏。

像马赛公寓一样的建筑，被定形为垂直的建筑群状态，已经成为建筑学的和城市化的现象，引起了每一位新时代建筑师的注意，最主要关注的是，是否真的有可能将一个单独的建筑组织成为城市的一部分。然而一个真正革命性的发现是关于把屋顶看做另外一个底层平面和公共花园，这个屋顶/地面的方式不可置疑地适合于建筑，完全地消除了被置于另一个更大的建筑顶部的感觉。

虽然公寓是一幢这样的建筑，它的自主形式和庞大尺度不可挽回地分离了它和周围的环境，不受重视的底层没有完全带动商业活动，特别之处是屋顶提供了独特的景观。是否将它合并成景观里一种强大的形式(megaform)，就像罗马的引水渠或 Alfonso Reidy 住宅的巨大结构，它的客体将消失。正如我们所认知的那样，它可能太大了，但它也可能太小了。

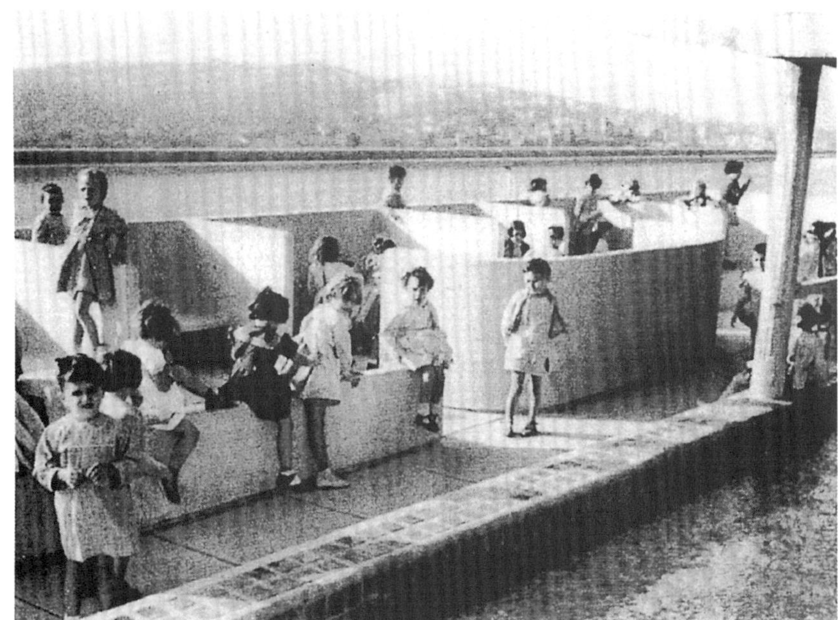

161

162

“白城”，特拉维夫，以色列，帕特里克·格迪斯，1925年（“White City”，Tel Aviv，Israel，Patrick Geddes，1925）(图163～170)

在特拉维夫市中心扩建的居民区，著名的“白城”的标志是大量长方形的住宅，街区中三至五层的微缩城市别墅之间相距6米，发展得极为协调。

现代建筑的无比统一进一步提高了这种和谐，这种建筑风格萌发于20世纪30年代早期的少数建筑师，如Arieh Sharon，Ze’ev Rechter 和 Dov Carmi，他们在移民当时的巴勒斯坦之前曾接受过鲍豪斯的教育。虽然没能设计出杰作，但他们努力去实现高质量。这在很大程度上应归功于强烈的雕塑感的影响，在窗户、阳台、平屋顶花园，以及由独立式柱子降低的底层等众多因素中突出和谐的特质。

众多材料共同构成的建筑影响加强了都市化的概念，其特点非常突出。格迪斯曾在印度多年从事不同的城市规划设计，如新德里。英国行政当局便委托他草拟一份关于特拉维夫的计划，特城的急剧膨胀是后来移民潮的结果。该计划于1925年完成，这个计划证实了一个异常都市化的观点，即决不会随着时间的流逝失去它的力量。但急速增长的机动化交通使许多计划“流产”，这一计划也受到了一定的影响。格迪斯和他的城市花园不得不让位于交通（traffic），其设计的“自由”底层被停在柱子间的汽车填满了，尽管部分地牺牲花园，但茂密的树木得以保留，正是这些

163

164

165

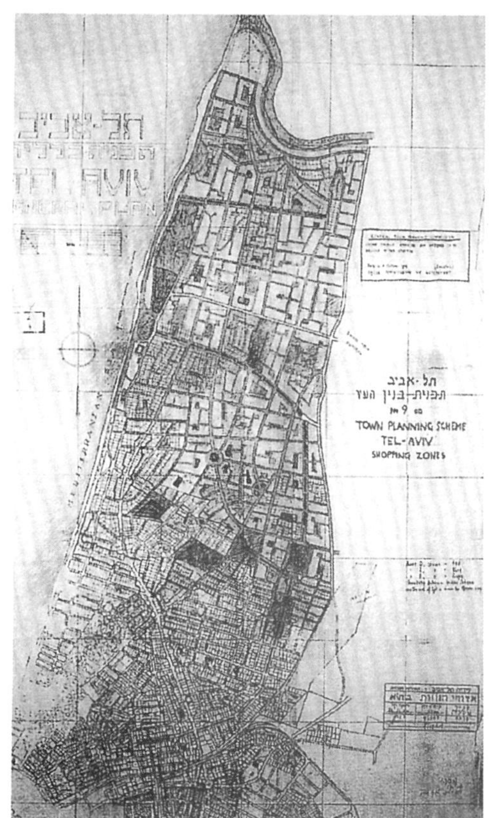

166

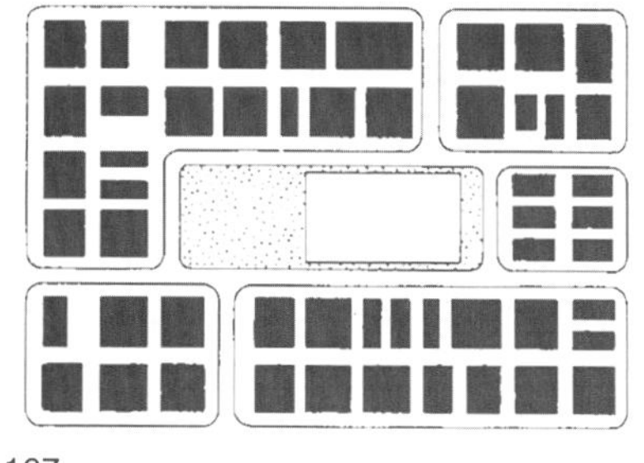

167

定义了建筑和城市设计的综合发展。

格迪斯的规划将主要街道以大约彼此成直角的方式分割区域，这就形成了一个格状物。这种模式并非突然地停止，而是与周围环境相结合，它不是严格的循规蹈矩大概是为了在不同的象限间产生最大的不同。通过深思熟虑的设计移动，它的街道偏离了东西向并与海岸线成直角而非平行于它，这导致长方形的象限南北向发展。意味着更多的房子可以东西向排列以获最大限度的有利条件。它表明了格迪斯的睿智，他继续确定出象限的位置，以便内环的房子和外部的房子背对背，并将一个开放的空间包拢起来作为社区。居住单元的深度、前后院和街道路线都予以标注，具有极高的灵敏性和视觉焦点。每一厘米的土地都被充分利用而且清楚地指明了是私人的或是公共的。

住宅周围的私人花园没有被当做是附属品而是作为基本的组成部分，同时格迪斯必然对居民将用它造就“人间天堂”寄予了很大的期望。第一，明确禁止使用花园间栅栏。通向中心和内环的道路采用二级道路附属于主干道的交错体系，防止走捷径的现象。和“干道(mainway)”不同，“门前路(homeway)”建得尽可能的窄，以保护“住宅区域(home block)”的封闭。

虽然整个城市几乎完全是由独立的单个或多个家庭区域组成，整体上拥有都市特征。尽管建筑间丰富的绿色空间维系了城市街区的感觉，却没有令人联想到别墅花园。这无疑是严格保持建

168

169

170

筑行列和街区间相对小空间的结果。这一结果是独特的都市化反应，因与周边的建筑具有极大的同一性而进一步提高了它的影响。规划的质量是一流的，并且应归功于格迪斯的理想。他成功地实现了乌托邦式的思想，表面上不作任何不适当的妥协，将古老的英国殖民思想与对现实主义的执著追求（在现实主义理念中没有实现不了的事）相结合。而事实是 75 年后各项设计功能仍然运行良好，证明了这是卓越的城市规划。

阶梯式住宅，Henri Sauvage，ca. 1908 年（Maisons à Gradins，Henri Sauvage，ca. 1908）（图 171～179）

如果 Henri Sauvage（1873 年－1932 年）所运用的形式语言彻底属于 19 世纪，他对“阶梯式住宅”（maison à gradins）都市化的狂热使他成为 20 世纪都市主义坚定的支持者。即使是在 1908 年以前托尼·加尼埃（Tony Garnier）的工业城市（Citè Industrielle）时代，以及在勒·柯布西埃和其他人所做的颇具革命性的重组城市计划之前很久，Sauvage 已经设想将住宅单元层叠式地组织成层进式的外形，由此所有单元都将拥有贯穿整个宽度的平台。

与勒·柯布西埃以及所有那些声称要通过毁掉传统的街道模式去开发城市的人不同，Sauvage 的住宅金字塔尊重周边的单元作为基本的前提，另一方面梯状的正立面给予街道更多能带来空气和阳光的空间。

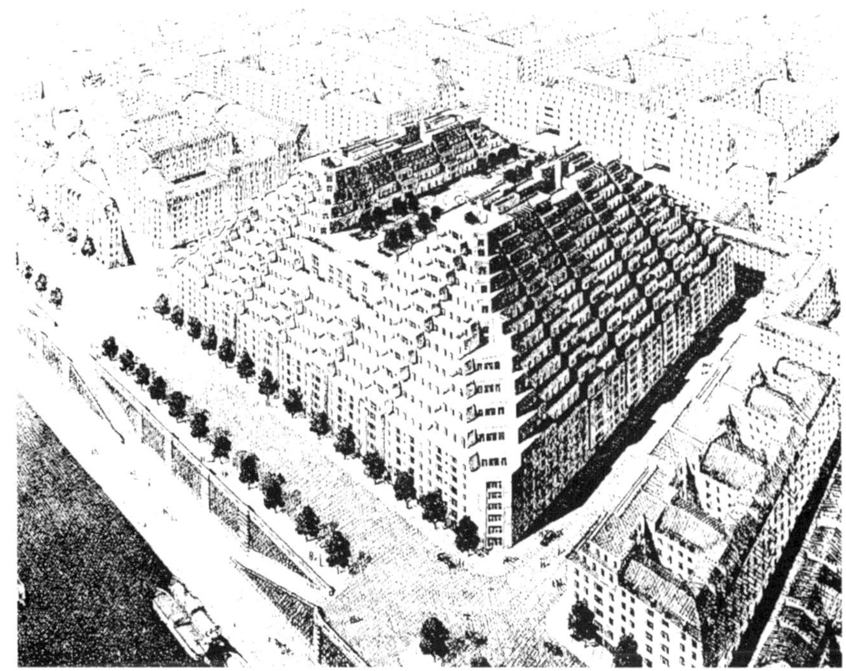
171

172

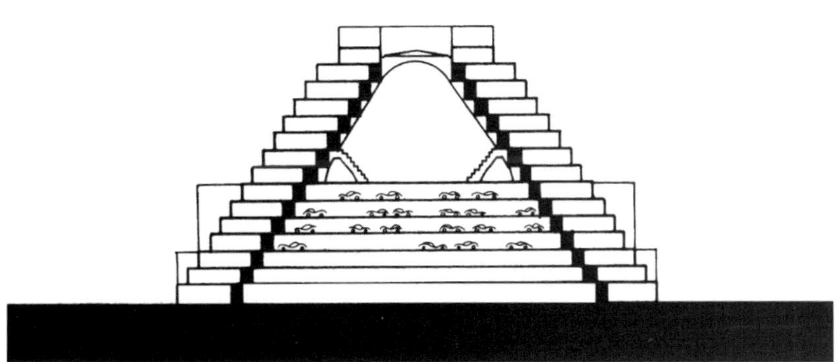
173

这种反向的转移是以牺牲体块内部的空间为代价的，包括私人花园，将其转变为住宅斜坡下方一个挖空的洞穴、“腹腔”或更应该说是体块的“内部”。这是为在外部的开敞所付出的代价。开始时 Sauvage 困惑于如何去处理这些巨穴似的内部，而且只能提出一个游泳池的建议，他在 rue de Amireaux（巴黎，1922 年）的第二个项目中已然采纳了这一设计规则。时间已经证明他是正确的，他假设汽车数量的快速增长需要不断增加停车空间，内部空间将满足这种需求。虽然在他的有生之年只看到了这类发展的开端，他早在 1928 年就已经提出他的住宅金字塔会被停车构筑物所填充，在那段时间，他竭力说服人们他的想法是有价值的，他的努力推动了一种完全空想式的解决方案。

街区中发生的变化总的来说可以影响到每个公寓。每个住宅单元贯通整个宽度的成排阳台赋予了住宅别墅式的特质，甚至超过了巴黎常规的七层建筑高度，而且不会产生对巨大体量不合适的感觉。

同样的，以内部为代价而在外部所获得的东西同样运用于住宅单元中。它们的背面完全以空白墙体围隔，以至于它们只能朝着一个方向，没有了从后面补充阳光的可能就仿佛是身在一个传统的街区里。

Sauvage 的概念将重点放在了广阔的“室外空间”中因为所有的住宅就像是建造在某一山体斜坡上的多少独立的单元。通过这种方式他避免了许多后来建造的公寓区难看的储藏系统。另外，街道的景观随着建筑的攀升不断扩大，没有长期以来一直建造的典型墓碑似的城市那种冷漠外观。

在 rue Vavin（1912 年）和 rue des Amireaux （1922 年）建造的两个项目中，无论这些例子是如何的有趣，都没能唤起 Sauvage 脑海中关于城市的激进的想法。一个建于 1932 年由 Morice Leroux 设计的摩天大楼项目（Les gratte ciel）与 Sauvage 的梦想非常接近。该项目坐落于里昂附近的 Villeurbanne，它允许人们在现实中体验层进式的建筑形式，实现了 Sauvage 设想的公众领域更为清晰的品质。这里只有在上层的私人平台具有真正的价值，实际上它们中的大多数也并非本来就设计成这样。然而它证明了这一概念能够促成一流的街道。在某种意义上它展示了 Sauvage 关于公众领域概念方面的成就。

174

175

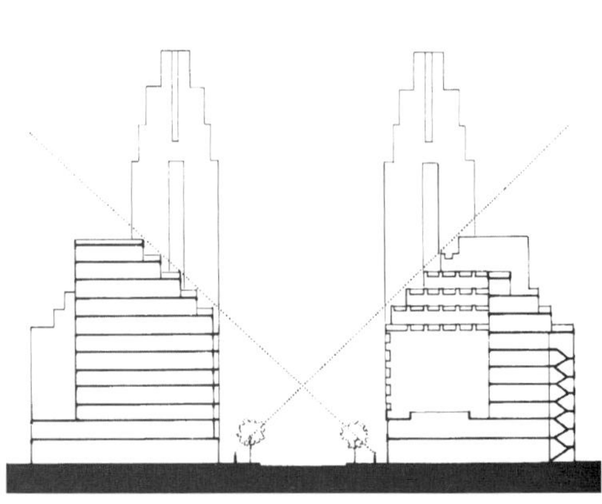
176

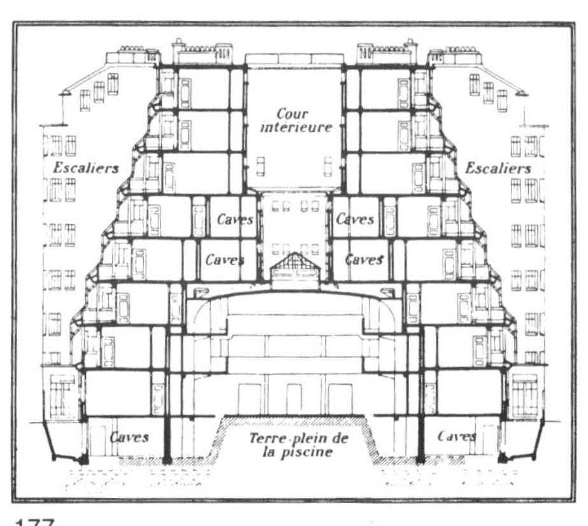

177

178

179

比希尔中心（为上千人设计的工作场所），阿培顿，1968 年－1972 年（Centraal Beheer (a work-place for 1,000 people)，Apeldoorn，1968－1972）（图 180～187）

20 世纪 60 年代晚期爆发了改革的浪潮，改革扫荡了使荷兰社会停滞不前的惯例，取消了原本正式的办公建筑。出现了更为开放的集体办公网络，以全新的办公组织安排形式形成了新的办公空间景象，所以一排排整洁的沿走廊布置的小办公房间已不能满足需要，我们称之为“为上千人设计的工作场所”；不再像走廊和小办公空间似的建筑。

在水平方向实施扩建，每个人在一个堡垒似的居住单元里有他们的位置——人们好像身处某个城市中而不是幢建筑中。

建筑里没有房间，最多 4 人一组共享一个开放式的像阳台一样的工作平台，大家可以通过一个贯穿整幢大楼的共享空间彼此眺望。正方形“堡垒”的集合方式就像根据网格结构在城市中安排建筑，视线通透并且可以看到其他各个方向。这幢“建筑”，一个被再次划分为更小建筑的实体，没有了明确的容积，但有一个开放的结构，是一个三维的网格，在此内/外关系从根本上融合在一起：实际上你既不在内部亦不在外部，而是处在一个永远变化的状态。

180

181

如果这个建筑综合体对外部世界的影响就像一群以密集排列方式矗立着的“堡垒”，其内部是蜂巢般的空间。这些堡垒根据基本结构串在一起，空间骨架将所有部分都控制在适当的位置，并始终充当内部空间的外围。针对基本结构而言“堡垒”的“负像”，是水平地移动了半个相位。

正如“堡垒”和十字形空间是互为负像，镶嵌玻璃的街道反映出建筑的影像，并将光线射入内部空间，它们成为基础结构的“负像”。

外观和内部空间是彼此互相转化的，阐明了从容积到空间的变形而且反之亦然。这种空间同一性的环境有助于刺激反等级的用途。所以主管们，没有了自己的办公房间，取而代之的是有了稍微别致点的家具以及他们有更多的面积可供支配。结果是如果仅从空间条件去考察，在公司中几乎没有级别和位置差异。作为一种视觉体验，这一开放的体系对外展示自己。它证明了空间是表达协调一致的卓越方式。从 1972 年开始，公司经历了社会的和组织的巨大变化，建筑内部也进行了相应的调整——这 30 年里职员的服装和室内装潢材料都更加漂亮、美观。尽管，不可思议的是建筑结构却保持不变。就像一棵大树，树木自身不变，而在经常交替树叶。

182

183

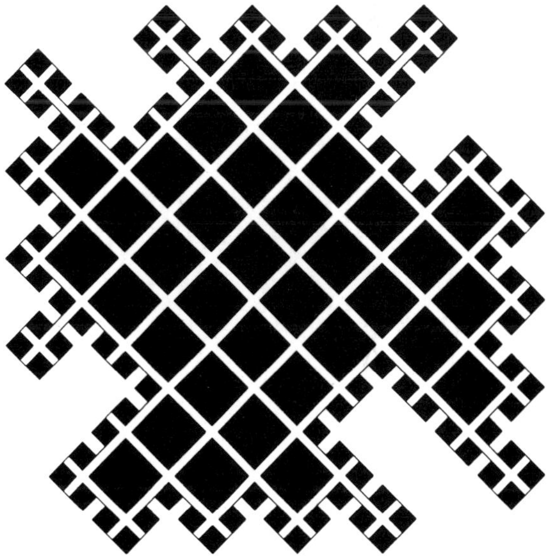

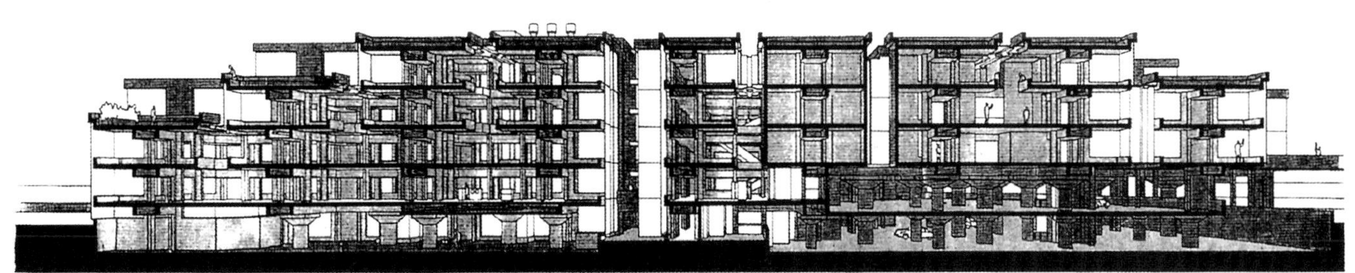

184

185

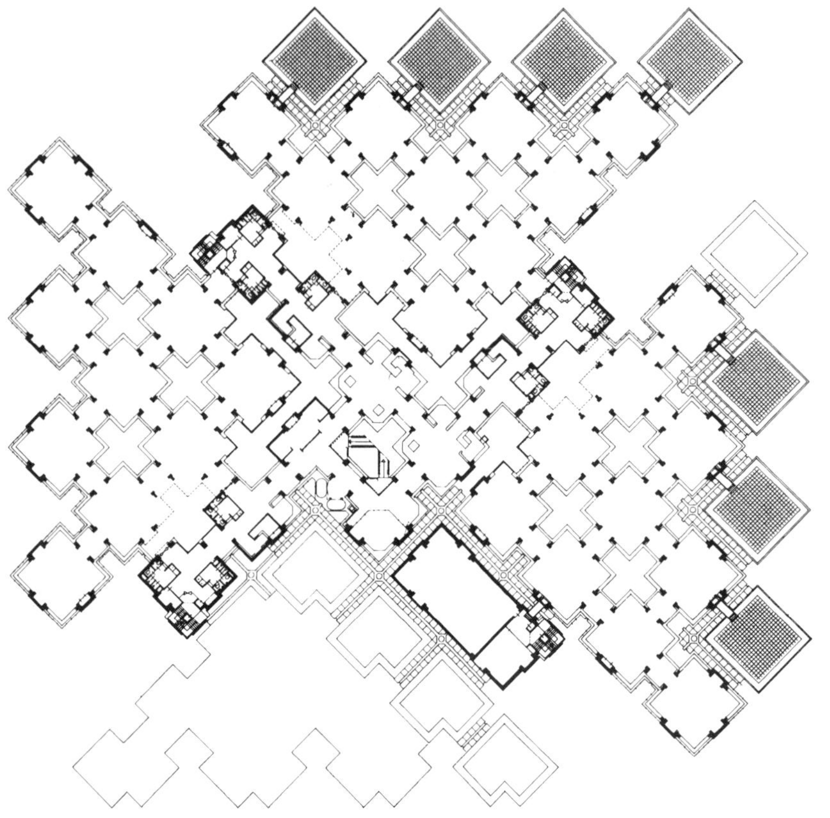

186

基本的前提[12]

我们必须要建造一个工作场所。工作场所要容纳 1 000 人，一周工作五天，一天八小时。这意味着一周中有五天他们会在工作场所中度过他们清醒时间的一半；平均起来，他们在工作场所呆的时间比在家还长。这意味着“建造者”要将工作的空间设计成让这 1 000 人感觉像在家里一样。使他们有身处工作群体中的感觉，而不是简单地被吸纳的感觉。

可变的和可扩大的

在一个像比希尔中心这样的公司中众多的改变是每天的定例。某些部门变大了一点，其他的缩小了些，而且常常存在整体扩大的可能性。这幢建筑应该能承受全部内部压力，同时继续全面发挥使用功能。

当建筑是一个带有预先确定形式的固定的“有机体”时就不是那样了。这是我们探索实现“建筑秩序”的原因，这种秩序完全永远处于突然出现的状态。

这意味着变化是可以当作是一个

187

永久性的状况来经历的。因为建筑作为一个系统保持着平衡的状态，例如能继续运作，每一组成部分应该在每种新环境下完成另一个角色。理论上每个部分应该能够担当所有其他的角色。

建筑，被设计成有秩序的扩建，组成如下：

1. 一个基本的结构影响着整个不变的区域，同时在不断完善这个区域；

2. 一个可变的、可辨别的区域。

是办公景观还是大规模的相连接的空间？

在已设计完成和现有的办公建筑中有两种主要类型：

a　传统的带有可移动隔断的小办公空间（rabbit－hutch）体系；

b　特别大的办公空间，桌子和柜子可以完全随意的方式安排布置。

同传统体系相比，后者的优势是显而易见的。

1. 灵活性：这种安排适用于任何可想到的重新组合而无需使用锤子或者螺丝刀。

2. 更好的联系沟通：因为所有的东西都在一个空间里，交流变得更为容易。没有了心理上的障碍，传递信息时有更大的灵活性。

3. 集合一起的感觉：传统体系中分隔只是为了分开办公人员。在一个单独空间中，集合在一起消除了隔绝的感觉。不难想像：在一个公共的工作场所中会出现集合在一起的感觉。

4. 反等级：在传统体系中，某一等级获得的是拥有自己的房间，房间所占据的开间数量，是否有张小地毯等等。实际上所有这些人为差别的作用是**制造距离**。

在一个公共工作场所里这可以被更适合现代化公司的分类方法取代。

制造距离阻碍了沟通

探究那些发号施令和那些接受命令的人之间的界限，是令人沮丧的，对于工作也是如此。超大办公空间证实了有相当的优势，比希尔中心也希望实现这些目标的吸引力，这是从各级职工的讨论中得出的结论。至少，因为大工作空间所引发的技术困难可以被解决。

这些问题如下。

1. 防止噪音伤害：你高谈阔论的讨论不应打扰别人进行的讨论。应该不可能偷听别人，也不能被人偷听。

2. 创造一个可接受的人工照明系统：当日光只能伸达极大空间的边沿地带时，这个空间就需完全依靠人工照明了。这将与空间的氛围有相当大的关系。

3. 充足的视野：充足的视野与室内照明同样重要，在传统形式的办公室中对窗户位置的偏爱很大程度上应归结于眺望室外景观的需要（与外界的联系），而不要被隔绝起来。

4. 环境控制：对极大的工作场所的通风仍然只能借助某种形式的空调才可实现，主要问题是由完全依赖人工照明带来的热载问题。

即使这些问题都可以获得解决，我们还要认清超大办公空间仍然伴有相当多的缺点，这些缺点不是技术手段完全能够解决的。

1. *一体化的影响*：虽然“一体化”的概念难以定义并且常常不经意地加以传播，我们对它的涵义，都有自己的看法。每个人都在其他人的视野之中，“你从来不会独处一秒钟”。对于大多数的人而言是难以让他们自己处在一个不断要去接纳新想法的氛围中的。在更高程度灵活性中，更大的行动自由主要与组织机构相关，换句话说是工作。对那些必须靠工作谋生的人来说，更大的自由是否有价值是令人怀疑的。他们可能在选择座位和桌子的位置时有更多的自由，这类选择不是真正的选择：就像一份没有根本变化的菜单其味道仍然是一样的！这里我们触及的问题是——现在社会侧面已经明显地占了上风——人的个性受到攻击。工作也受到了威胁，因此，那些现在集中注意力有困难的人，将发现自己在这方面会有更大的困难。

2. *“沙丁鱼罐头”综合症*：没有什么可以阻止我们不断地增加桌子和柜子直到挤满了整个工作空间，因此“窒息”了真正的选择。我们可能真的要全面谴责这种错误的发展方向，然而当它陷入危机时，很自然就需阻止那种长期的过度扩张。

大型的相连接的空间

在比希尔中心里我们的目的是实

现一个大空间，原则上没有分隔墙，且几乎是没有上面所列的各种障碍。

我们从一个假设出发——即要想获得完全的灵活性意味着在其他方面付出代价。此外，从长远看只有受限制的使用是由灵活性组成。无论你如何组织它，使用者只是继续在一定条件限度内的小群体中工作。

比希尔中心的建筑协调人，W. M. Jansen，把这项工作假设作为他对公司所做研究的基础，向我们提供了与我们的观念相关的出发点。

发展基于三个概念——工作状态、社会群体、功能群体，很清楚尽管每次重组都是杂乱无章，令人难以理解，但事实上绝大多数群体都不会随重组而轻易改变。

我们将这个出发点转化为室内的场地单元。基本单元为 3 米 ×3 米，以及分别由 1，2，3 和 4 人构成的组合还有他们工作所需的设备。4 个这样的单元加上交通空间和辅助设施就组成了一个“岛”。它可以大体容纳 4 种基本的组合(最大的容量为 16 人)，如下：

4	4
4	4

平均来说一个“岛”会含有 12 个人，例如：

3	3
3	3

4	3
3	2

4	1
3	4

经设计的办公空间由许多这样的岛组成，每个面积 9 米 ×9 米，边界相邻并以“天桥”连接。岛间的区域或则开放——指与下面一层开放的联系，或则通过楼面延续。换言之这些岛可能是独立的或是“冷冻在一起”的。

孤立的岛之间的开放空间（空旷处)产生了如下的结果。

1. 它们促成了必须与在更高或更低楼层工作的人们共同结成联盟的强烈感觉。实际上它为超大工作空间的概念增添了维度；在一个独立的大工作空间中共同工作的感觉成为了现实。

2. 挤满桌子的可能性小了，因此消除了沙丁鱼罐头的感觉，这些空旷区域占据了边沿确保了一个呼吸空间的基本组成要素。原则上讲有在以后填满这些场地的可能性。然而，这将带来一种回到饱和状态的危险。于是要求在实际中，只有经过深思熟虑才能加以改变——必须假设，它同样包含有明显的缺陷。那么，因此这个潜在的边缘可能被转化为有用的场地面积，不是无所控制的发展结果。

3. 空间将通过柱子体系被强有力地接合在一起。除此以外，这一接合，基于像我们所见的功能和社会组织结构，与它的使用者的“连接”协调一致。

持续的不间断的楼面越多（或是稍后填充的)，空间就越接近于成为上述极大空间的类型。同时继续保留基本的差别，也就是所谓建成结构的外形，尤其是许多相关的柱子——仍有着巨大的尺度——这些继续定义了基本的平面单元并影响了如何组织座位。

不同于人们的期望，出现众多的柱子增加了而非减少了对可能的分组的选择。

VPRO别墅，Hilversum，MVRDV，1993年－1997年（Villa VPRO，Hilversum，MVRDV，1993－1997）（图188～196）

人们长期以来认定：办公建筑的正面必须体现效率和单位形象，同时人们还在继续完善着材料和结构，但空间上仍然停留在一种范例样式上，即网络与总体的楼层平面区域间的最佳比例。

在VPRO广播公司的新建筑中，设计组织安排上没有两平方米面积是完全相同的。办公建筑和组织体系中传统观念全被打破，只留下柱网体系。它被认为是从远古保留下来的历史遗物，它是惟一可以控制的难以驾驭的设计方法的传统体系。不存在无序的堆叠楼层，更少了在混凝土框架中模仿性的重复单元。这幢建筑像是原始自然界进化的一个部分，作为一个完整的空间在你眼前穿越了整个建筑体量。眼前的一幕幕景色令人惊叹，数不尽的令人惊悚的时刻，例如通过一条仿佛摇摆的吊桥穿过阻碍物或攀登和走下楼层中极陡的斜坡，使得人们在这个空间里的发现之旅中愉快地“起舞”。

这幢建筑的秩序在于系统化的多样性；任何事情都是可能的，有许多令人惊叹之处。每一个不同的技术“层面”符合它自己固有的合理性，这可从每个系统的个别绘图分析体现出来。可是，在建成的形式中，它们证明了自身作为一个复杂的、没有反映任何秩序的叠加物胜过了各种各样的组件。（它在许多部分是音乐作品乐谱的翻版，就好像单独的音符只有在许多音符共同发出时才有意义。）

不谈那偏僻的会议室，建筑中有用的空间展开成一座小山丘，20世纪50年代后期就考虑到了办公环境形态上的不均匀变化（这一点可追溯回赖特的Larkin Building和Johnson Wax Administration Building）。在VPRO别墅中所运用的手法是舒适的、愉悦的、激动的和互通的。这个单独的、人员不断流动的工作空间是不加拘束和自由的，感觉像非洲的旧城市看似缺少秩序。它更

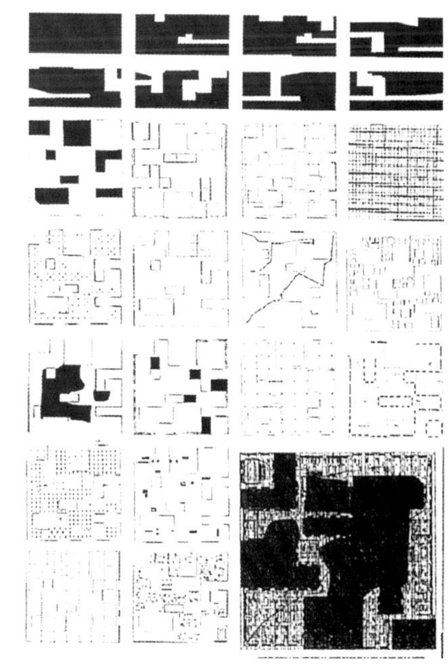

188

坚定了现代人的信条，即任何事情不仅仅是能够做的而且也应该被做。

必须指出“景观”或者（更好的）“自然”的隐喻仅仅在直角裁剪的体块边沿

189

190

191

192

193

以内适用，这些体块的剖面揭示了在它边沿部分的内部结构，从岩石表面砍下的石块断面上显示了岩石的层次。

此处没有标志暗示出建筑融入了它的环境；它更像是一个当作范例的模型或例子的景观的切片。这和OMA在乌得勒支的教育中心（Educatorium）设计相一致，从大街上能完整地看到它的解剖结构。

该建筑的外部就像一个弯曲、折叠、被穿透的内部空间的随机横向切片。我们从外部所看见的只是其“随意”的一面。建筑由其内部空间而不是外观所决定，它是一幢有自由感、独特视野的建筑。在这方面它使荷兰的建筑传统保存不朽。

VPRO的场所[13]

初步研究的第一部分将一片适合修建公园的土地（Deelplan Ⅳ）设定为别墅的最好场地。坐落在欧洲广播设备中心（European Broadcast Facility Centre，NOB）的场地中，那是个在优美的自然环境中轻缓的斜坡之上具有田园风光的场地。

当时的分区平面图提供了最大允许的建筑外形和 18 米限高，以便不会遮挡自 Hilversumse Heuvel 山山峰眺望的视线。

这一上限为新建筑的屋顶而设。VPRO 别墅占据了这片自然区域的同时，又将屋顶设计为石南花花园：从花园住宅可遥望整个远景，泥煤地和远处的电视塔。在屋顶之下有“六层”，斜坡和高地就像地质上的“岩层”。穿过建筑一条条蜿蜒的小路把屋顶和花园连接起来。

194

195

196

4

空间与概念

Space and Idea

■前导性概念（The Guiding Concept）建筑包括的内容应该不仅仅是建筑。就像画家需要一个主题一样，建筑师也需要从本专业人士交流用的晦涩的建筑术语中，提炼出他要表达的东西——而且这些东西还必须摆脱了对某些信条的无条件的追随和贯彻。我们的许多同僚都会热衷于在预算或场地范围内面面俱到地考虑每一件事。尽管这样做或许会带来成功，但你仍然不能称之为"建筑"。更何况，坚持这一方法的人是否能从中受益，尚待考证。

通常情况下，有些看起来新鲜的事物，实际上只不过是一些旧程式从不同角度观察罢了，就像装在新瓶中的陈年老酒。

实际上，每个新的设计都理应带来空间创新：在此之前，从没有以这种设计形式触及过更令人愉悦的空间概念，而且这种设计形式还应该是对条件重新分析后的反馈。每一次你都必须问自己，什么是你真正需要的，你要尝试表达的概念是什么样的——有限的还是广博的。如果这只是一个形式的构成，无论理论上多么有趣，它是否对人有益，果真如此又是以什么方式实现的呢？因此，要再次问自己：哪些是要放弃的？哪些是要牺牲的？你要获得什么？你又要失去什么？为了谁失去？这样看来，正是这些问题暗示了你对建筑所期望的价值——除非你想一日成名。

在完成每个设计时，除了要尽自己的全力使之看起来有趣以外，你还应再次审视结果，看是否属于真正意义上的建筑，而不仅仅是建造巨大面积或体量的构筑物——这样做无可厚非，否则无法称之为建筑，更不用说是艺术了。建筑师在强调其作品的含义时，获得的是自我满足感，而没有任何的不安。

建筑学上迈出的每一步，都是基于对各种能够产生空间发现思想的欢迎和支持。空间概念是从三维的角度去清楚地表达一种思想的方式。这种概念像产生它的概念一样的清晰明白——它被表达得越明确，建筑师的全部理念就越发显得有说服力。比如，"一个更为持久的结构"可以在概念里被定义为"一个更为多变的'填充物'"。为了表达这种理念，它压缩了所有的本质特征，这种概念来自于对未来的思索，它分层安排，比如"都市化"的概念，这类概念记录在总体规划中，并在以后的日子里由不同的建筑师以各自的方式解读。将全部本质集中成一个概念，意味着将在某一特定场地上的特定设计任务的各种限定条件用一种基础形式加以总结，这一过程和建筑师所做的评估和陈述工作一模一样。基于对他赋予主题的洞察力、敏感性和注意力的信赖，其概念将会更有层次，更丰富并更持久，而且不仅仅承载大量诠释，同时是激发了更多的诠释。

特定设计任务的各种限定条件促成了相应的设计理念和概念。这些条件决定了最终设计成品必然满足设计理念，而且其特质都充作了特点。从而，这种理念压缩了基本构成因素，换句话说，包含了项目的精华，而且自始至终指导了设计过程。随后，这个概念便被转化成空间——概念的空间，随着发展成为最终产品特征的承载者。

从根本上讲，设计是为手头的任务寻找适合的（至少看起来是适合的）概念的行为。但通常情况下，无论它们多么令人眼花缭乱，概念大都被卷入了设计过程，并陷落于无法考虑手头的任务是否能够从中获利的境地。

不论我们喜欢与否，我们的工作需求都必须置于社会环境中。建筑师必须超越以往赋予正统建筑设计的意义和重要性这一建筑学上的"避风港"去探险。必须承认的是，事物经常是在朦胧的区域中才看起来不错，在范围以外的观察者却非常少。真正的空间发现绝不是源于建筑——这一狭小天地中的精神交流，它们通常是受到更广泛的社会层面，以及文化变迁的影响激发而成——无论这种变迁是否由社会或经济的力量所引起。每一项新的任务都暗示了一幢新建筑的不同组成部分，而且每次都可以被看做是一项艰辛的任务。你都应该扪心自问：它在为社会提供哪些方面的服务，扮演了什么角色，表达了什么样的想法，以及它最终解决什么问题。

针对某项特定任务，你必须彻底了解它的要求是什么？哪些条件与之相关，哪些不相关。也就是说，你要找到那些适应或是符合当前任务和环境的理想的动物品种——最佳的选择是长颈鹿还是鳄鱼，取决于我们设计的是一片长着高高树木的大草原还是沼泽。但是建筑师常常会在湿地设置长颈鹿而安排鳄鱼去和高高的树木作伴。我们应该质疑，是什么环境条件构成了设计的直接原因和出发点。

设计必须满足任务需求的假设，并非意味着概念可以由任务推断出来。它全部取决于你是如何诠释那些环境的。你必须跳出任务的局限来挖掘空间发现，换句话说，就是要超越视线可及的区域，这样就能够在一个更广阔的构架中进行观察，然后在更广泛的背景中通过归纳推理的方法进行诠释。

为设计指明前进方向的各类想法，需使设计意图具有足够的力量，将工作任务从它环境条件的局限中解放出来，并且克服束缚设计意念的陈词滥调。

如果整体概念和局部概念之间存在联系，对每一个局部构件的精雕细琢就显得异常重要。每个推理而得的设计呈现了一种连贯而有条理的叙述，它是由一组独立构件构成，这些构件和谐一致而不是相互对立。

只有通过连续敏锐地考虑整个项目，建筑师才能保证设计的质量并防止它成为华而不实的东西。看看那些获奖的竞赛设计，其可贵之处就在于其基本概念，优秀建筑师的特征是能够通过认真细致的工作改进提高设计方案。

最终的设计是对基本概念的诠释。另一位设计师的设计可能完全不同，因为每个人已将自己的个人"世界"投射到设计中。

概念必须富有挑战性，能激起反响。它必须为多元的解释留有余地，并且尽量少涉及设计方案或形式，应该更多地关注空间。

在这种原始形态中思考，预示了对语法规则的提炼，就像是象形文字，浓缩了最基本的信息。这样，概念就被表达成了三维的表意符号。

在实际设计中，极少有唾手可得的现成的指导思想。首先需要埋头苦干，勤勤恳恳地工作，才能对你的工作丝毫没有什么怀疑，而后只有通过不断地琢磨，更好地整体把握之后，你的工作对象才初露端倪。最大的危险是，落入鲁莽草率的错误决策之中。通过比较发现，那些看似可行，却没有任何指导方针的解决方法，其实不会有任何指导意义。

概念可能是一个指南针，但它很难成为设计的最终目的。最终的设计结果是对概念的发展和诠释，采用了全面综合分析的方法。对概念、模型、策略的思考(源于对你所从事工作本质内容的探索）确实会出现过快的抽象提炼导致简单化的危险。问题是如何以简单的方案表达复杂性。有谁不曾被简约化所诱惑，又有谁不赞同缩减、提炼，直到只剩下基本的概念?

■关于简单的复杂性（精简的弊端）(The Complexity of Simplicity(or the Pitfalls of Reduction)) 简单更容易与真实、纯粹和平静相联系，而不是单调、迟钝和乏味。每位建筑师都力争做到简单，即使仅仅因为"真理"看似等同于简单。要是某人说"我要做些简单的东西"，那便被认作是一个极度朴实的表白。

不幸的是，简单的东西并非样样都是真实、纯粹和平静的。

许多建筑师都认为，采用删减的手段是成功的必由之路。由于过高的工程造价，"越少越好"的诱惑常常导致以高昂的代价产生"皮包骨头"的结果。一旦你惯常于删减风格，你就真会濒于"感染"建筑学上的"厌食症"。"省略的艺术(art of omission)"指的是删掉那些无关紧要的东西。当一位雕塑家（据说是米开朗琪罗）被崇拜者问及，他是怎样知道在一块未被雕琢的石头中，睡着一位美丽的女性的。答案当然是一开始时他就对作品的最终形象胸有成竹。对事物的精简要基于对需要保留或必需删除内容的把握，你必须确切地知道自己的努力方向，做到心中有数才行。

删减是有风险的，是不是"越少越好"完全取决于你起始的概念，概念决定了一切，而不是为了精简而精简。简单，不是最终目的，只有在设计过程中寻觅基本概念的本质内容时，才能达到它。[1]删减不仅是简约的问题，而是一个集中的过程。它完全依赖于你想要表达的东西——并非必须走最少化之路，而是要尽可能地清晰明确、毫无遗漏。你是通过烦琐、冗长的语言表达出来，而诗人是通过遣词造句既清楚，又精炼地表达出来。

"在方式的减省方面，建筑师既可以从工程师，又可以从诗人那里学到许多东西：诗人自己选择词句，科学地编排，以实现词句最大的感染力和最优美的音调——'诗就像几何学一样精确。'(福楼拜语)我们称之为'诗'的东西，是特指对思想极其精准的表述，减少表达方式，实际上可以增加含义的层次。"[2]

负责形式创新的建筑师，每一次都要在"设计不足"和"设计过度"之间权衡考量。

在这方面，工程师可以作为建筑师的榜样——毕竟工程师的目标更简单而且被预先固定。他的任务更容易，比方说用最少的材料或最小的结构层高度组织某一跨度。对这一问题，你通常需要复杂的结构和手段去实现外在的简约。同样的，简单也可能愚弄你。例如，当重建密斯·凡德罗（Mies van der Rohe）的巴塞罗那展馆（Barcelona Pavilion）时，重构悬挑屋顶的纤巧楼板，或塑造外观，都是相当复杂的事情(图197)。此外，位于瑞士卢塞恩（Lucerne）的让·努维尔（Jean Nouvel）设计的音乐厅，那富有表现力的轻盈的屋顶在设计时必然费尽心力(图198、199)。结构上的杰作，使建筑师脱离了客观真实性。建筑薄如晶片的屋顶和它在基地中的伸展方式，人们联想到了刚刚落地的大鸟。设计者在群山之间选择了一个极其开阔的濒水区域作为基地。

■构成主义（Constructivism） 构成主义展示建筑物的结构即将迎来可以涵盖一切设计作品的形式（all-embracing form）。虽然这确实反映了构成主义的本质，但它终究不能导致空间。

构成主义者的形式，反映了他们创造非凡结构而得到的自豪感，以前这些结构根本无法实现或没有必要实现。因此它们标志着一个全新的、拥有空前可能性的新时代的开始。同时也标志着一个新空间的诞生，空间感最终应归结于轻松的优雅感觉而不是艰难费力的沉重感。这就是为什么我们更欣赏芭蕾舞演员们泰然自若的平衡，而不是举重运动员胳膊上肌肉的原因。

展示各部分是如何合理组织的过程既真实合理，又具有吸引力。注意防止它们变得过于复杂抽象、晦涩难懂，当你希望表达的部分开始统领其他所有事物时就到达了理想的展示契机。

另外，在视觉上结构和建筑有变得日渐复杂，越来越难以理解的趋势，因此对它们的解释不是正常的表达，而是硬性强加的。

这不仅是展示结构的构建过程，而且还用来揭示它的构建目的(在很多情况下，构建目的被隐藏了起来)。

就像现代技术在视觉上已不再有自我说明性一样，功能和定位也同样不稳定，随着时代的变化它们的自身特性明显的削弱。

我们将不得不接受那种像柴米油盐式的通俗建筑，对建筑的内容和工作方式表现得越来越少，越来越像是都市容器的角色。

建筑师一直在争相制造最漂亮的“盒子”，对内容的控制却似乎已经消失了，包装的形式变得比内容的形式更为重要。就像让·努维尔所说的，他们“要创造美学奇迹”。[3]

设计背景中增加了有关各物是如何组织在一起及其特殊目的的解释，对客观性的关注，让位于空间概念的表达，给结构和功能注入了活力，使它们充分展现，于是产生了空间特点。我们能够建造的越多，关于我们目的性的问题就越紧迫。在确定策略实现目的之前，首先要有一个前进目标的想法。

197

198

199

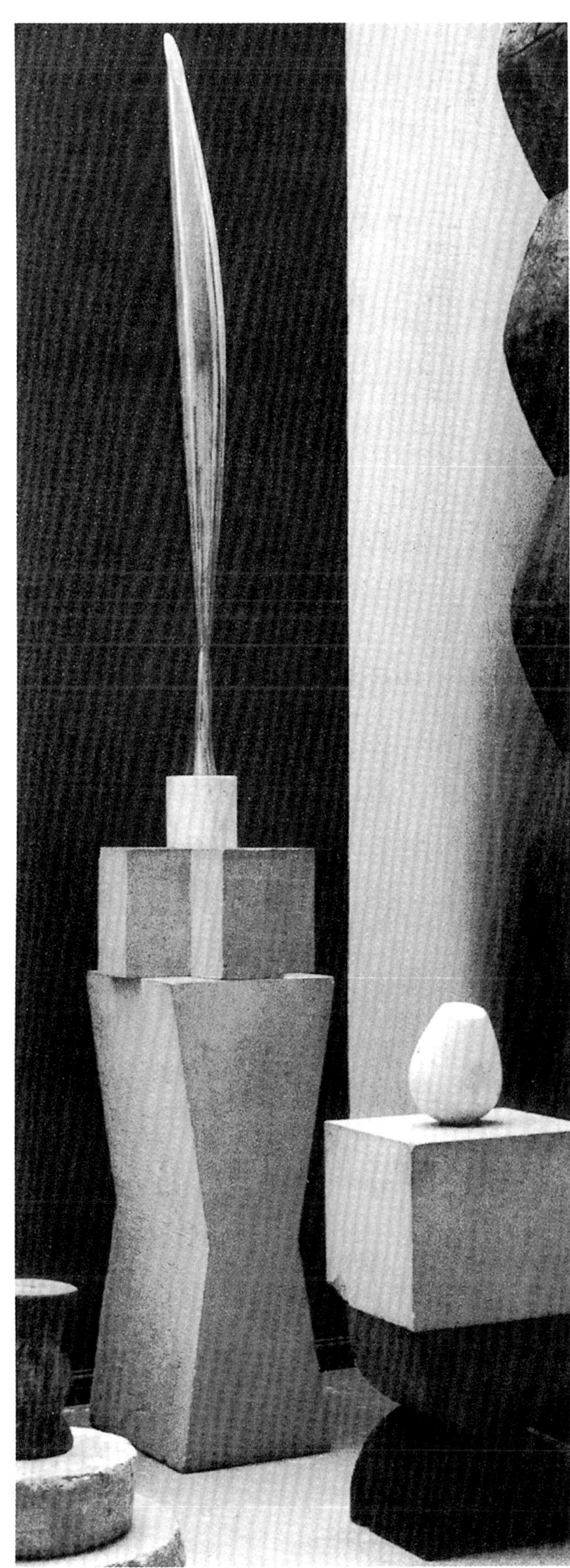

200

布朗库希（Brancusi）（图 200 ~ 207）

没有人比雕塑家康斯坦丁·布朗库希（Constantin Brancusi）更有能力，把复杂的概念浓缩到作品中，让人第一眼看上去感觉似曾相识（回忆起曾有过的感觉）。

布朗库希拥有一种能够捕获看似简单形式（simple form）的杰出能力，使这些看似简单的形式唤起观察者无数的联想。由于视觉的作用，这些联想被置于重要地位，引导形式的发展方向。

尽管他的雕塑的确都有标题，但还是阻止不了观察者将他的作品与其他的东西联想到一起，比如飞鸟、飞机机翼、螺旋桨或来自其他星球和外层空间的东西，还可以联想到水生生物、挖掘机、农业用具、原始艺术品、沙滩上发现的东西，等等。由于事物已不存在古老和未来、有机和无机、是否已固化腐蚀或脱落之间的区别——时间和地域的概念消失了。从原始派画家卢梭（Le Douanier Rousseau）那里，布朗库希获得了创造“远古的现代”和“现代的远古”的灵感。手工加工的木材、石头和金属都如同经过机械加工一般具有自然的粗糙或平滑光亮的效果，每一个作品在质地和形式上都无比的完美。虽然有些作品看似宛若天成，有些作品是经人工雕琢，但形式上都恰到好处。

布朗库希通过既激烈、又平静的最简单的形式成功地实现了最大的复杂性，就像芭蕾舞演员通过控制肌肉和跟腱的紧张和松弛做出优雅的姿势。这样他的对象必须获得一种清晰明白的形式，通过诠释他的对象成了原始的形式。概念即是有层次积累的复杂观念的总和，概念应利用联想而唤起，而非直率地坦白。布朗库希在巴黎工作（在蓬皮杜中心的前面复制了他的工作室，仿佛是一座精心设计有深刻教育意义的珍品展室），他来自罗马尼亚的乡村，作

201

品中永远附带着阶层特性，你能够发现具有农村特色的对象和民间风格的原创力。

布朗库希是位雕塑家而非建筑师，他的创作对象都需要考虑周围环境。距他的出生地不远的 Tirgu Jiu 矗立着布朗库希最著名的作品——《永恒之柱》(*Endless Column*)，是遍布整个城镇的纪念物的一部分。在镇子的一端，布朗库希设置了一个带有许多环境元素的公园，同时在另一头——即在距公园数公里远的地方，而且在同一轴线上设立了这根柱子。你可以把柱子看成是由同一元素堆积组成的，也可以视之由锯齿状的单一元素构成，然而，在两种情况下它都是堆积而成的。无所谓上或下，无始亦无终，柱子像雅各的梯子(Jacob's ladder,《圣经》中雅各在梦中看见的天使上下的天梯）般直刺蓝天，它联结了大地与天空。

布朗库希继续制造堆积元素，每一个都支撑着另一个，每一个都是下一个的基座，又是另一个的上方承载物。他的作品不同于古典的雕塑，是用底座将它们提升至一个更高的位置，在这里每个元素都是平等的，每个元素仿佛既是相互依赖又相互独立的。

202

203

204

205～207 传统的设计源泉，罗马尼亚

圣保罗艺术馆（MASP），圣保罗，巴西，Lina Bo Bardi，1957 年 – 1968 年（Museu de Arte São Paulo，São Paulo，Brazil，Lina Bo Bardi，1957 – 1968）（图 208 ~ 215）

圣保罗艺术馆实际上是由两幢平行设置的建筑组成。两幢建筑之间如大门一样地平行开口，跨度达到 75 米。上下两部分建筑仅由一个玻璃电梯连接，建筑的下半部分是行政部门，上半部分则是永久画展，它以不间断的空间展示了艺术作品。最初每幅画作都挂在玻璃展板上，展板固定于一个虽然沉重但可以移动的混凝土基座上，同时相关的资料写在了板的后面。艺术作品在空间中自由地悬挂，观赏者可以在作品之间以自己的路线移动，这种不寻常的展示方式极为简单，也极为独特。但这一独出心裁的展览方式，已经莫名其妙地被更为传统的方式取代了。

在这个长长的空间里，两侧各有一堵光滑的墙面，仅在短向上有巨大的方柱。外部体量和内部原先的展览布置方式，给人悬浮空中的意想。

极为宽阔的无柱入口，将和大楼平行的交通干道与像停车场一样的平台连接起来，在平台上可以俯视地势较低的部分城区。具有城市大尺度的入口进一步强调了这一景观，它还是步行进入平台的门户。由上部建筑覆盖的巨大空间尺度，好像是在鼓励举行盛大的集会，以及室外展览，两者都可能延伸到更远的开放性空间。

当身处建筑下部时，你却不会因上方建筑体量巨大产生丝毫的压迫感。巨大的流动空间并没有展示出隐含在建筑材料中极大的结构张力，在外部亦看不见内部强大张力的任何迹象。上方建筑的底面，是“大门”的天花板，轻盈的外观，齐平紧密，没有裸露的梁和各种

208　照亮了展览空间的天窗

209

210

211

212

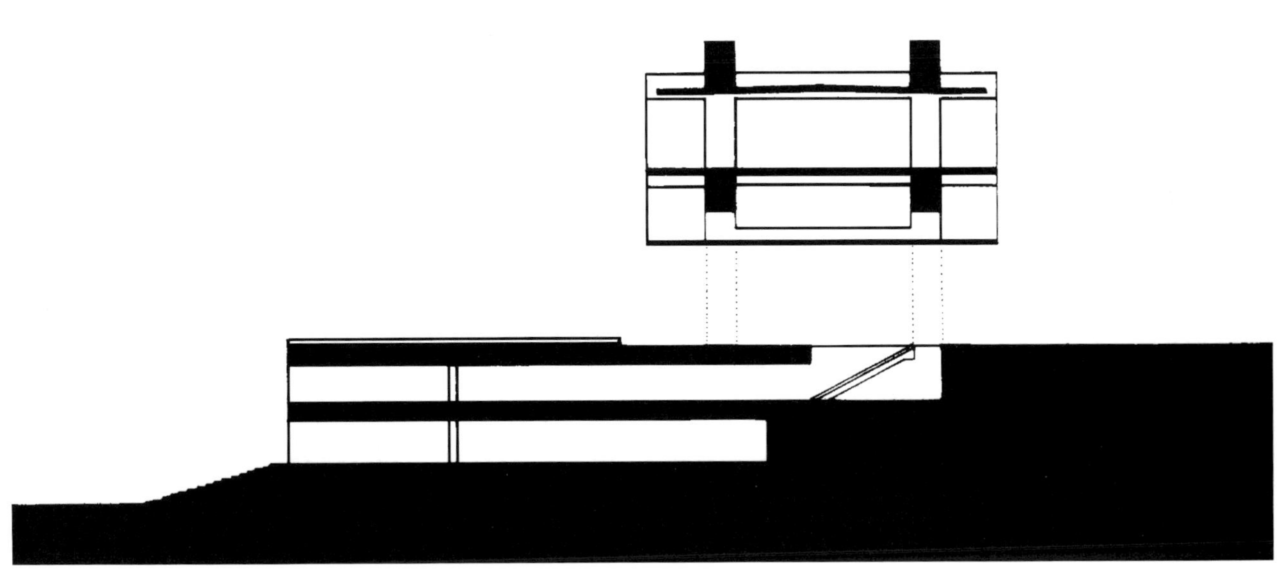

213

结构。由于这一不事声张的设计技法，使得 75 米的跨度看来不抢眼，但是对于力量的展示，暗示了这种结构建筑的复杂程度。因为对博物馆综合体的组成结构不够重视，注意力更多地集中到整体性，并恪守空间概念的主要原则。基本概念可以在最终产品中清晰地辨识出来，此处概念和发展建设本质上是一致的。

214

215

Pirelli 塔，米兰，意大利，1986 年 (Pirelli Towers, Milan, Italy, 1986)(图 216～222)

这一竞赛设计是为米兰的 Pirelli 工厂搞的总体规划，它是对现有建筑群的扩建。其中涉及对包括一座老冷却塔在内的一系列原有建筑的保护，规划中的指导思想需与设计要求相符合。问题是，不知道将来会有多少公司和机构落户在邻近区域。因此，规划以城市蓝图的形式出现，搭建了各种限制条件的框架，再由广大建筑师加以填充，每一座建筑都有建筑师自己的标志。

把独立的冷却塔作为出发点，然后引申出在一个公用平台上修建一连串的塔、街心公园和交通线；就像在某一区域内，以冷却塔为中心，房屋林立，形成一个微缩曼哈顿。你还必须时刻质问自己，那些新建筑的形状是否和那座冷却塔格格不入。当冷却塔（或至少是它的形式）开始在你的脑海中形成它自身的形象时，它最初的功能被搁置一旁，取而代之的是另一些联想充盈在你的脑海中。画家 Morandi 不就是将他的整个生命投入到怎样摆置瓶瓶罐罐的描述中了吗？环形的、直线的和多边形的，

216

217　Giorgio Morandi,《白罐静物(*Still Life with White Can*)》,1950 年

仿佛想方设法去描述一座城市？当欣赏着他的画作时，我的思路常常转移到城市上。

暂不考虑它们的差异，假设所有的塔在一定程度上都与瓶子和水壶相似；那么即使不对每座塔的外观进行过分的限制，实现城市的风格统一仍有可能。

下一步就要对规划方案做一个总体的研究，看看以哪样一种形式能有效组织办公建筑。那就需要有大量的基础条件作保证，各建筑设计间有充分的相似性，同时又有足够的表现技法上的自由度，以实现实践中的多变性。

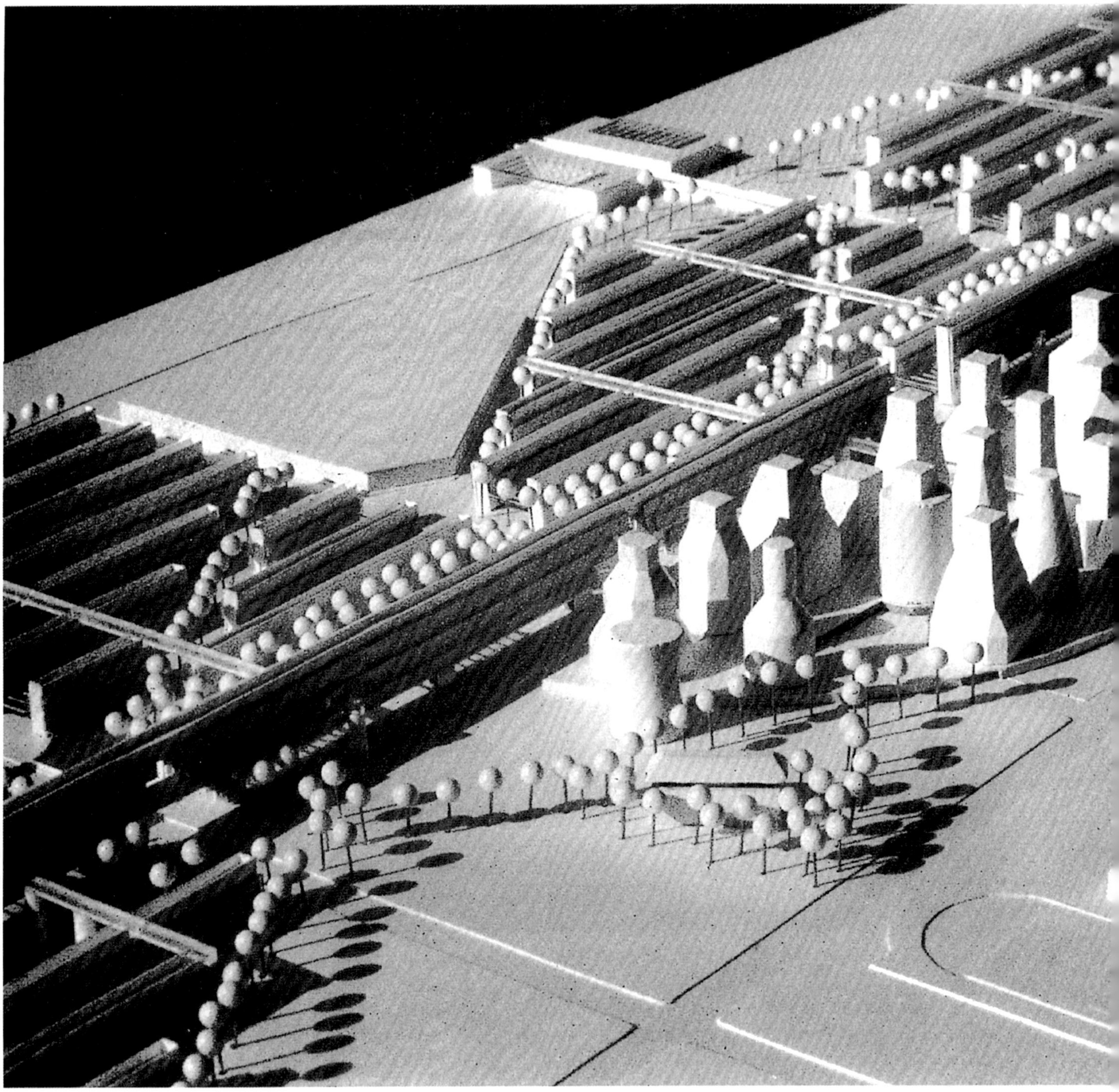

218

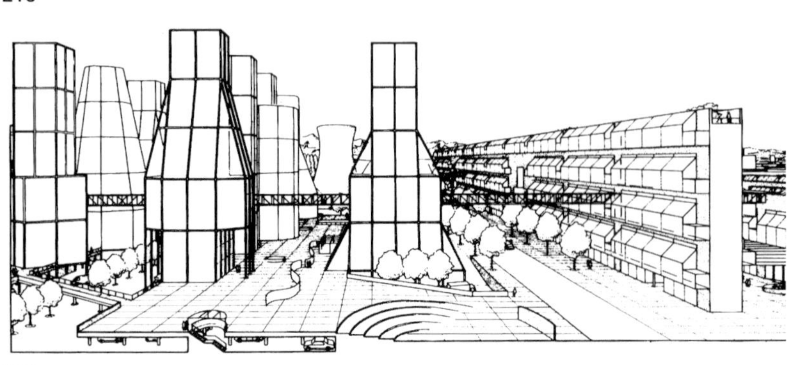

219

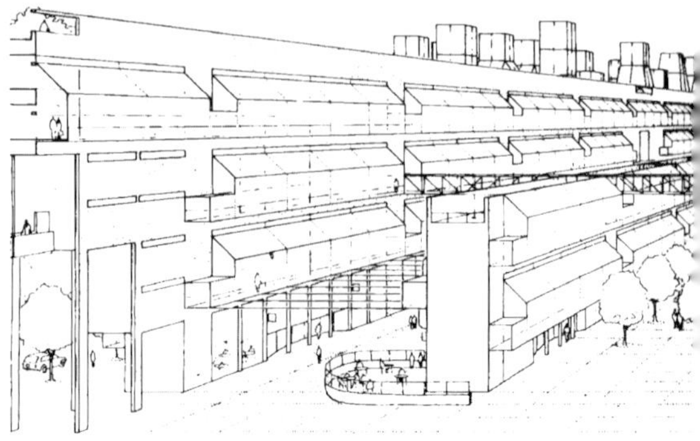

220

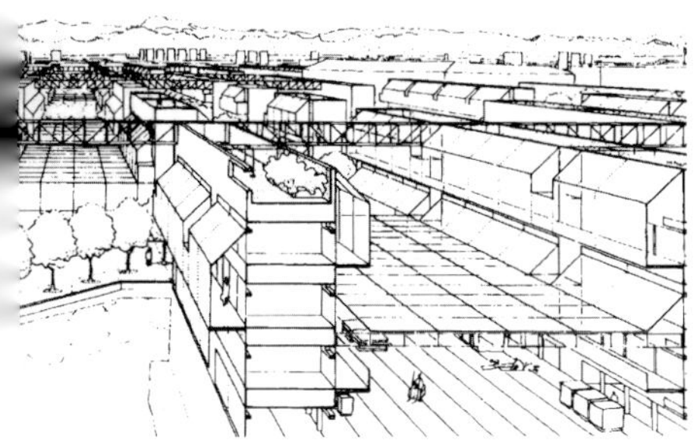

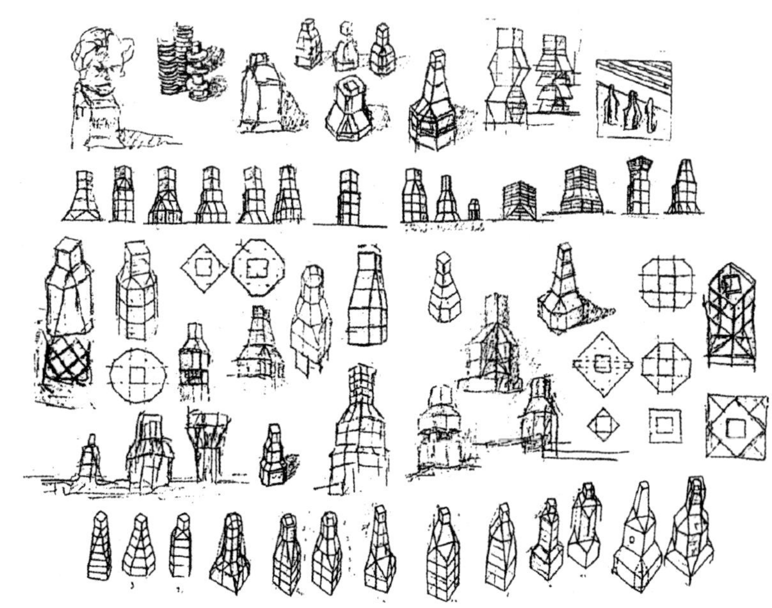

221

通过加大的占地面积和至少一个错层（在整个大楼高度已固定的前提下，运用此法可减少层数），设计上便有多种外形可供你选择。这并非意味着要恪守成规，而是尽量地留出设计余地。同样，对于缺少行动动力的开发者，鼓励他们去诠释基本概念，以此来表达他们自己的独特想法。

222

荷兰、比利时、卢森堡三国联盟专利办公室，海牙，1993 年 (Benelux Patent Office, The Hague, 1993)(图 223 ~ 229)

这个设计采用了传统的标准办公室形式，并以一个鲜明的插入手法设计室内空间，使整个建筑显得开敞。

纵向看这座建筑，它有两条走廊，每条走廊中只在一侧布置房间，这样在视觉上外部空间融入了建筑内部。于是出现了一个新的概念，在这样一幢有着特殊品质的建筑中获得了一个更适合交流需要的概念。这一插入手法不仅使建筑内部的使用者之间产生了视觉接触，还取得了从中央空间观赏外部世界的景观，并将它逐步融入设计主题。

走道逐渐加宽成为两个三层通高的内部中庭，部分顶部用玻璃覆盖。中庭从两个方向都通向一个休息平台，休息平台下面是餐厅和附带等候室的接待大厅。所有的房间都朝向走廊开门。

一切外部空间因素，就是通过这两个中庭伸入建筑之中的。

结果是，缓解了人们对无止尽的迷宫一样的走廊产生的窒息感。以往那些走廊双面布置房间，房间一间挨着一间的设计手法，只能达到大众化办公建筑的标准。而这里，你一旦步出自己的房间，整幢建筑便尽收眼底；同时，你还被那些将来可能要与之共事的人观察。这种空间组织形式，可以对一幢建筑中的交流活动发挥积极的影响。这种一面朝里的设计手法，加强了内部工作人员与他人一起工作的真切感，比单纯对外观望要强。

设计这幢建筑时的首要目标是运用空间的插入来摆脱那种难以抹煞的陈规旧法；一成不变的传统办公建筑形式，其功能既非是服务社会，亦非有益于工作，实际上只是一种降低成本的手段。

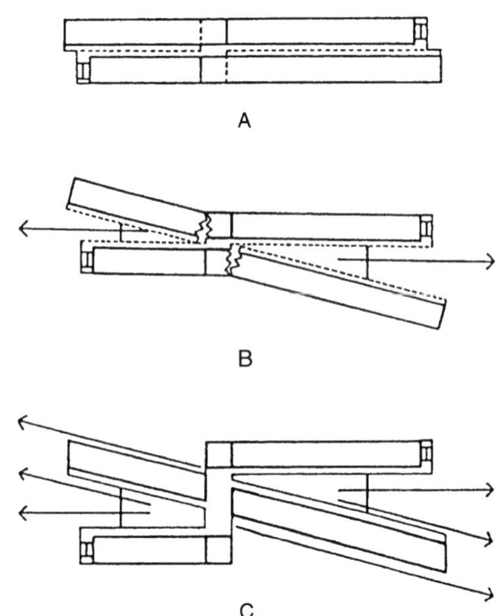

223 空间产生于一个普通的办公平面(A)被打破，走廊扩大成为了一个大厅(B)。各部分从组合中脱离，大厅区域就敞开了(C)。

224

225

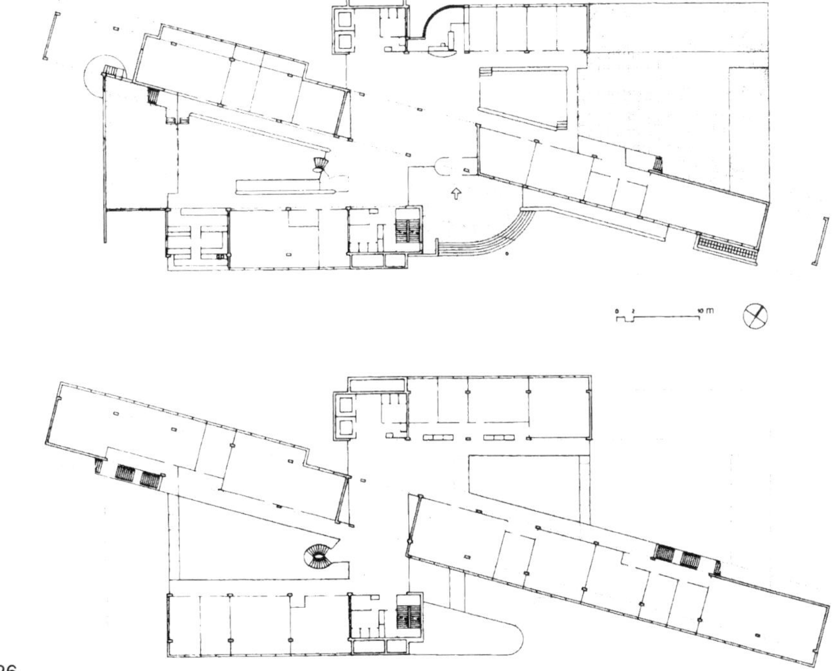

226

227

228

229

■头与手（Head and Hand ） 我们是在绘画的时候思考，还是在思考的时候绘画呢？到底是手引导着头脑，还是头脑指挥着手？在我们着手设计以前是否就有了一个想法，还是伴随着设计过程产生了想法？

乍看起来，这些似乎都是无结果的。

当然了，你是在探求的时候作画，同时你在绘画的时候进一步探求——你以这样一种方式自我沉醉于工作中。你从事一项工作的时间越长，就越能把握工作的本质。随着工作的深入，认真分析各种方式、方法，最终获得一种指导思想和解决的途径。“一旦开始，结果将会随之显现。”

不同于建筑师，艺术家可以依据一个他曾经思考过的主题去实现最终的结果。毕加索的绘画给人的印象是，他的主旨思想如高山流水轻松、自然。后来，当他的一系列写生簿出版后，详情才公之于世——原来，他绘画中的每一个主题，都预先小心翼翼地准备好了，而且是反复练习，就像一个表演艺术家事先做准备工作那样。

和艺术家不同，建筑师的任务更特殊，每一项设计任务都有自己的特定条件，等待建筑师去探求一个最合理的答案。因此，建筑师不能像艺术家那样过于随意，滥用他的想法。

建筑师关心的是那些并非自发性的概念，在大多数情况下，此类概念仅适用于那些最特定的环境，也就是说，那种环境无法生成这类概念。

在我们绘制和设计的“初期”，在充满希望和期待的同时，也存在危险。即在你发觉以前，就已采用了习以为常的老方法——这种危险是不可避免的。因为谁也无法去设想没有丝毫头绪的东西。你的一切创作都源于你已经认知的东西，尤其是你所崇拜的东西，这些都会流露出你的喜好。作曲家柏辽兹说过，他可能是仅有的一个不会弹钢琴的作曲家，与那些习惯于坐在钢琴旁作曲的同行相比较，这是他的优势所在。不管喜不喜欢，他们都被自己的手牵引到了琴键上，其实他们早已熟知了各个音符在琴键上的排列位置。[4]

“钢琴琴键压倒其他一切的特性，对人的思考造成极大的危害，它们嘹亮的音色多少都是有吸引力的。”[5]

我们知道莫扎特在将作品写到纸上之前，已经在他的脑海中听到了整部曲子。这使得他能将那些在颠簸的马车中度过的无聊旅途转化成他的创作环境。为什么建筑师不能“在头脑中”设计房屋呢？难道平面和剖面真的比将 12 种乐器（每种均有自己的音色）组合在一起演奏交响乐更为复杂？

首先你必须在脑海中有些东西（听到的或是看到的），这里称之为“概念”；而后，你才可以把它记录下来——当然了，这种过程绝不会如此简单。绘图可以引发一个概念，如果你愿意可以赋予它一个清晰的轮廓，但它必须从开始就存在于你的潜意识中。

建筑设计应该更像研究工作。研究人员不能盲目草率动手，他不能在没有任何想法或假定时就匆忙开始。那样的话，他最终找到的东西，也许并非是他要找的，甚至大相径庭。

“同样的，建筑师的设计过程，更应视为一种研究的方法。设计者应该尽可能地对设计过程的步骤做出明确规划，目的是搞清楚他正在做什么，设计的引导因素是什么。当然，有些时候你可能发现一些看似属于计划以外的东西，但是对于建筑师而言——对艺术家则不适用——那样的情况很少。大多数时候，你需要积聚力量，克服困难，步步推进。建筑设计的基本思考过程不像纯粹艺术家的思考过程那么神秘莫测。建筑师充分利用有限的方法，依照一定步骤实现特定的目标，就像研究者利用全部资源和技术研究运筹学一样。”[6]

对于那些不习惯理解科学大道理的人们，我们列举日常家庭生活的例子来阐明原理。

“在设计阶段中的工作方式在许多方面类似于烹饪。即使厨师在没有食谱的情况下工作，他必然对他的最终目标有非常清晰的概念，而且在开始烹调前，他必须集齐所需的配料。如果他的橱柜中缺少了某些配料，那么结果将是与他所想的完全不同的菜肴。同样，建筑师在头脑中存有他开始设计工作所必要的东西，就像厨师列出一张配料的采购单。

烹饪包含了一套非常复杂的行为，以一种显然是没有逻辑的秩序进行，至少是没有任何可能适合最终产品的逻辑性。例如，某些配料必须预先浸泡、晾干、冷却、加热、调浓或稀释，或用慢火煨制一段时间，或在强火上剧烈地搅拌一会儿。所有这些行为的先后次序，与最终菜肴摆上餐桌的顺序没有任何相关性。与之相似的，设计过程以一种表面上混乱的方式进行，我们不能试图将人为的秩序强加于它，因为这不符合它的工作原理。在整个设计过程中我们所能做到的是从整体上设想最终产品，因此，保证了将最初的零散的形象慢慢转换成鲜明、完整的注意焦点。

那就是你应当将自己与设计的各个方面同时联系在一起的原因，而且不仅仅关注每一事物的外观如何，以及它们的制造过程和使用方法。

在设计工作中，虽然不可能绝对保证所有方面都完全的步调一致，至少应尽量平均分配我们的注意力，以应有的审慎态度去变换我们的兴趣焦点。这就好比拧螺丝，轮流拧紧所有的螺丝——每次拧紧一点，不要一次就拧到位——直至全部工作的各方面均实现平衡。

我们面临的最大危险是：我们总是被一些琐碎问题所困扰，花费过多的时间去寻求解决方法，而实际上这种探求更多的是出于心理上的原因，并非设计的内在需要。具有讽刺意味的是，当一个极佳的解决方案出台时，它常常在整体上对设计方案产生毁灭性的影响。毕竟，这种局部的解决方法越是令人信服，那种驱使我们使设计的其他部分也相应地适应这种办法的诱惑就愈发强烈。这必然导致发展的失衡。

曾经有一位画家，在一幅他认为已不可能再改好的肖像画上花费了大量的时间。所有的人也都认为已不能改好了。但必须提到一点，即画像的鼻子，不同于脸的其他部分，画得非常出色。这个鼻子达到了要求，它实际上是惟一被真正完成的部分。这样一来，这位画家陷入自己设置的陷阱，结果并不会令人吃惊。他不断地修改着嘴巴、耳朵和眼睛，一次又一次地把它们从画布上抹掉并再一次从头开始，寄希望于描绘出恰当的嘴巴、耳朵和眼睛，去匹配那已经完美的鼻子。直到另一位画家出现，看到了他的窘境。他同意帮助他，要了一把调色刀，迅速解决了问题，却惊呆了我们的画家——他划掉了脸上惟一成功的部分。一旦那英俊的鼻子消失了，惟一使画家不能以正确比例进行观察的障碍也消逝了。这一果断的行为，预示了一个崭新的开始。

建筑师设计过程和基本的思考模式二者的复杂性，在某种意义上与棋手类似，棋手同样必须应对各种可能性和选择，以及各种相互影响的因素。一个过分专注于某步棋得失的棋手，必将受到来自其他步骤中失误的惩罚。正如棋手钻研棋路发展的所有可能性（就像厨师那些随意，却十分有效的烹饪行为）一样，建筑师也必须发展一套思维方法，以便控制自己注意力的范围，从而尽可能全面、同时地照顾到问题的所有相关方面。只有那样，他的设计才能协调一致和整合划一。棋手和厨师都成功地发展了新策略，去应对永远变化着的情况，同样，建筑师也应该依据那样的策略开展他的设计过程。所以设计外观形式时不会不考虑结构和材料，平面的组织不会不考虑与剖面的协调；建筑本身作为一个整体，不会不考虑它所在的环境。"[7]

"建筑师遇到一个难题是：现实中他无法把自己的想法真正反映出来，只能借助象征方式去表现，正如作曲家只有依靠乐谱来表达他所听到的曲调。作曲家可以查听钢琴奏出的声音，多少能够想像一下他的作品，可建筑师完全通过绘画这一令人难以把握的表现手法，这一方式永远不能在总体上表现出他想像的空间，而仅能表现其中的某一侧面（即使如此，绘画有时仍然难以读懂）。

这就是为什么一般的建筑师通常采取从平面图出发，这一放之四海而皆准的设计思路。在平面的基础上发展一个有趣的剖面与之相配，然后，在平立面二维的框架内完成附带有立面的最终结构设计。这种令人不满的状态得以维持甚至继续恶化的罪魁祸首正是绘画。它忽略了交流功能的意义，只要求单薄的漂亮躯壳。这可能导致建筑师偏离初始构想，甚至会使建筑师朝着与其原始意图相反的方向发展。由于大量充斥此种漂亮的外形，以及我们与前辈的不断比较，便出现了一个更为复杂的因素——即产生了一种'元语言(metalanguage)'，它涉及的全都是'明晰的概念'、'恰到好处的楼梯'和'有趣的空间感受'等。简而言之，它完全是业内人士的行业术语，它不大涉及具体的建筑，而是抽象的图解式的表达，也就是一种期望。

无论听起来这有多么荒谬可笑，我们必须以最严肃的态度问自己，有多少建筑师真正能读懂他们自己的绘图。我们要着眼于绘图代表的结构的空间性、社会目的，以及功利对象对它们加以诠释。大部分建筑师把他们的绘图当做一种独立的图解式的形象，这样，建筑师在不知不觉中将自己等同于从事图形工作的艺术家。这样的建筑师被称为'绘图的奴隶'，他们被自己的主观想像所引诱驱使，再也无法超越绘图板。"[8]

我们将想像的空间与绘图联系在一起，就像是将一幅风景画与一份军事地图联系起来，这可能非常精确，但毕竟是二维的，显得很不完整。

设计首先要思考，然后才绘出你的构思。它并不仅仅是将你头脑中已存在的形象搬到纸上，而是通过绘制去完善你的设想。此外，还要尽你所能去组织你的想像力。设计是一个以最高的效率探索寻觅的过程，目标尽可能明确。

因此你不应把太多的时间浪费在追寻那些并不可靠的所谓"解决方案"，你总会疏漏些东西，也许下一次心血来潮时，这些"解决方案"已被弃置一旁了。所有这些，只可导致剩下一大叠令人压抑的草图纸。最好是将绘图纸，当然还有电脑屏幕搁置一旁，重新开始探索新的领域。就像电视连续剧中的侦探一样，首先要了解掌握犯罪事实，然后再抓捕坏人。所以设计过程同样包含了相似的观察、聆听和确定条件的时期。

在完成任务之前，你必须完整地洞悉该任务的全部复杂性，去拓展你的思路，引导你获得一个概念，这个过程就像医生在着手治疗以前，要诊断出病症一样。这一概念中包含了你需满足的条件，它概括了你的意图以及你需要表述的内容；它是一种假设，具有前瞻性。没有预见就没有探求，它是一个关于发现和寻找的问题。

让·科克托(Jean Cocteau)曾说过:“找到后再去寻找。”

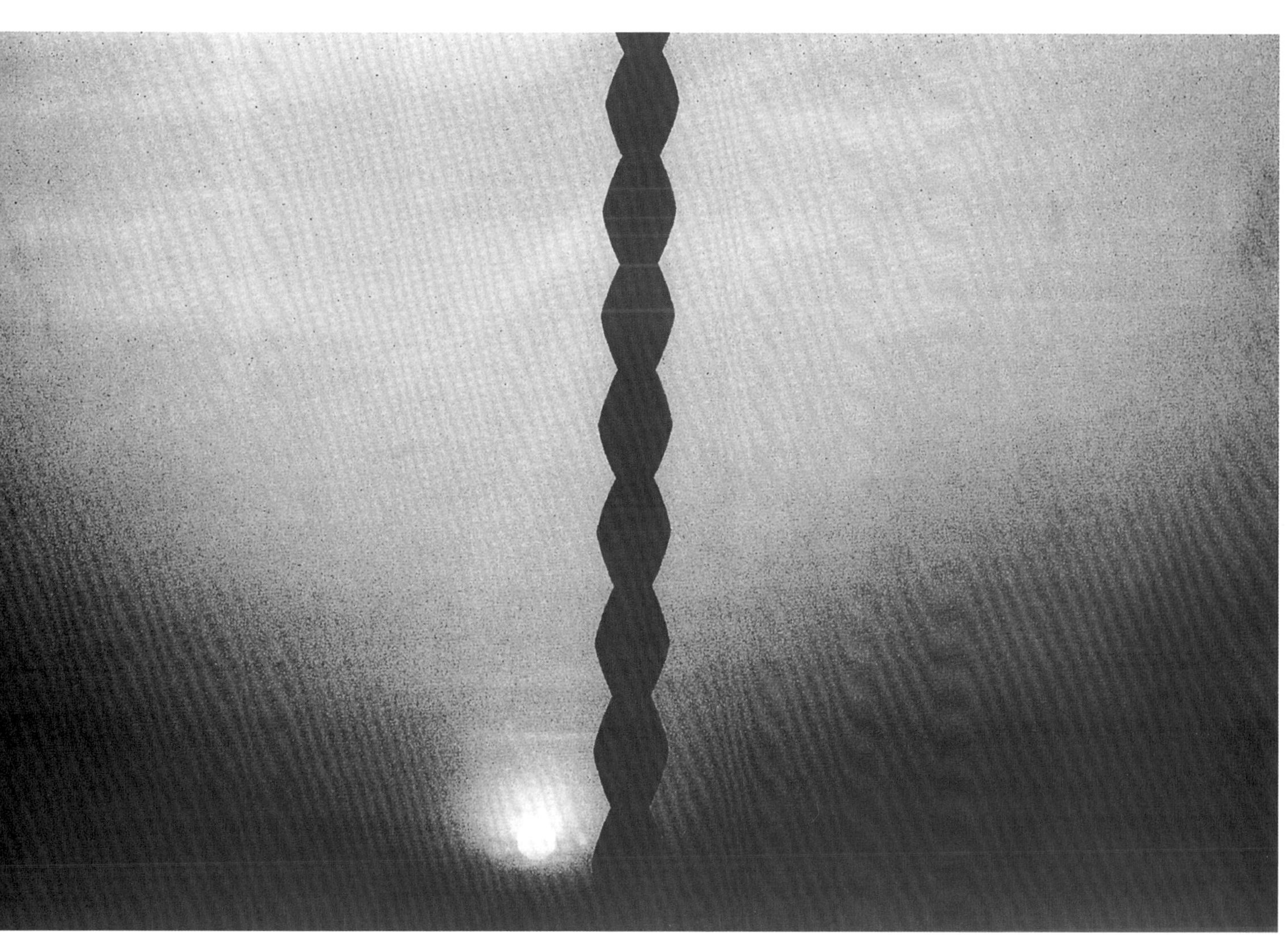

230

5

社交空间，集体空间

Social Space, Collective Space

■虽然我们已经非常习惯于将整个世界视为我们的领域，我们的主要空间仍是城市。城市意味着用于商贸、文化和娱乐的空间以及由此产生的社会交往的极大可能性——人口越多，城市越拥挤，就越是如此。我们希望寻找城市之外的田园空间，那里人越少越好。这一场所能够净化你的思维，使你暂离繁忙的工作和拥挤的城市。你希望独处于此，或最多只有朋友陪伴。我们所称的“自然”—— 室外景观——是你可以隐居的地方，就像你呆在自己的家里一样。

城市是社会的模型。它是我们展示自己的世界和舞台，了解社会，根据他人衡量自身。

你走出房门步入城市，打消了独处的孤独感，在城市中生活时你要认真分析，仔细安排，谨慎行事。城市，不论规模大小，不管是规划而成还是自发建立，通常都遵循如下条件——每座城市有它自己的特色和功能，有不同的诱人之处。

城市同时兼具诱人性和统一性，是所有事物发生、发展的舞台——它即是场所，也是空间。

我们人与人之间总是在不断地攀比，不断地互相竞争。我们的社会地位是由社会体系和我们在其中扮演的角色所决定的。我们无法逃避环境对我们的影响，因为建筑不单纯只是充当人们行为活动的背景。

城市，无论是整体，还是最小的建筑组成部分都应该尽量为我们提供更多的机会促使我们彼此观察、互相留意、增进交往。

简而言之，一切都是有关于如何观察和怎样被观察的。城市作为社会空间的模型，也是社会的空间。在设计城市时，我们必须不断地进行调整，保证它的整体一致性。

"Simiane-la-Rotonda"，亨利·卡蒂埃-布里松，1970 年（"Simiane-la-Rotonda"，Henri Cartier-Bresson，1970）（图 231）

人们感觉最吸引人的场所是城市的中心地区，在这里大家仍可以视及周围的区域。正是这一原因将他们聚集到了一起，其实他们并没有集合的倾向，大家只是在闲逛之间走到了一起。卡蒂埃的相机镜头记录了下面这个重要时刻：男孩、女孩、男人和狗偶然成对地集合到一起，他们有的站着，有的躺着，有的坐着。这再次展示了卡蒂埃通过照片形式把握日常生活规律的能力。

231

■**居住地与社会空间（Habitat and Social Space）** 新的住宅房地产业发展得太快，过分开放和混乱的局面令人抱怨，人们抱怨的同时还常会提及那些旧城镇，以及旧城的街道，比起那些无所谓街道模式的新住宅群，旧城区可以给人更好的方向感。开放的城市是典型的 20 世纪的产物。满足大众需求的产品局限于严密封闭的体系之中，不可避免地使人们产生距离感，它们无法发挥功能，至少不符合作为城市的功能要求。城市的感觉正在消失，而且那里难以有家的感觉。问题在于，我们应如何恢复 19 世纪城市的内部品质，并确保不会影响日照的质量、光线的入射、停车空间、娱乐空间，以及其他类似地点的空间品质。

如今——在 21 世纪之初，我们需要新的空间发现，将真正的城市特征带给我们的新住宅区。

除了《建筑学教程：设计原理》中提到的那些具有良好功能的街道之外，本书以最基本和最清楚的形式，在最广泛的背景下，列举了更多历经几个世纪保存下来的公共空间范例。[1] 在一定意义上，它们为社会交往提供了最佳的条件，可以说它们是外部集体空间的"主要形式"。在那里设有亲密的社团组织，但它与现代城市居民的生活环境相比还有差距。明确满足强势条件的最确切例子，是位于德国杜伦（Düren）的一个居住区庭院的开发项目，可以说，它综合了周边区域和开放性城市的基本原则。

街道，Nias，印尼（Streets，Nias，Indonesia）（图232～243）

苏门答腊岛以西，在偏远的热带雨林覆盖的岛屿上，你能找到的村庄都是依据严格的规划标准建造出来的。两列宏伟的双层木屋，其上覆有顺街延伸的连续的大屋顶。全部街道都铺上了光滑的、经打磨的石板，石料的产地无人知晓。更令人费解的是，人们是怎样把石板与场地完美契合的。最后，到底是什么促发了如此庞大的工程，也是个不解之谜。实际上，这些村庄大部分（许多仍保留完整）修建在平坦的土丘或者台地上，而且只有通过建在村庄尽头的石阶才能到达，石阶通常都很高。村庄的房屋数量由土丘的大小决定，其中一些是预先建好的而且是根据传统宗教惯例进行布置。村庄的起点就是头领居住的大房子的中央点位置。中央街道既是私人空间，也是集体空间，与这里复杂的分区体系保持一致，这种分区体系留存下来的痕迹已经很少了。外来者只能走在中央街道上，只有当房屋的主人愿意接待他们时才可以靠近。村庄的居民可以充分利用房前的街道，当然必须符合村中的老规矩，而且需酌情而定。传统的逻辑认为，每一个场所和那里出现的

232

233　Hilinawalo－Maenemolo，剖面图

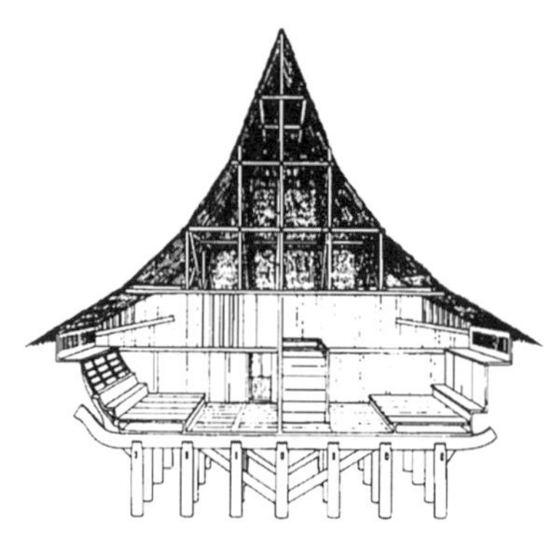

234

235

236

行为，均是植根于并生存于某种环境，不是简单的表面化的现象，蕴藏其中的道理在日常生活中几乎是看不出来的。这样一来，就更增添了对街道空间品质——狭长的村落广场和公共的居住空间——的进一步的期望值。街道可以是球类游戏的场地，也可以是晾晒种子和粮食的场地，一整条街道可能忽然泼洒了水，又很快被暖和的石头烘干，一切都是瞬间发生的事情。

无疑，在世界的其他地方，我们很难再找到一条像这样的条街，将私人、公共和集体的使用用途如此天经地义地集结交织在一起。

现在，让我们绞尽脑汁去想像一个最为理想的街道空间形式：雨水在连续的光滑石板表面迅速蒸发，没有来往的车辆，所以孩子们随意玩耍，村民们围坐在阶梯状巨石周围，古老的石头在他们心中保留了祖先的印记，使他们紧密地生活在中央区域之内。一个最基本的特征是所有的房屋都在街道的两侧纵向连续地建造。

一层的大客厅俯瞰着整条街道，客厅外墙上有连续的水平开口，居民可以通过这些裂缝观察室外发生的事情，注视整条街上路人的行动。沿着同一线路修筑的房子，都有敞开式的基础，木柱间的空间充作储藏空间。基础承托着上面的大客厅和“雄伟”的屋顶，整个客厅的室内设计完全服务于和街道进行更好的视线交流。

房屋之间有狭窄的楼梯，沿楼梯而上，你可以进入成对排列的房屋的客厅，由此还通达房屋背后的其他地方。所有房屋的客厅，从两边都可进入，这样便形成了室内的通道。沿着这条通道，孩子们可以在所有的房子里畅通无阻地穿行，同时他们可以严密地注视街道中陌生人的动向。

有了这条与外部街道平行的非正式的室内街道，我们可以确定一个双向入口系统，将房屋划分为两个区域：后部有强烈的私有空间感，前部是沿街道的出入更为随意的客厅。此处任何人只要他们喜欢，都可以进入，而且房间内可能很快就挤满了来访者。在那种时候，客厅理论上已经成为了街道的一部分。

这些村庄间的距离大多在几小时的路程，宛如大片的绿色雨林中散布着的岛屿，村村之间通过狭窄的林中小径相连。这里没有公路，所有的货物亦是经由这些小路运输。眼前出现一串石头台阶预示着了你到达了一个村落，一些石头已经被自然作用风化，但石阶仍令人难以置信的光洁，而且构造完美。石阶唤起我们对古老的墨西哥神庙的回忆，构成了阶梯状的上下坡路，提醒人们留意前面精心铺设的中央街道。

237

238 台阶，Orahili

239

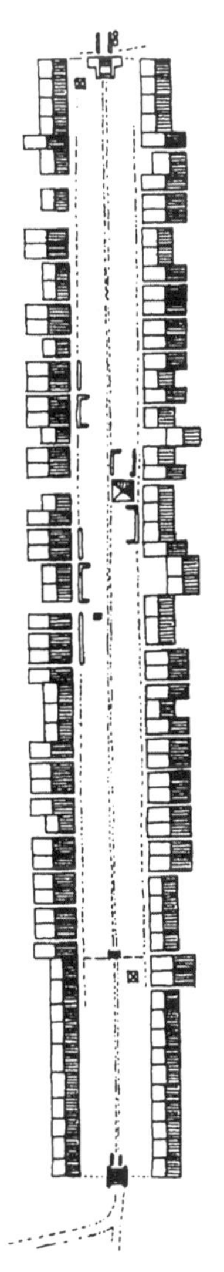

240 Botohilitano，平面图

241

尽管木制房屋都已老化，需要修缮和更换；那些上坡的石阶却形成迎宾的地毯，仍旧表现着一种永恒的结构美，同时巨石也记载了祖先的历史。前面出现了带有社会生活色彩的集体空间，石阶给你明确的指示，即你沿丛林小路而行的旅程终结了。

242

243 台阶，Bawometaluo

客家民居，福建，中国（Hakka Dwelling-houses，Fujian，China）（图 244 ~ 256）

这些独一无二的环形建筑为中国福建省南部所独有，多出现在永定县周围，房屋或独立或成组修建，而且每个都构成了一个完整的独立存在的居住村落。它们的结构不同寻常，现仍保存有数以千计的这类民居。这些民居从 17 世纪开始营造至今，房屋外围直径从 17米到 85 米不等。民居外形除环形以外，还有大量的方形和介于两者之间的过渡形状。民居对内开敞，对外封闭，但没有我们想像的那么与世隔绝。每一座由客家的整个家族居住，这些客家人

244

245

246

247

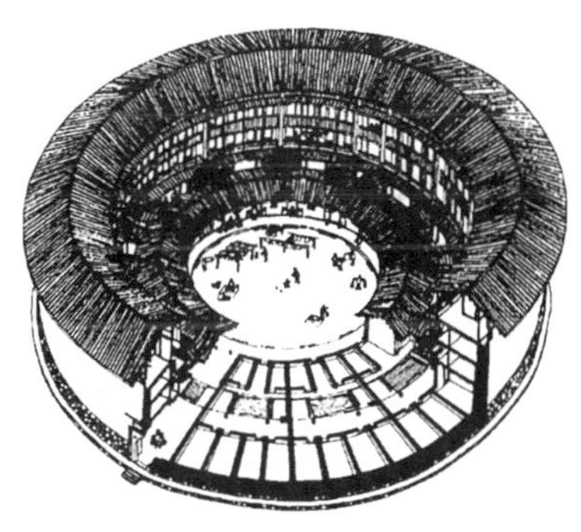

（即异乡人）为了谋求更好的生活条件，从北方迁移到这里。这些堡垒般的建筑可以保护居住其中的客家人，抵御外敌猛攻和长期围困。民居的外墙全部刷白，窗户又小又高。围墙用砖和干黏土垒成，墙身底部厚达 1.5 米，向上逐渐变薄。

所有的居住单元都是沿着外墙而设，这样在一定程度上，中央区域既开敞又能修建其他建筑。底层既是起居区域，又是饭堂及厨房，一切布置都按照中国的传统方式，围着小型内院环绕，形成一个开敞的中央区域。像储藏室一样的卧室，沿着上层走廊排列，而且令人新奇的是你只可通过两个或四个公共楼梯方能到达。换而言之，你必须经过前门穿过公共空间，否则无法从起居室直接进入卧室。民居中的居民是中国社会结构的基本构成单元——一个大家族群，因此对私密性的要求较少。另外，私密性是生活奢侈的富人的特权，因为他们的生活不需要依附他人。无论是开

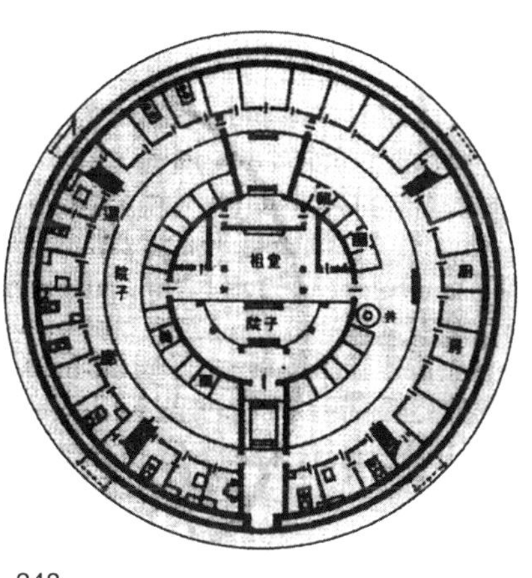

248

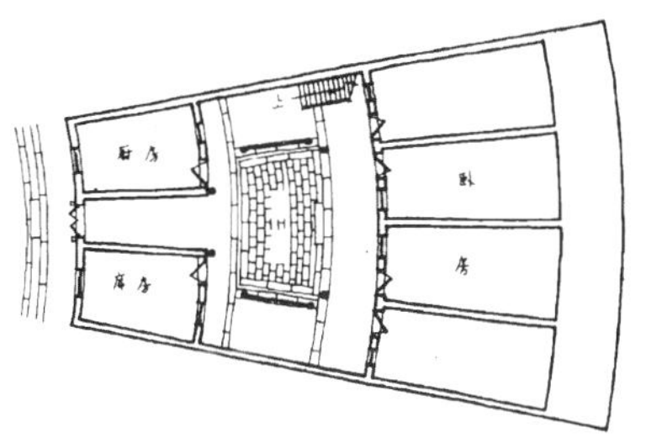

249

250

251

252

敞或者封闭，中央区域都是集体的。在这里，大家生产协作收获谷物，并储存在谷仓中。除了生产用房，还有房间用做学校、会堂以及人们可以在那里互相碰面类似咖啡馆的房间。最后，那里还有宗教场所，沿着走廊有接近方形的开阔角落，那里定期举行各类隆重的仪式活动。在一些复杂的民居建筑中，中央区域里建有一个兼作戏台的宗庙。大概因为政府并不认可这些宗教活动，所以近 50 年间此类活动日渐衰退。我们既不能确切地知晓这些家族群体在过去有多么的繁荣，也不知道早年那些生活在此，管辖这里并建造房屋的主人的命运到底如何。公共区域划分成了多个生活单元，这些复杂的住宅综合体共同构成成熟的城镇，就像是中世纪的村落，可以抵御敌人的侵袭。它们的外形堪与欧洲的圆形竞技场相媲美，如法国阿尔勒竞技场。

253

254

255

256

建筑开放的中心让人们联想到更大规模的圆形竞技场，关键就是一排像剧场坐椅一样的走廊。根据我们的标准去衡量，客家民居外部过于封闭，在内部则过于开敞。然而这些令人惊叹的居住单元以其独一无二的形式和排列给我们留下了深刻的印象：它们既非住宅亦非城镇，而是二者兼而有之。在我们探求新的住宅概念时，这些民居可以产生一定的影响。

杜伦住宅综合体，德国，1993 年－1997 年(Düren Housing Complex, Germany，1993－1997)(图257～266)

这个住宅综合体大约有 140 间各种形式的居住单元和一个共享的聚会区域，顶部为双层屋顶，长方形的构架围合了一个开放的中央庭院。

连续的屋顶限定了一个环形的建筑体块，下方的居住单元界限分明，四周留设的开口通向内院，建筑体块并不是完整的环形。此外，虽然建筑体里面的中庭是独立的庭园，但中庭仍属公共空间，里面有一条小路和停车场。所有入户门都布置在庭院内圈，庭院内圈的走道取代了传统上环绕建筑体块外圈的街道。这个内部区域，为游戏场地和社区场地预留了足够的空间，而且从四边都能看到庭院中的活动，现在我们就可看到正在玩耍的孩子。私人的庭园被转置到了庭院的外圈，这样完全颠倒过来，变成了内侧是花园，外侧是道路的环形建筑体块模式。

257

258

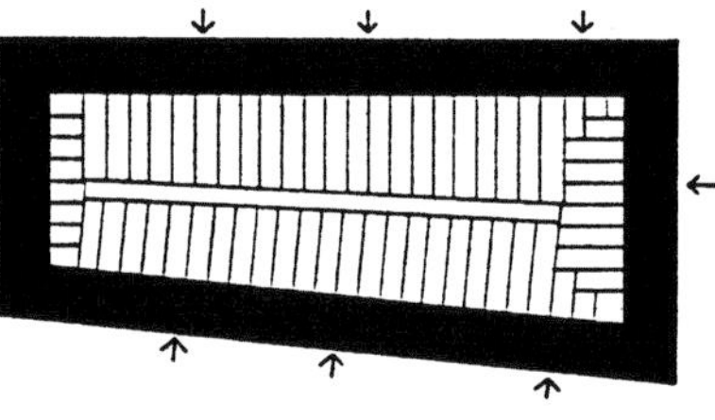
259

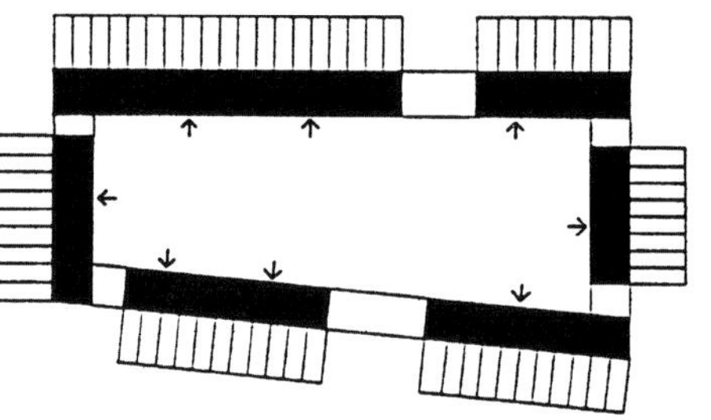

在其后的项目中，我们正着手将杜伦的建筑模式发展成为一种城市设计原则。街道变成了庭园，内部庭院则变成了封闭的城市广场。

在建筑规划中，可以这种内外颠倒的形式引入环形建筑模式。这避免了我们重新使用开放道路原则中过分城市化的特点，而且为街道规划提供了新思

260

261

262

263

路，因为街道已负荷了过多的车辆交通和停车功能。同时不要忘记不得不和车辆交通一起共用街道的人行道，还有孩子们的游戏场地。

虽然我们新的房地产开发项目包括的道路开发计划为交通、行人和绿化均提供了足够的开放空间，但封闭住宅区清晰的街道模式及都市感所产生的秩序和限制性难以与之相结合。

将住宅区内部庭院建造成具备极佳公众特色的城市广场，再将这些建好的体块“岛屿”放置在一个有私人庭园和公园的开放的、绿色环境中，就将有可能确保创造一个清晰并且具有亲和力的城市模式。

264

265

266

住宅庭院项目，1995年－1997年（Residential Court Projects，1995－1997）（图267～276）

我们的住宅庭院项目目的是在现代城市中寻找更佳的空间聚合力，而无需倒退回传统的环形体块。

现有的大量实例，尽管各不相同，只要是城市街区出现内外颠倒的现象，就能够帮助我们勾勒出一幅城市广场的画面。这些例子包括：巴黎的孚日广场、在卢卡（Lucca）的圆形竞技场[2]和巴黎皇宫（Palais Royal）[3]。

下列分布于各地的项目都努力探索，在绿色空间中将"内—外"型城市街区作为城市核心的规划原则。

■Veerse Poort 住宅规划

Middelburg，荷兰

Middelburg 镇位于 Zeeland 省，它原来的市中心区被水体和防御工事所环绕，在几个世纪的时间里，该镇向各个方向进行了拓展。我们的规划是设计一个新的住宅区，这个住宅区一方面是城市核心的分枝，另一方面，它又能使城市绿色植被得以延续。

规划纲要中规定，大约一半的住房需是坐落在绿地上的独立单元。其余的单元被分成7个城市核心，外表是显眼的石材。这些街区和中央水带是新城郊的中心。花园迁到了街区以外，该街区包括独户住宅、绿地和公共停车场。项目建造已经开始动工。

■Theresienhöhe

慕尼黑，德国

规划纲要要求对这个位于慕尼黑市中心的展览场地实施开发，保留深入城市的大面积绿地，延伸至 Theresienwiese 的椭圆形绿地结束。此外，需要将楔形绿地与椭圆形空地连接起来。将绿地紧密布置在大型城市街区周围，将这两个貌似矛盾的目标统一结合。对这项规划的一个批评意见是，这将对城市形象产生消极的影响，像慕尼黑市这样的城市中心的特点——街区间划分明确的街道，以及城市的都市特征会因此受损。显然，这个规划看起来更像是一个 Siedlung 或郊区的住宅，而不是城市中的住宅。

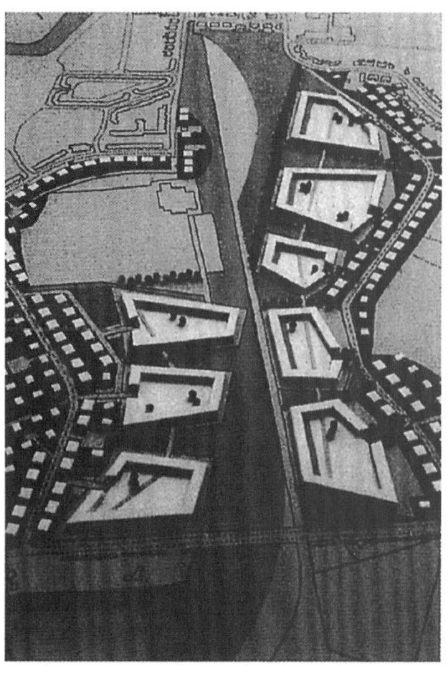

267　Veerse Poort，Middelburg　1995年，模型

传统的

内外颠倒的

268　忽略街道

269　皇宫，巴黎

270　孚日广场，巴黎

271　孚日广场，巴黎

272　圆形竞技场，卢卡，意大利

273　皇宫，巴黎

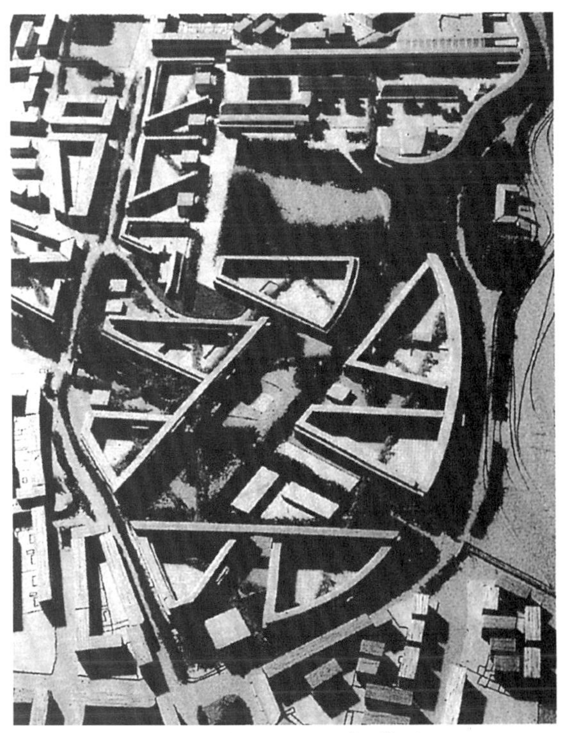
275　Theresienhöhe，慕尼黑　1996年，模型

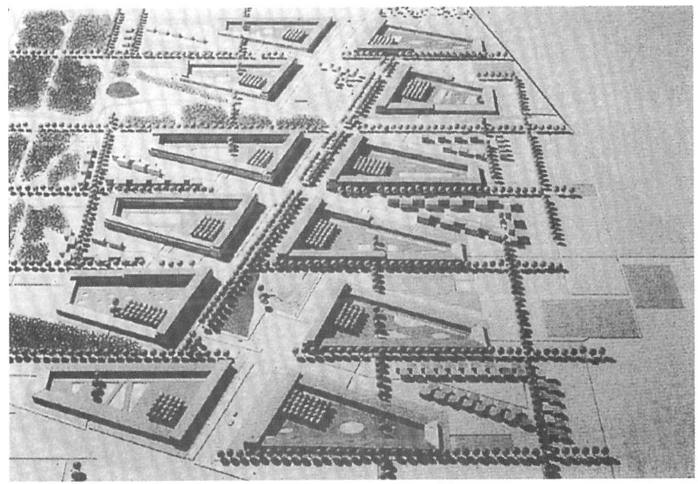
274　Elisabethaue，Berlin-Pankow　1998年，模型

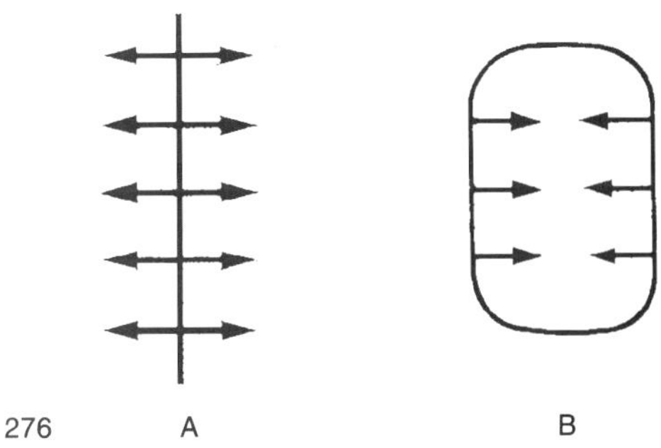
276　A　B

但是按今天的住宅标准，将不存在建筑间不可避免的更大距离，而且街角不再有独特的旅馆或商铺。一句话，无论你怎样看待它，城市的形象是一种幻想，我们必须迅速找到其他的形象，防止一次又一次的幻想。

■Elisabethaue

Berlin-Pankow，德国

无论以前的开放区域是何时兴建的，一个前提条件是尽可能保留旧的特色。所以结果是很难认可为完全的都市化，对绿色开放空间的亲和性被誉为该住宅区的一项特色。

这里，我们同样力求设计如岛屿般坐落在环境中的、谦逊内敛的城市空间，我们所做的一切都是为了维持与其周围环境的一致性。

Berlin-Pankow住宅区的干道，修有通往住宅区庭院的支路。这使得周围的自然特质渗入到规划中，并不会被干道切断(图276A)。

Middelburg和慕尼黑的项目将重点放在了位于中心的公共场所，使得带有向内分支道路的环形道路体系受到好评(图276B)。

除了供机动交通的道路，所有的三个方案都提供了人行道和自行车道网络，可以走近路到达居住“岛”并穿越街区，由此消除了完全封闭的感觉。

■集体空间，社会使用(Collective Space，Social Use)
到目前为止《建筑学教程：设计原理》中，大部分例子所涉及的空间主要是发生各类社会活动的街道和广场，它们是公众领域的都市空间，也是城市的起居室。实际上这种社会空间，可以在任意一个我们生活、工作和交流的地方找到。我们会路过那里，在那儿碰面，简单说是全部行为和冒险活动发生的地方；所以街道和广场处在各式各样建筑物构成的“围墙之内”。这是沿着都市化的路线组织建筑的根本原因。

我们所谓的公共生活，不仅发生在城市的公共领域，而且在公共建筑中。地点除了在一定场合才使用的街道和广场外，还有聚满了人群的剧院、迪斯科舞厅、体育馆、博物馆，以及购物中心和车站等。本书针对两种形式提供了大量的例子，公共场所或公共建筑、被暂时充做公用的私人场所均有涉及。建筑入口常常十分模糊以至于消融了建筑和街道间的差别，采用连拱廊道的入口看起来像是安了大门的公共街道。你常常难以分辨是在外面还是里面。

事实上，内或外，公共和私有，都是相对的概念。建筑受限与街道的开敞是维持转化系统连续性的障碍。在实践中，城市被分为了受控区域、建筑、远处的相对非受控区以及街道。我们必须不懈努力以建筑的和都市化的方式去维护私人“堡垒”的开敞和街道的连续性，使城市的集体性不会在强调私有性时遭到减弱。这是由于公共领域被压制而出现的情况。

多年来，建筑师和规划师都致力于对空间的探求，一直是出于社会生活的目的去关心建筑，在建筑中有集体的感觉，人们无论是自发还是有组织地聚集在建筑中。那样的建筑肯定是大尺度的，因此和居住场所形成鲜明的对比。

是否需要实现屋顶与自然环境的隔离，这是结构上的手段，进而实现所需跨度并扩大了尺度范围，从而赋予了这些建筑物壮丽的外观。直到 19 世纪，建筑史的主要内容一直是宗教建筑，到 20 世纪以后，才出现了大型的遮蔽物、连拱廊道和

277　洛克菲勒广场，纽约

278　市长广场，钦琼，西班牙

279　Via Mazzanti，维罗纳，意大利

280　将街道转换成清真寺，Achille Chiappe，马赛，法国

281　Apricale，意大利

车站，开始了与公共的开放性空间的竞争。

过去人们聚集在教堂、浴室和拱廊中，现在人们则聚集在商业街上。我们的空间感需与事物的尺度保持一致。

“集体空间既不是公共的也不是私有的，多于或少于公共空间。”[4]

大空间的里里外外都聚集了大群人，不仅能施以影响，同时给人们志趣相投的感觉，或是大家共同生活在拱形天顶下，具有人人平等的感觉。

集体空间成功唤起的聚集感(togetherness)，因社会条件的不同而相异，我们能很好地处理这些差别。教堂和清真寺一样(虽然不十分明确)是几乎专门围绕一个宣读教义的中心组织安排，人群的视听都集中于它。所有的注意力主要聚于一点，这一点便成为空间的核心。人们相互间的关心会减弱，因为人们只能看到彼此的后背。

在剧院、礼堂，以及大型运动场中，注意力同样向中心集中。当然，就社会类型特点而言，它们与教堂没有本质的区别。

在上述例子中，建筑是一个包容一切的结构物，鼓励共享的集中，以及参与有组织活动的人们之间的和谐感。街道、广场、咖啡厅、门廊以及其他集体空间对社会生活非常重要，它们的空间设置对社会交往有催化作用，不仅仅针对某个人或者一种活动，所以每个人的行为都要与他们的目的和活动保持一致，给与他们机会寻找相对于他人的自己的空间。

有组织的事件可以激发很强的聚集感，它引起了远距离上的社会交往。然而，正是社会交往将集体空间转变成了社会空间。我们要发现的是有组织的空间形式，它们能为社会交往提供更多的机会和动因。空间不仅扩大了接触的机会，促成了看与被看，从而将人们聚到了一起；一言概括，它们提供的东

第 134 ~ 137 页的例子反映了社会类型特色上的区别。判断标准如下：

1. 内—外；
2. 有观众(在一侧或四周)/没有观众；
3. 有组织—无组织；
4. 注意力中心化/集中(图 282A)—多注意中心/分散(图 282B)。

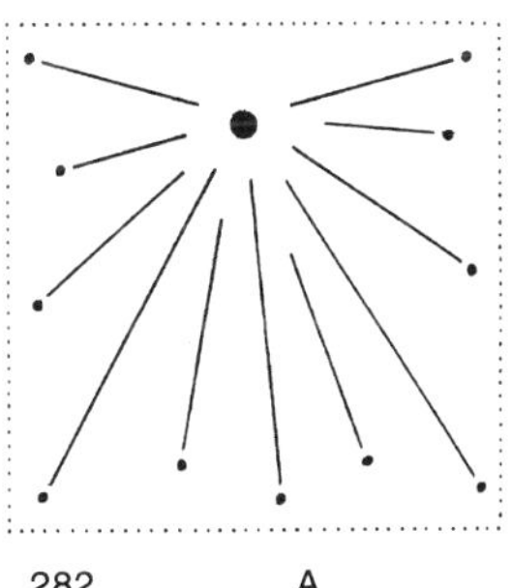

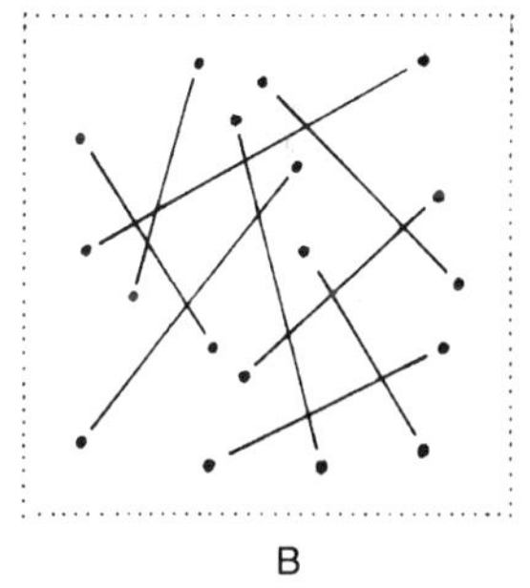

282 A B

283 安德烈·柯蒂斯(André Kertész)，教堂前廊正在玩耍的儿童

284 官方庆典仪式，水坝广场，阿姆斯特丹

西使我们去探索城市。在剧院或礼堂的休息厅，人们有节奏地进进出出，带着各自奇怪的想法去喝咖啡，找人或仅仅是去被人欣赏。在此，注意力很分散和随意，随时转移中心。而当特别的事件发生时，使注意力集中起来。那种随意的模式——就像我们会在迪斯科舞厅、咖啡馆、酒店大堂和博物馆以及休息厅中碰到的一样，为社会交往创造了一个更合适的环境，因此，那种随意的模式更接近于城市的概念。

社会空间是一个城市的原型，是浓缩的城市空间。

大量人群聚集的建筑群如同一个微缩的城市。所以我们应该像设计城市般组织和设计建筑。我们现在谈论的不只是所谓的公共建筑，还同样包括各种办公建筑，不管这些私人机构是否对公众开放。在大型空间中，参加演出、会议、聚会的人越多，或是在紧闭的小房间中工作的人越多，其组织形式就越像一座城市。

集体使用的建筑需要一个容纳街道和广场的内部结构，划分出"公共"的部分和内部人员使用部分，只有那样这种"城中之城"才能和街道网络相区别。这种安排，使你即使预先不熟悉建筑布局，也不会迷路。

这一区域的集体功能通过空间方式得以表达，而且适合所有语汇和行为，这些语汇和行为可以加强团体和协作一致的团结感。空间概念需要充分利用正在被讨论的群体的共同特征。是否期待许多来访者？他们是否经常聚会？是否存在一个繁忙的内部循环系统？他们在哪里喝咖啡？在建筑内部，即使眼前没有商店，你同样可以感觉到自己"处在一座城市当中"。

一幢集体使用的建筑可以独立地存在，就像一个带有明确入口的物体，或是打开建筑将城市引入建筑，也就是说，建筑是城市室内的延伸。那么，人们首先考虑到的是 19 世纪的廊道，再有当代的"公共"购物场所。在那里，公共空间的确渗入了室内，但对私人空间却没有负面的影响。此外，室内外的关系消融了，但并没有深入不同建筑之中。

所以城市建筑部分指的是廊道或类似建筑，在形式和物质性方面它们的确可以教我们一些东西。

我们所提倡的是在一定程度上应该像城市般去组织集体

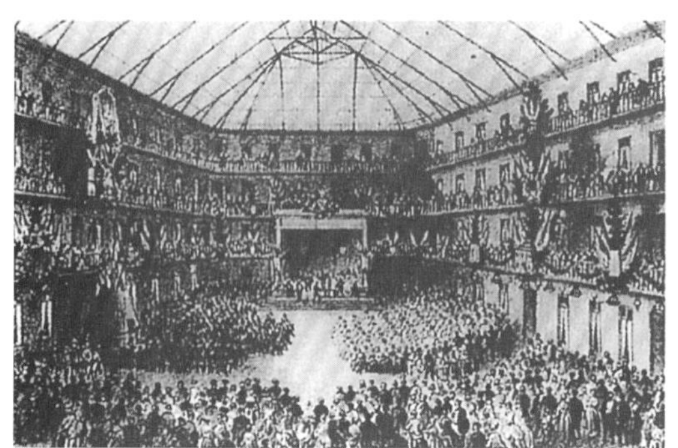
285　工人生产合作社大楼，基斯，法国

286　De Drie Hoven 老年人之家，阿姆斯特丹

287　艺术博物馆，波士顿，美国

288　费耶诺德足球场，鹿特丹

289　Arkaden，柏林，伦佐·皮亚诺

使用的建筑。潜在的结论是：虽然它们实质上并非是公众的，但在实践中它们的功能是城市的一部分——可以说，不仅仅是一幢住宅。

因此完全有理由允许建筑在城市的社会生活中成为一个明确的组成部分去详尽地表述它对城市的功能作用，并且（真诚地希望）无须借助塔楼和穹隆。主要的问题是要使它们受人欢迎，通过吸引人的注意力使人接近。那么，接下来的本质问题便是，尽可能地从外部识别城市内部组织结构。

290　国家图书馆，巴黎

291　克莱蒙梭广场，Vence，法国

292　中央火车站，格拉斯哥

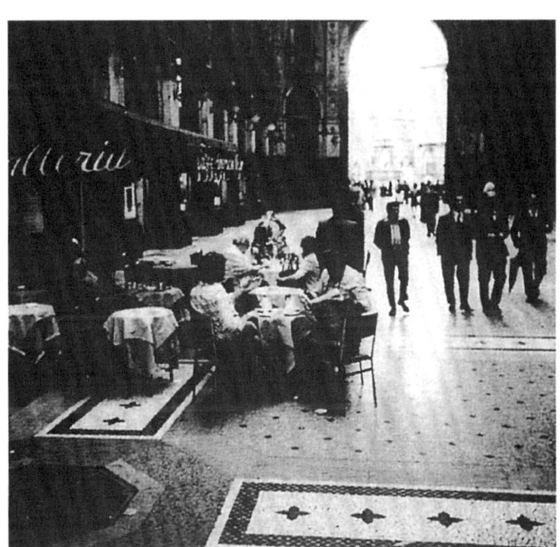

293　厄曼努尔廊道，米兰

布达佩斯的火车站，匈牙利，埃菲尔，1876 年（Budapest Railway Station，Hungary，Gustave Eiffel，1876）（图 294～298）

虽然与埃菲尔的名字联系在一起，但这座火车站与其他 19 世纪的例子却有些许本质上的不同，如最著名的伦敦和巴黎火车站。火车站把你带往城市的后方并进入它的中心。它们是铁路的终点和通往城市的“大门”，因此，比沿线的车站规模更大。

车站广场的屋顶比其他车站的屋顶都大，把铁轨的末端也罩在其中。它几乎是外面街道的一部分，仅仅用一面玻璃墙将它与街道隔开，从里面可以看到大街的景象，同时也减小了车站的喧嚣。

一面 4 毫米厚的玻璃墙将车站广场同城市广场、有轨电车、公共汽车和轿车分隔开。在走下火车进入熙熙攘攘城市的这一过程，视觉接触非常丰富。

车站本身弱化为一座大型的走廊，必要的辅助设施位于两旁，这种布置与其周围的城市建筑没有什么差别。和其他车站的范例不同，尤其是英国，那里的火车站是城市景观的亮点并发展成巨大体量的复杂结构。在布达佩斯车站，我们通过人们上下火车——这种陆路交通中新的最大型的集体模式看到了进出城市的行为，在布置上采用了最直接和最小空间组织形态，在此形成一种新的城市大门类型。

294

295

296

297

298

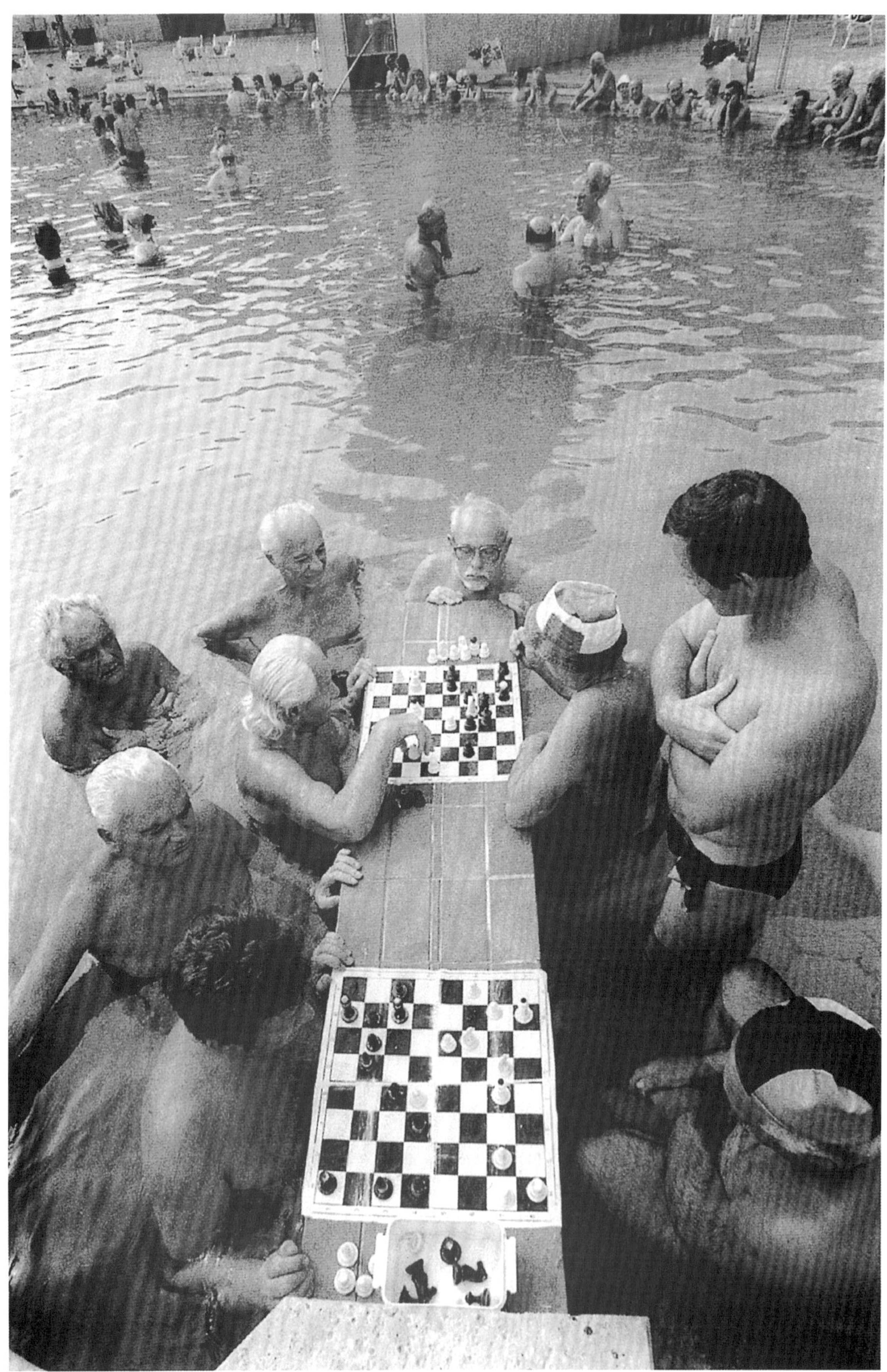

299　Gellért 浴室，布达佩斯，匈牙利

公共浴场(Public Baths)(图299～310)

在建筑史上公共空间最为明显的例子是公共浴场，在罗马、古希腊文明、伊斯兰国家和匈牙利都可以发现，况且我们尚未提到遍布欧洲的药浴。

罗马的公共浴场，是在欣赏人体文化和轻松氛围之下的公众聚会场所，提供了一种最不正式的相遇机会。最著名的当数喀拉凯拉浴室（Baths of Caracalla),不只是因为它们在建筑结构中创造性地配置了热水和蒸汽——这对我们来说是非常现代的。

在桑拿浴室（这种文化起源于芬兰）进行业务会面是很平常的，罗马时期估计每天约有 10 000～15 000 人光顾温泉浴场，这里的社会交往必然比在神庙、剧场和圆形竞技场中更广泛、更集中，那些场合更适宜公共集体事务，不太重视个体和人与人之间的交流。

我们室内泳池的重点是运动训练，实现目标和学习；而室外多样的活动，例如海滩活动，则必须有赖于太阳，人们的行为举止过于慵懒。实际上，有不同水温和附带按摩治疗的浴场都刺激人“蠢蠢欲动”，私人接触交往也很简单。在伊斯兰文化中净浴不仅是洁身的一种方式，还有重要的宗教意义。这尤其令女性摆脱男性对她们的统治，她们可以互相交换意见并谈论更为隐私的话题。今天仍然修建土耳其浴室，尺度更为宜人，但已不如罗马的温泉浴场那

300　Sir Lawrence Alma Tadema,《喀拉凯拉的浴室》,1899 年

301

302　戴克里先浴室

303　土耳其浴室，布耳沙（Bursa），土耳其

样诱人，温泉浴场的外形和广泛使用必然会在城市和市井生活中留下印记。

另一种类别的洗浴是提供有医疗作用的矿泉浴和热水浴。这发扬了19世纪的传统，也是特色旅游的早期形式，至今如维希[5]，巴登巴登（Baden Baden）和Marienbad（现在是玛利安温泉市（Marianské Lázně））仍在延续。

Peter Zumthor在瑞士高山中的Vals村里增添了一种新的浴场类型。这里的室内浴场有一个通向室外浴场的出口，浴场不是一个鲜明的浴盆，而是一个不能被一眼看透的"水体迷宫（water-labyrinth）"，在那里你常常要在巨大的独立石柱间蹚来蹚去，石柱中有水龛，提供不同温度的热水、淋浴和其他设施。

304　土耳其浴室，Jean Lèon Géròme

306　喀拉凯拉的浴室

305　土耳其浴室，伊斯坦布尔，19世纪

除此以外，在休息和按摩空间还有能看见壮丽的绿色山景的大玻璃窗。水面之下是踏步石、石椅和沿墙扶手，在水底光线下和喷泉之间，洗浴的人们就像睡莲一般聚集在一起。在这个没有一块瓷砖（卫生标志）纯净"自然"的世界中，你为这种舒适的躯体文化陶醉。只有圆滑的、严格的物质性才能与浴室的浪漫、几乎是洞穴般的外表相适应。使人们联

想到了罗马温泉浴场和那个时代的生活。如果这里的社会交往与在喀拉凯拉浴室的情况不尽相同，那么（姑且不谈远离城市生活的离群索居者）会被指责为缺乏传统。但建筑师不会受到责备：他已经满足了所有的条件并倾尽全力将这座独一无二的温泉浴室建成一座令人惊叹的水城。

307

308

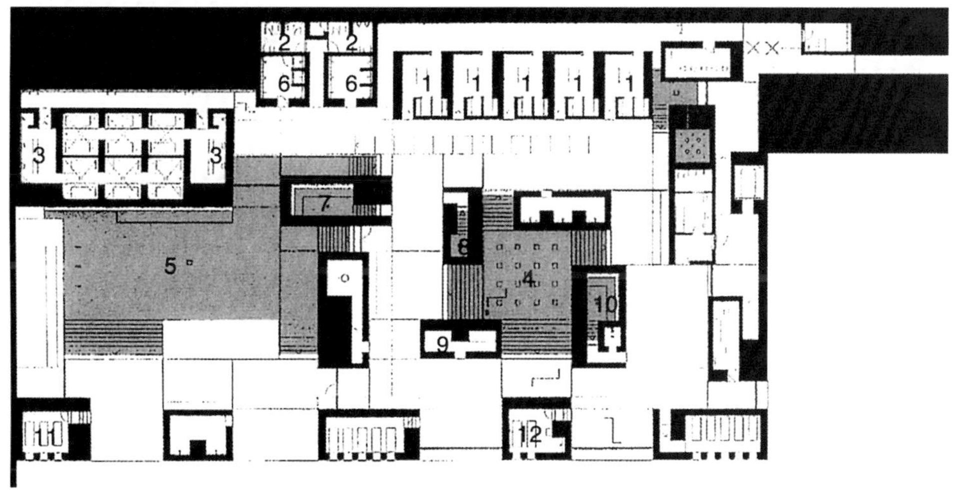

309 1. 淋浴 2. 厕所 3. 热石块与土耳其淋浴和热房间 42℃ 4. 室内浴室 32℃ 5. 室外浴室 36℃ 6. 泉眼 36℃ 7. 火浴 45℃ 8. 冷水浴 19℃ 9. 四周的石块 10. 花浴 30℃ 11. 休息空间 12. 按摩空间

310

Spui 剧院综合体，海牙，1986 年 – 1993 年（Theatre Complex on Spui，The Hague，1986 – 1993）（图 311 ~ 320）

海牙市中心的 Spui 剧院综合体是一个文化建筑集中区的基础，这些建筑包括了音乐厅、街对面的舞蹈剧场和市政厅以及市立图书馆。

相邻的是用于举办音乐会的 17 世纪的 Nieuwe Kerk 教堂（含有一个中心平面，见第 212、213 页）。剧院综合体增加了一座电影院、一座录像中心、一座艺术展厅，以及一间为两个礼堂（观众容量分别为 350 人和 120 人）服务的咖啡厅，还增加了 1 300 平方米的零售空间并在上部加了 76 间公寓。住宅区的一角向内弯曲了 1/4 圆弧，以显现与众不同的 Nieuwe Kerk 教堂的整体效果，而不是将其隐藏起来。这一都市化的原则决定了建筑的基本形式。

综合体的心脏地带是大型的剧院休息厅。从街道上可以看见人们进出剧院，一面通高、通长的玻璃墙在前面将剧院一分为二。装有玻璃的休息厅空间延长了前庭的深度，成为有顶篷的城市广场。除了正式的演出，这里不断地举行许多活动包括音乐会、聚会和接待活动，里面的气氛更是随意，比专门设计的环境气氛还要好。

剧院中设置有一些较矮的踏步，明显向上的坡道一直延伸到礼堂，长长的矮墙将公众引导至衣帽间，这一下沉的部分充满了视觉信息，吸引了人们的注意力，所有这些都使得休息厅的功能更加完备。

休息厅和大街都有进入电影院的入口，而酒吧则直对着沿街立面。突出的售货亭插入休息厅就像一个内凹的阳台。可从街道望见这个为三个影剧院服务的中央区域，使人们不禁联想到 1933 年建于阿姆斯特丹的杜克的辛内克电影院（Cineac）。辛内克电影院是第一座真正的电影院，构思是一个“关于世界的窗口”，它的玻璃墙环绕着拐角向那些过路的人们展现了电影放映机。[6]

这个咖啡厅/休息厅系沿街布置，直接对外，加上 20 平方米的展示玻璃，所以特别引人注目。

这个剧院综合体整体上是带有空前可能性的城市中心的缩影。它将文化内涵压缩在不到 500 米的街道上。根据库哈斯（Rem Koolhaas）的观点，即使在

311

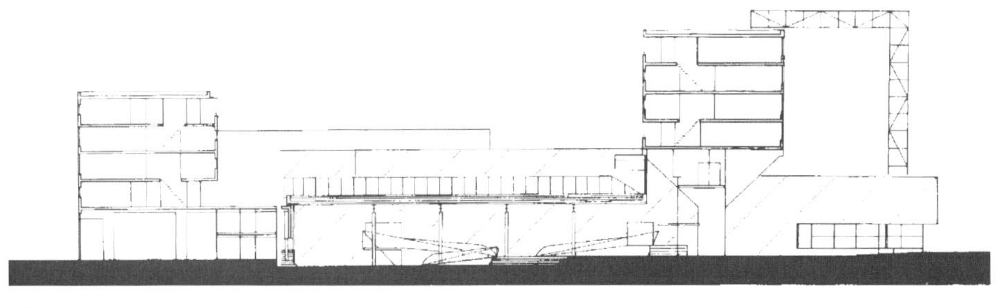

312

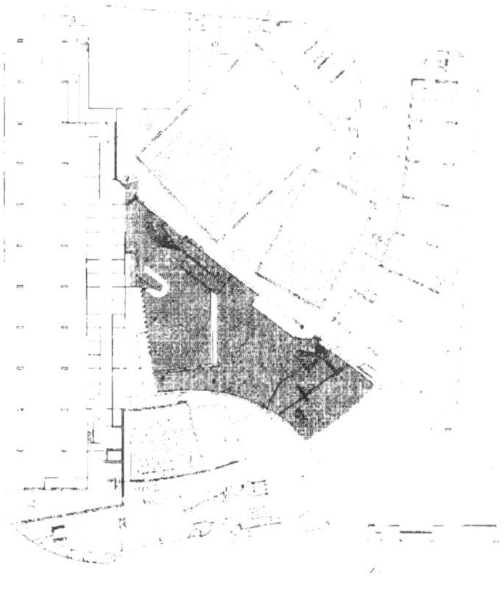

313

314

15

曼哈顿你也找不到相同的设计。除了住宅和商店，即使匆匆一瞥你还能看到：议会建筑、市政厅、音乐厅、舞剧院、教堂、图书馆、迪斯科、赌场、旅馆、酒店和 Spui 剧院。

316

317

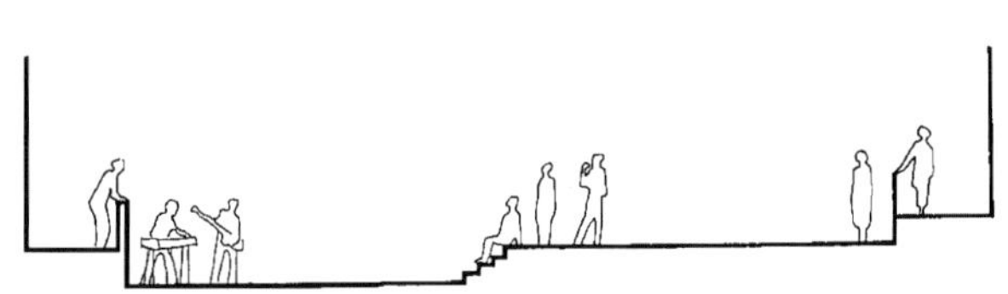

319

318

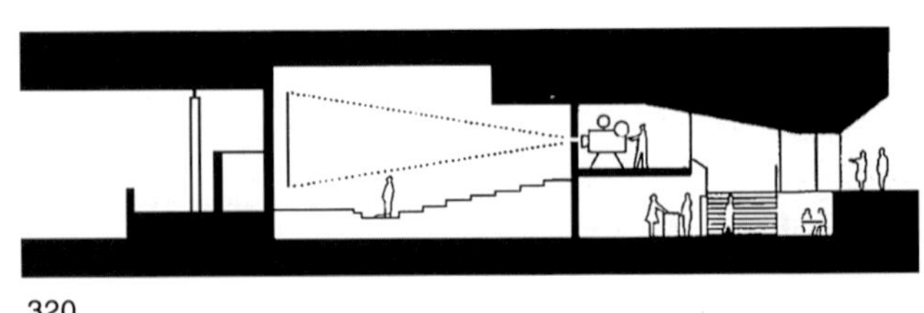

320

Markant 剧院，Uden，1993 年－1996 年（Markant Theatre，Uden，1993－1996）（图 321～328）

这个质朴的剧院延伸进了 Uden 小镇集市广场的一面墙内。一大片类似于商店橱窗的玻璃立面向外部展现了休息厅空间。晚上，休息厅内的光线溢入城市之中，它的室内景象吸引着那些过往的人们。这间剧院不是一座刻板内向的建筑，而是开放和面向城市的。一个巨大的、突出的雨篷沟通了倾斜的玻璃墙和广场一侧的城市立面基线之间的区域。这个区域，正式说来是街道的一部分，现在却像属于建筑的一部分——一个"城市门廊"嵌入了广场中的城市空间。与那些高高设置看起来挺热闹的休息厅玻璃立面不同，恰恰相反，正是它的亲切性使它如此吸引人。

将一层设计得低于街道平面 1.5 米（像海牙电影院一样）提升了内部的景致。这一设计手法没有打扰观众，他们感受到的是实体围墙的保护。

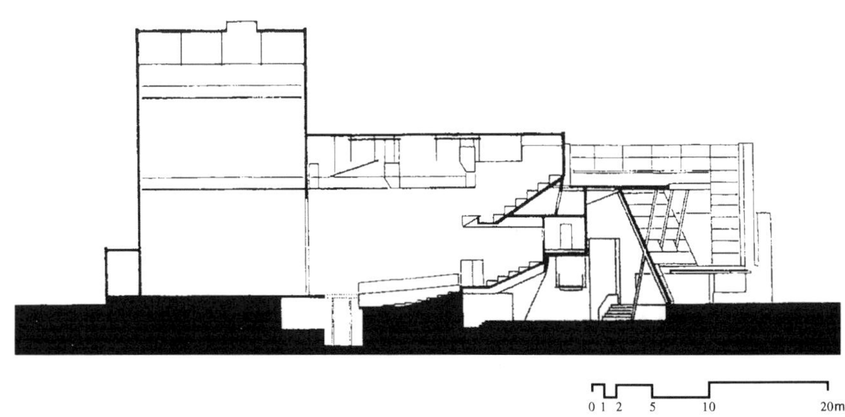

321

从屋顶吊下来的狭窄的走道通向礼堂，它们从空间限定了高高的休息厅空间。

这些小天桥轻松随意地穿越空间（和布拉达的天桥一样）产生了层叠的空间特质，使得身在何处都能感受到有其他人的存在。

强烈的动态性使得休息厅的特质仅仅适于强调它的非正式用途。就像一

2

323

324

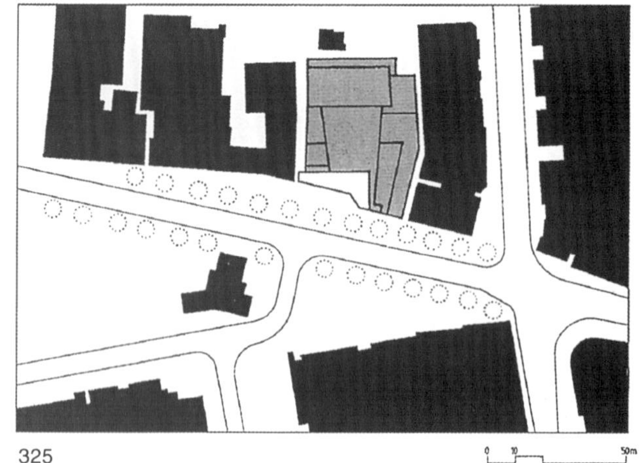

325

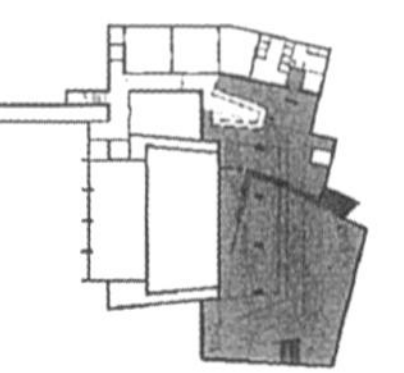

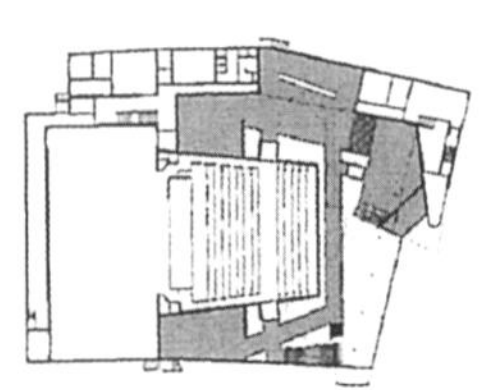

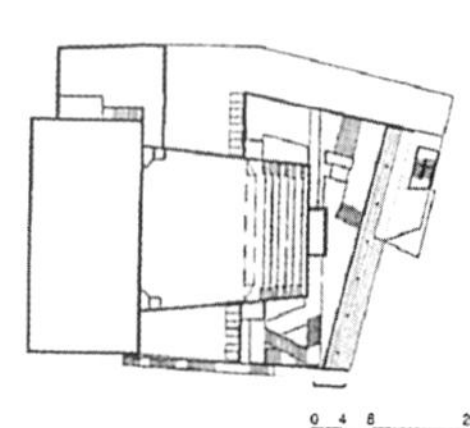

326

个“大咖啡厅”，你可以随时进入而无须参与任何活动。

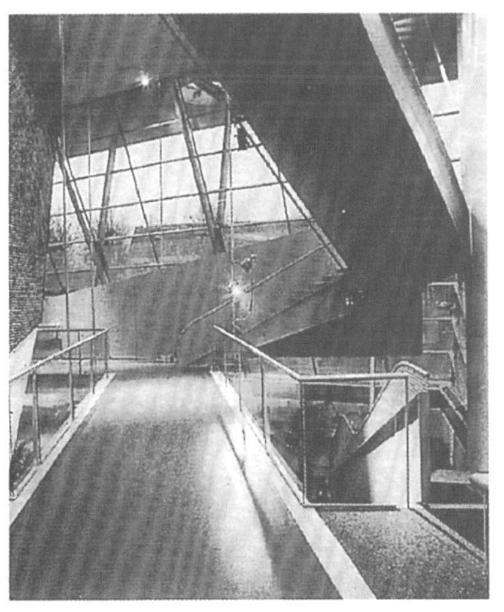

327

328

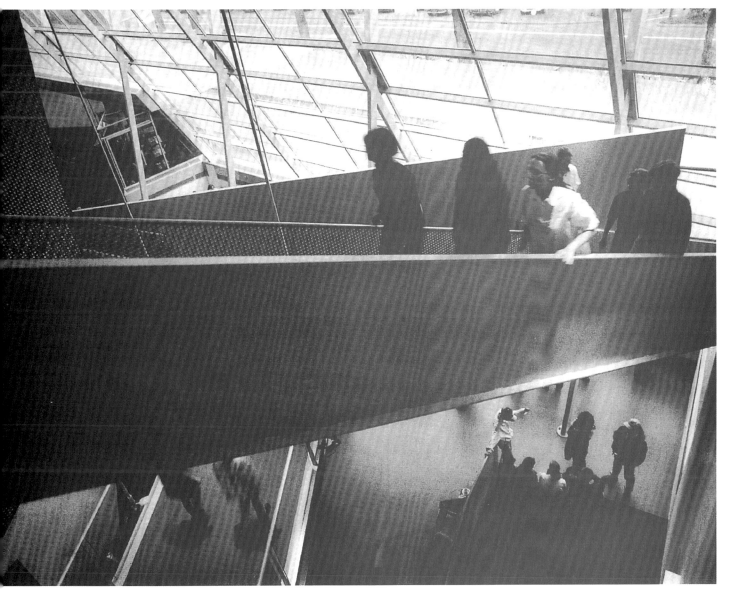

■社交空间（Social Space） 无论人们在何处相遇、邂逅，或是在聚会上见面——无论是意外的或是刻意的相聚和会面——我们都用到一个专业术语：社交空间。这可能是在闹市区或偏远处，即使是在恰当的地方你也不会马上联想到建筑师。当要分析和解释社交空间时，建筑师、城市规划师都倾向于简化社会空间绝对的范围和复杂性，这是相当令人羞耻的方式。（“社交”一词表达的仁爱成份也有一些这方面的含义。）

在公共区域中的任何地方，内部和外部，总能找到社交空间。某些地方总是显而易见的，它常常存在于—— 咖啡厅、酒店、商店、俱乐部、车站——人们可以任何一种理由聚集在此。

城市是一个如此复杂的现象以至于任何要使之理论化的努力都不可避免的是——简化。

无论我们多么努力，不可能在所有层面和分支上探寻社会生活的复杂性，少用图表进行研究在某种程度上可能更有帮助。这里我选择了一部由范·德·库肯拍摄的电影《阿姆斯特丹全球村》。电影展现了一个像阿姆斯特丹一样具有各种限制条件的小城镇，它拥有令人眼花缭乱的大量场所，一举成为了一个乡村中心。这部长达 4 个多小时的电影从社会各个角落拍摄了许多看似意想不到的镜头，表明了社会背景和社会生活的焦点是始终交织一起的。它们证明城市空间即是巨大的财富。作为城市的陪衬，城市空间有最大的社交空间，所以我希望能够续之以使人们聚在一起的最小、最本质的巧妙元素：桌子。

《阿姆斯特丹全球村》，范·德·库肯，1996 年（Amsterdam Global Village，A Film by Johan van der Keuken，1996）（图 329 ~ 333）

“我拍摄了高尚文化、阿姆斯特丹皇家音乐厅交响乐团、街头文化，以及一个流浪汉为了赚几分钱而装扮成一尊活塑像。你在制作时一定要小心避免把它变成对阿姆斯特丹所有东西的简单搜集。这就是为什么我会自觉地去选择，寻求非典型的事物。这正是为什么我的选择常常是有倾向的，也是为什么我的电影常常包含了有残障的人们，例如失明的人。没有人是有代表性的，我已经做出了反人类学的选择。

我从未选择过极端的主题。我们已经拍摄了一个迪斯科舞厅的场景，随之是普通的迪斯科舞蹈，而非某些怪模怪样的舞会。极端的片段源自我自己的观点。那是一个看门人，他花了 8 个小时，小跑着用 3 种语言欢迎经过金属检测器的来访者。我希望观察更长的时间去展现更多的日常生活，经过拍摄一些场景——真正地发掘出它的全部价值。”[7]

329 范·德·库肯正在摄像，Noshka van der Lely 正在录音

■ Santa Claus arrives ■ Oude Schans shot from canal, rain ■ Moped courier Khalid on Haarlemmerdijk and the winter canals ■ Christmas lights being put up in Reestraat, Runstraat and Keizersgracht ■ making echographs at OLV Hospital, Roberto and Aletta ■ Taking the underground to Bijlmermeer, the baby's things in Roberto and Aletta's flat: the baby has arrived! ■ Ganzenhoef market ■ Shots from car of Bijlmermeer ■ Borz-Ali, the Chechen, watching Russian TV (Invasion of Chechnya) with his wife Julia and son Kasbek ■ Christmas lights at night ■ Fireworks on New Year's Eve (Nieuwmarkt area + overview of city) ■ Shots from car of Amsterdam-Oost - broken-up streets - following a woman carrying bread ■ Turkish women ■ Courier Khalid riding in the rain to the arcade at the Rijksmuseum where he meets others couriers and girls ■ Mathilda from Ghana visits Ghanaian fabric shop - Ganzenhoef ■ 2 girls standing in front of two windows, Keizersgracht (from canal) ■ Talk with Khalid the courier ■ Playing cards in table tennis centre ■ Shots from car of Bijlmermeer with distorting TV ■ Mathilda at Ghanaian seamstress's, her daughter watches the distorted TV ■ Shots driving round 'Arena' under construction ■ The Chechen Borz-Ali on the phone in the car (driving over Dam Square, Paleisstraat) ■ Borz-Ali with video image of his dead brother (presumed dead it transpires later) ■ The Bolivian Roberto cleaning at Albert Heijn supermarket, Bijlmermeer ■ Talk with Roberto, air trip from Bijlmermeer to Bolivia ■ Party in Roberto's village, Copnsquia ■ Talk between Roberto and his mother ■ Khalid arrives at the photographer Erwin Olaf's; the photo session ■ Tramp with pointed cap - posing as statue - and his mate; Damrak in the rain ■ Chinese school in Pijp neighbourhood; the calligrapher ■ Shots from water along canal fronts (Oude Waal); sound of a Chinese lute. Late winter ■ Shots driving through garages at night in Bijlmermeer ■ The Ghanaian Mathilda at the mirror - puts on headscarf ■ Ghanaian 'funeral party' in Bijlmermeer ■ Flying above Amsterdam, waterways and canals in the spring sun ■ Shots driving through city centre ■ Cross-street conversation between two ladies at opposite windows in Jordaan area ■ Fishmonger's on Zeedijk ■ The courier Khalid waits in the courier's corner of the photolab while listening to house number 'Move Your Ass' ■ Khalid riding over Rozengracht ■ Khalid riding in the Vondel Park wearing reflecting sunglasses. Above him the spring green of the trees ■ Khalid arrives at Museumplein, the couriers' meeting place. A 'gladiator fight' between couriers and skaters (class struggle?) ■ Backgammon in the chess café - outside, the barefoot tramp (evening) ■ The barefoot tramp woken up in a park just up the street (Korte Leidsedwarsstraat) ■ His barefoot journey ■ Borz-Ali on the phone in the car ■ Talk with Borz-Ali who lives between screens, zappers and mobile phones ■ Journey to Chechnya, into the war zone, through Grozny and as far as his village in the mountains ■ Queen's Day on the water (Amsterdam) ■ Spicy chips in a Jordaan snack bar (Ajax football club on TV - video game) ■ Spicy pitta bread in a snack bar on Damstraat (Ajax on TV) ■ Surinamese sandwich bar in Amsterdam-Oost (Ajax on TV) ■ Coffee shop, dope-dealing. Khalid there to buy 'skunk', Dutch grass (Ajax on TV) ■ DJ 100% Isis carrying her suitcase across Rembrandtplein ■ The entrance to the house-disco 'Chemistry' - weapons check by metal detector ■ 100% Isis arrives at 'Chemistry', crosses the undercroft, opens her suitcase (of vinyl discs) and starts mixing it. House scene ■ Rock group 'Sikter' from Sarajevo (Leidseplein, tram stop) ■ Playing football in a burned-out street in Sarajevo (war) ■ Airplanes, chimneys ■ Smoke, waste and waste incinerator (Western Docklands) ■ A Boeing landing at Schiphol ■ In the corridors where the asylum-seekers wait (Schiphol) ■ Photographs and fingerprints ■ Shots driving of 'Byzantium' and copse near Leidseplein ■ Shots driving past night club display windows - Thorbeckeplein ■ On the stair in the tower. Man climbing ■ Man arrives at the top, hits that carillon. The bell-ringer ■ We get carried aloft by the chiming of the bells ■ Carillon music drifting across the city ■ Shots from the water along rafts, a girl and a boy in bathing suits, reading ■ In a garden on the river Amstel, photo sessions 4 sisters, partly naked. Enter the courier ■ Shot from car of church (Zuiderkerk), sunset ■ Moving shots of Transvaal neighbourhood, Amsterdam-West. Early. (Hennie narrates) ■ Shots from car of Plantage - Desmet Theatre, Hollandse Schouwburg (Story of the Jewish mother Hennie) ■ Hennie and her son Adrie leave their house in her turquoise car and arrive in Transvaalstraat ■ Visit to the flat where they lived during the war until going into hiding (Mrs. Hasselbainks from Suriname lives there now) ■ Talk between Hennie and Adrie, saying goodbye to Mrs. Hasselbainks ■ Shots from car of Transvaalstraat, quiet and early ■ Hennie and Adrie's trip to Zeeland. Talk about the end of the war. They sing a children's song ('Kortjakje') ■ DJ 100% Isis walking at night with her case of records ■ Vondel Park, summer. Youngsters busy doing nothing while Albert Ayler blasts out 'Summertime' on his sax ■ Thai restaurant on Zeedijk ■ Poster proclaiming Thai boxing gala, Amsterdam ■ Flight to Thailand ■ Boxers sparring in Thailand - an elephant passes the ring ■ The match. 'Our' boxer wins. He and his family - a 'filmed photograph'. Mother ■ Boxing gala in Amsterdam (Zuid sports hall) ■ 'Filmed photograph' of Thai boxers. Mother ■ Roberto (the Bolivian) and his small son Aini, who kicks a ball for the first time ■ Khalid riding in a new office district. His thoughts about being a Muslim ■ Khalid takes a photograph to the editors' office and discusses electronic image technology with newspaper editor ■ On the water at night - early morning - an out-of-the-way spot in the IJ inlet - offscreen narrative by Johan (the filmmaker): a man swimming, Neptunus in late summer ■ Bridges in autumn, canalside, brown leaves. Music from Debussy's 'La Mer' begins ■ Over to the Concertgebouw Orchestra. Riccardo Chailly rehearsing 'La Mer' ■ 'La Mer' continues. Winter. Snow, cold. A Christmas tree on the water. Builders' skips ■ Driving movement continuing to canal fronts, window with a woman behind it ■ The woman shuts the curtain, inside the house ■ A multisexual love scene unfurls ■ Seagulls, their screams and wind (Oude Schans) ■ Khalid rides off out of the film (Western Docklands) ■ End titles

▶333

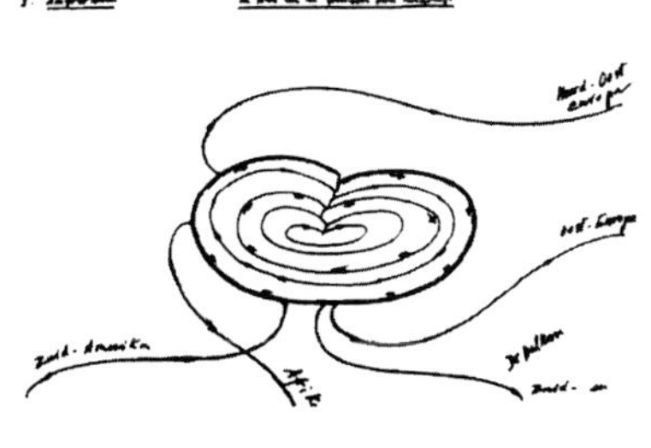

330

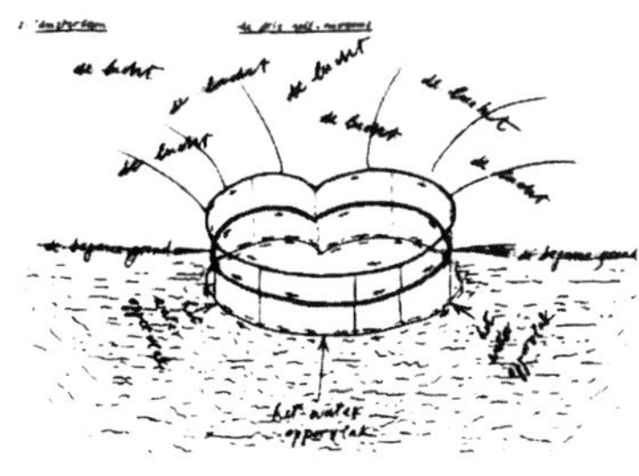

331

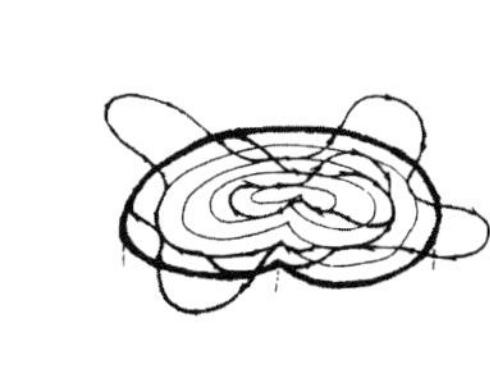

332

En ze vragen: waar
kom je vandaan?

kom terug nu ik oud ben.
Wacht maar op me.
Ik kom er zo aan.

关于桌子的社会学（Sociology of the Table）(图 334～344)

桌子，一个用于搁置物品并环绕而坐的有一定高度的平面，是一个最基本的广场，一个关于那些环绕而坐的人之间所发生一切事情的平面。桌子是解决问题的绝佳空间。桌子周围还有其他人、物，只是距离略远。桌面产生了一种专注的趋势使你难于躲避或逃离。它使大家聚集在一起，形成一个注意力的范围，同时桌子也是一个竞技场、一个游戏和表演的场所。它明确地表达了聚集感或是缺乏聚集感。志趣认同、异议、误会、协定充斥着桌子而且正是在这里建立了人与人之间的关系准则和彼此的相互理解，同时也是在这里人们讨论事情、谈判或出售商品。

从社会关系角度，桌子是进入谈话的方式，在某些情况下比站着会面更有效果；它也是一种机制，影响要么是有意的（保持沉默），要么是（自然发生）无意的。政府领导人更愿意在沙龙或炉火旁随意地坐在一起，除非签订条约的时候才需要一张桌子。如果预料会产生平等的问题时才会使用圆桌。坐在长桌尽头的人主持会议，正是他或她对整个会议进程有着最好的把握。桌子固定的情况下，端头被隔离开所以没有人可以从那个位置控制全局。超长的桌子打断了与会者之间的联系，为了谈话他们自动分成更小的组群，然而整体的感觉仍然存在。(图 339C)

在大型的宴会或团体游戏中，需要许多独立的桌子，它们紧密地排在一起就像是一整张桌子一样。如果不是这

334　比希尔中心，阿培顿

335　Brassai 的照片

338　凡·高，《吃土豆的人们》，1855 年

336　野餐，日内瓦

337　国宴，温莎堡

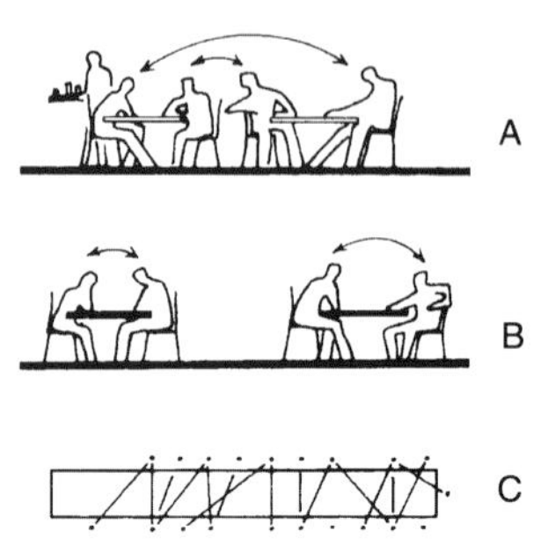

339　桌上的交流

样，聚集一起的感觉就会消失。它们之间必须足够靠近以防演变成分散的“孤岛”，并使跨桌间的交流像与坐在对面的人交流那样热烈。(图 339A)

餐厅中的背景音乐用来制造桌子间的距离感。你需要有别于旁人的私人对话，虽然旁人就在你身边。舞会和庆祝活动中提供食物，却没有设置足够的桌子，这反而给予了你一个能够自行选择伙伴的好处。然而一只手托着盘子站着吃，总显得笨拙，不稳当和不连贯。一张桌子必然会减轻不正式感，并使得人和事聚拢在一起。

340 巴黎

341 西方七国部长会议

343 安德烈·柯蒂斯的照片

342 吃土豆的人们，玻利维亚

344 乡村广场，Bussare

■社交空间的语法规则（The Grammar of Social Space）设计者应该以有意识、有目的的态度赋予建筑内部空间以社交空间的品质——而不管是什么留存在了墙体、地板和柱子之间，换言之是在所有构筑和制造的物质之间。虽然创造一个像样的场所去吸引人们在正式的或是非正式的座位设施上进行或长或短的停留是重要的，但这还不够。如果一幢建筑要正常发挥功能，本质上是从设计角度使人们确实能够彼此相遇。

当组织一项设计时，你可以主动干预视觉关系，进而改变相遇或回避的可能性。将主要视线、逗留场所和环形交叉点用插入空间、楼梯平台、联系桥梁、明暗区域、透明物体、眺望远景、穿越景物和用于遮蔽和保护的屏风所连接——这些是建筑师的一些处理手法。它是一个基本的和永恒的设计主题。

除了基础的设计前提外，还有一些实践程序，若没有它们你就会迷失方向。例如，在每个案例中所需的防火分区——对空间连续性的极大破坏——扼杀了所有室内空间可能拥有的"城市化"的感觉。

这里的问题是要在空间上保护建筑内部沿着许多更小的房间和场所的"伟大的景象"。不要陷入在建筑内部寻求复制真正街道的陷阱，它对于利用通过特殊的建筑方式所唤起的联想确实有意义。在《建筑学教程：设计原理》中我描述了不同的材料和物质如何强调了室内或室外的感觉。在特殊情况下自然光可能产生的模糊感也有同样的效果。[8] 好比长长的顶光带可以划分出走道和街道之间的区别。

提升标准层高度，同时展现出空间感暗示着一种更大、更城市化的特征。

这种"城市化"的感觉，自然而然地便成为属于私有房间的封闭感和安全感的对立面，必然与其他人的存在有关。空间可以宣告人们的存在，即使那些人并非真正的在场。

你还可以通过使人数看上去比实际的多寡来改变建筑中的喧嚣或宁静。

与"漫步式建筑（promenade architecturale）"的概念类似，当穿过一个空间时如何感受它的过程就像勒·柯布西埃所描述的一样。你可以用空间方式去强调和戏剧化地表现动态的人们，所以更为戏剧性的（例如强烈的）情况出现了，并将人们拉得更近。空间组织方式可以增加人们寻找其他人或某个特定人时相遇的机会，可能无需他们承认或意识到这一点。

具有吸引人们注意力的效果，像电磁场一样引导和聚集人群。创造条件集中大家的注意力，并努力保持。

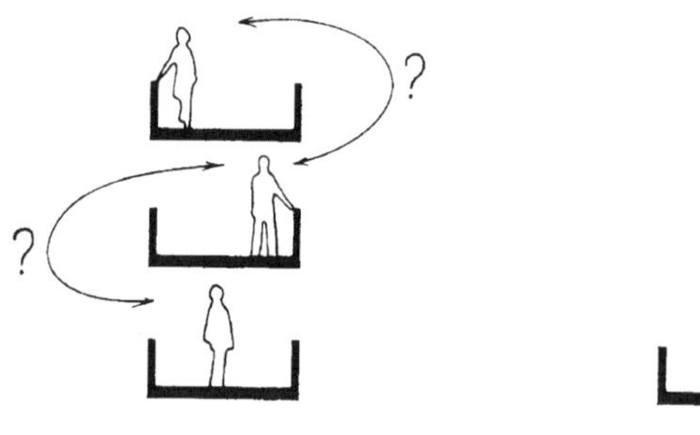

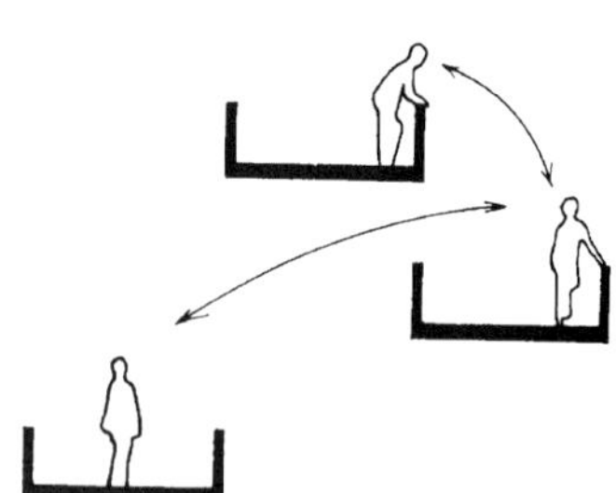

345

346

社会事务及职业部，海牙，1979年－1990年（Ministry of Social Welfare and Employment，The Hague，1979－1990）（图347～355）

这座办公建筑作为一个范例，展示了怎样像组织城市一样组织一幢建筑。[9]办公单元被设置在一排有不同独立程度的外围建筑中，它环绕着一个贯穿整个建筑的共享空间。这一中央空间是主干道，在那里可以找到所有的综合设施——厕所、会议室、咖啡厅，还有最重要的是，那里是所有内部交流发生的地方。整幢建筑只有一个单独的出入口，实际上出于安全需要被封闭了——这可能是过虑了，因为它已成了一个超过我们想像的堡垒。

从入口大厅进入主空间，你乘自动扶梯到达建筑的左翼或右翼。人群从那里分流，人们通过6部独立的楼梯和电梯抵达这座综合体的不同角落。在左右两侧还有大型的中央电梯。

玻璃屋顶和通向综合平台的支廊加强了这一空间骨架的街道特质。无论是进入建筑或是离开其中某个部门，你总会发现自己身处中央区域。无论是偶遇或有约，你都会在这里遇见其他人。

在大部分建筑中，你有房间和走廊以及少量的附属空间。偶然相遇的惟一地点是餐厅。在此，经比较发现：总体而言建筑的典型特征是将中央区域分解至各层和从空间上来确定室内布局，这引发了不期而遇并鼓励每个人走出他们自己的房间和部门。

非正式的社会交往不仅仅在休息和放松的时候是重要的，同样有助于理性的目的。这对于每个已经花费了过长的时间去解决一个问题的人们是非常熟悉的，他们发现，不经意间遇上的同事正是那个在很久以前曾帮助他们解决问题的人。如果他们能早想到这一点该多好！这里正是建筑的空间组织可以提供积极条件的地方。大型的中央空间和在许多大型建筑中可以找到的中央空间一样，实际上起的是门廊的作用。它通常只是一个静态的视觉导向的空间，没有什么真正的吸引力。

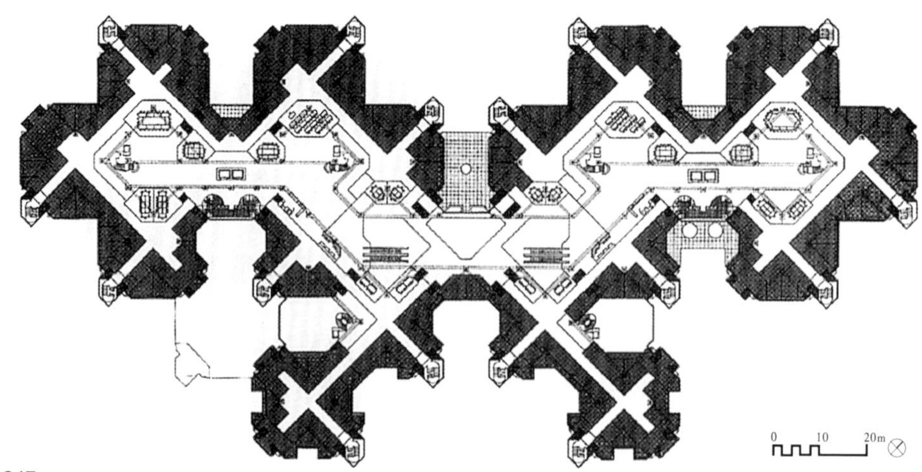

347

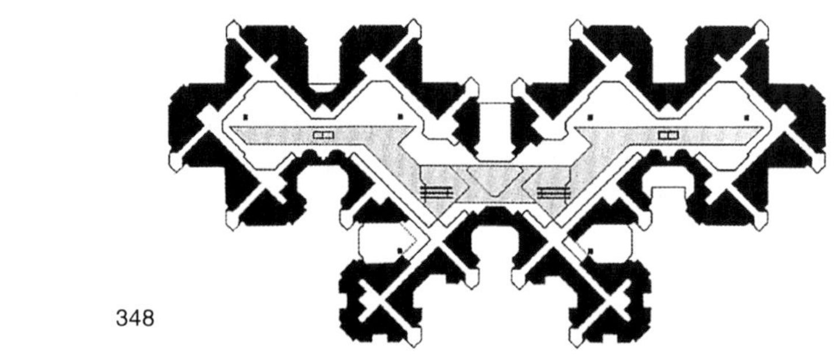
348

349

350

从本质上讲这些建筑是在“都市化”的理念下加以组织的，所有的活动都集中在这条室内的空中街道上。所有人不可避免地回到这条连接着不同公共设施的极为合理的路线上，你更像是被带到了琳琅满目无所不包、组成城市的街道或广场上。

城市设计属于平面设计——很少有城市不是坐落在地面层上的。在这座建筑中通过比较被空间（void）相互连接的不同层面，增加中部空间的维度。你可能会提及 Fritz Lang 的电影《大都市（*Metropolis*）》唤起人们熟悉的景象，我们感到被动态的大城市所包围，联想起一个多层城市空间的微缩模型。中心区域中相互紧密联系的各个不同层面既不相同，也不重复。我们的概念是每个层面应该有它自己的路线，所以你延着层面边沿向下走，到达空间的另一侧。没有任何两条穿过空间的天桥是垂直排列的，而是彼此交错以产生最有利的视线，籍由向上和向下的某个视角，至少在视觉上增加与他人相遇的机会。这条三维的空中街道带来的结果是建筑（值得庆幸的是排除了中空部分）约一半的平面面积不是用做办公空间。这看起来的确是个不小的浪费，但它已提供了足够的补偿：为其他活动提供场地而无需单独的空间，例如会客区、顾客接待区以及咖啡角。

我们尽可能地将办公区的主体简化并将其更轻松地融于“街道”中。这个空间也占据了内部区域相当可观的比例，作为走廊来说它一点也不狭窄。

虽然该建筑最初是被设计为办公空间单元，但它却根据需要使自身形象更为开放。

经划分办公“岛屿”（“islands” of offices）留出中心 1/4 的空间保持开敞以拓宽通道。这为每个“岛屿”提供了可以相应划分的额外空间。除了在基础部分的少数特例外，走廊设计得尽可能的短，原则上不必连接两个相邻的“岛屿”。所有的房门都是推拉式的，提供了比通常情况更大的开口。我们猜想这些门将会比通常的情况下更经常地敞开，加强了在“岛屿”上工作的人们之间的团结感。看看今天的普通办公室，你会被一个事实触动：即总体上大部分的门永远是敞开的——显然它们通常就是那样的。滑门提供了相当大的额外空间，在最小尺度的房间中不允许浪费空间。除了靠近餐厅的中央咖啡吧外还有许多分散在整个中央区域的咖啡角，它

351

352

们构成了坐落在关键点上的亚中心(subcenter)，是“邻近楼层”人们的会面场所，继续保持与城市的相似性。这些设施被装备得如小厨房——有一台冰箱和轻便电炉——有服务人员时它就是一个小卖部，没有人时是一个自助区。这一设置从根本上不同于比希尔中心[10](由于常被移动）和 Vredenburg 音乐中心（由于被现代化了）[11] 里咖啡吧的设计。这里的咖啡吧有开放的外观以及低矮的桌子吸引你拉把椅子坐下来。无论有没有人，它们都能充分发挥功能。由于放置了可移动的桌子，它们更像是城市里的路边咖啡座。它们常设置在走廊边的较宽处，位于一连串的会议室附近，虽然“过路者”也可能轻易发现他们被吸引到那里。

354

355

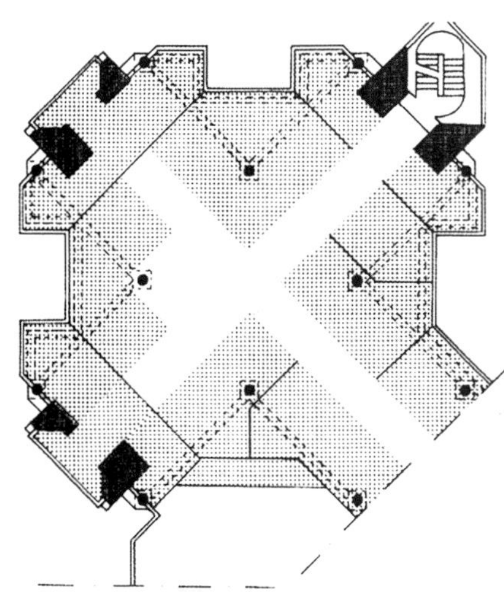

353

休息厅、楼梯和天桥，沙斯剧院，布拉达，1995 年（Foyer，Stairs and Bridges，Chassé Theatre，Breda，1995）(图 356～367)

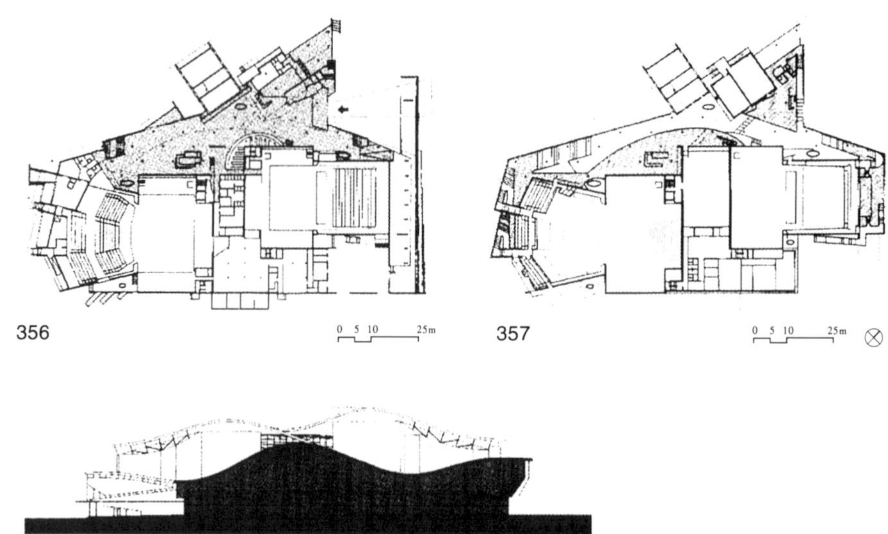

356　357　358

剧院或音乐中心的休息厅大概是能想像到的具有如城市中心集会空间功能的最小尺度的建筑范例。人们不仅仅由于演出，同样为了在幕间休息和演出结束后彼此交流，会见朋友和熟人而在此逗留。当然，这个空间被填充和配置成具有多样性的区域和空间品质。它提供的多样性越广泛——不同形式的座位、光线、颜色和装修，每一个都有自己独特的气氛——会提供更多的选择，客人们来来往往，可能甚至是漫不经心地找寻着某人。

当这个特别的休息厅具有一种被外部因素强加其上的无定形的元素时，自然产生了多种多样的角落空间。它们都散布在三层楼中，像分散的挑台在连续的环状走廊中通过楼梯和步行道彼此连接。同样重要的是这些区域都建立了充分的视觉联系，展示了一种层叠的空间性，可以说，在那里你被其他人围绕着但同时又被空间隔离开。挑台常常设于使每个使用者都能看到其他人的位置。

当人们停下来交谈甚至坐在台阶上时，从底层直达二层的宽阔楼梯成了实际的上升层面。这些楼梯不仅仅有交通的功能，还是一个逗留的场所，实际上是一个极为有用的层面。

359

360

361

363

364

通往主礼堂大厅的楼梯被分成了两段，并且彼此平行上升，人流交错分流。它不同于单独的宽楼梯。令人意想不到的是，进出主礼堂时你常常会看到对面的人群。楼梯在许多处如雕塑般突出立面，提供了连续的外观。从外面你可以看到主礼堂有许多垂直或水平的、凸出或凹嵌的平台状挑台，它们是主礼堂的出入口。

365

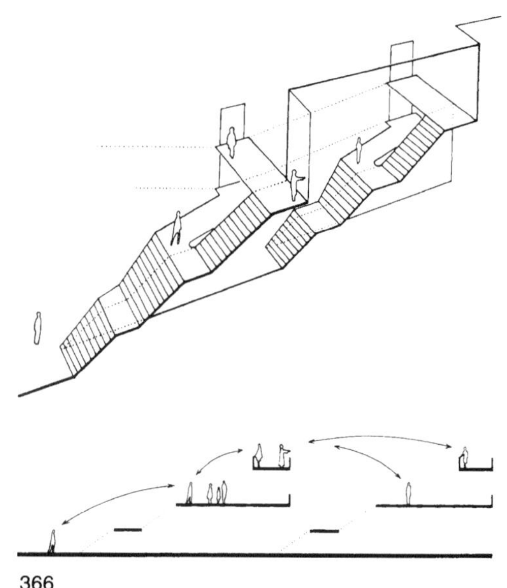

366

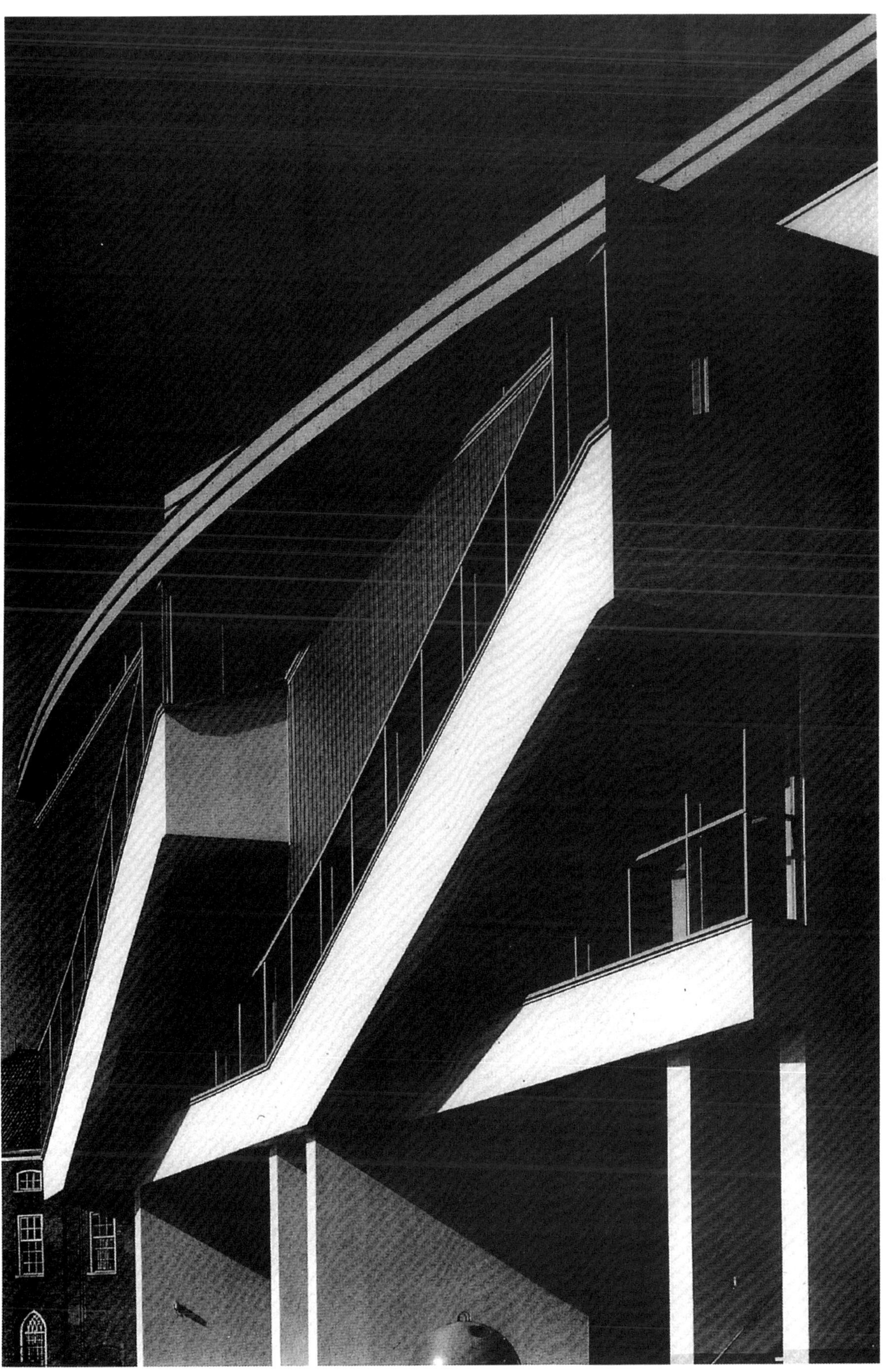

367

蒙特苏里大学 Oost，阿姆斯特丹，1999年（Montessori College Oost, Amsterdam, 1999）（图368～373）

通常情况下，中学校园里的学生有以下特点：当与其他同龄人一起相处的时候，孩子们更愿意走出房子；他们更喜欢在街上和同龄人交往—— 而非在学校。不仅如此，蒙特苏里大学的学生来自至少56个种族。大部分学生互相之间很难适应，至少是因为他们几乎不讲荷兰语。

基于以上原因，我们不应该设计令人恐惧的学校——像常见的迷宫一般，联想起医院和类似场所的走道。

作为建筑师，虽然我们不会对教育有多少实质的影响，我们仍然能够尽量创造出一种空间环境，使教学活动在其中显得更有吸引力。考虑到他们所有精神上的需求，应该使学生在那里尽可能地有家的感觉，就像身处他们最熟悉的地方——城市。因此我们设计了这所学校——一个给逗留、集会或相遇创造大量机会的广泛空间，以此唤起它与城市的联系。

演出、聚会、手工活动和艺术展出等等所有学习生活以外发生的事情，在这里被给予了足够的重视。针对这所拥有着1 200至1 600名学生的学校的设计，我们以城市的范式着手整体构思，将教室外的空间尽可能多地纳入大规模的“城市”区域。设计手法是将一个大型的广场与教学区的空间相连。教学空间朝向南边，在顶层以一个通长的带屋顶的露台结束。

我们近乎完美地成功避免了对集体区域的分割，没有出现自动关闭的门，不会唤起你对室内楼道迷宫般的联想。要做到这一点，就必须将所有的房间布置在四边，旁边的走廊与室外楼梯相连。这些走廊不仅是紧急出口，还从侧面环绕所有的教室——它们既是阳台，又对光线的控制发挥作用。

这座长达百米的建筑前后相差半层。这弱化了楼层间的差别，有利于学校中不同团体和事物间更好地交流。半层的高度差改善了不同楼层间的视觉关系。所有的学习区都可以俯瞰到一个单独的通长通高从顶部采光的交流大

368

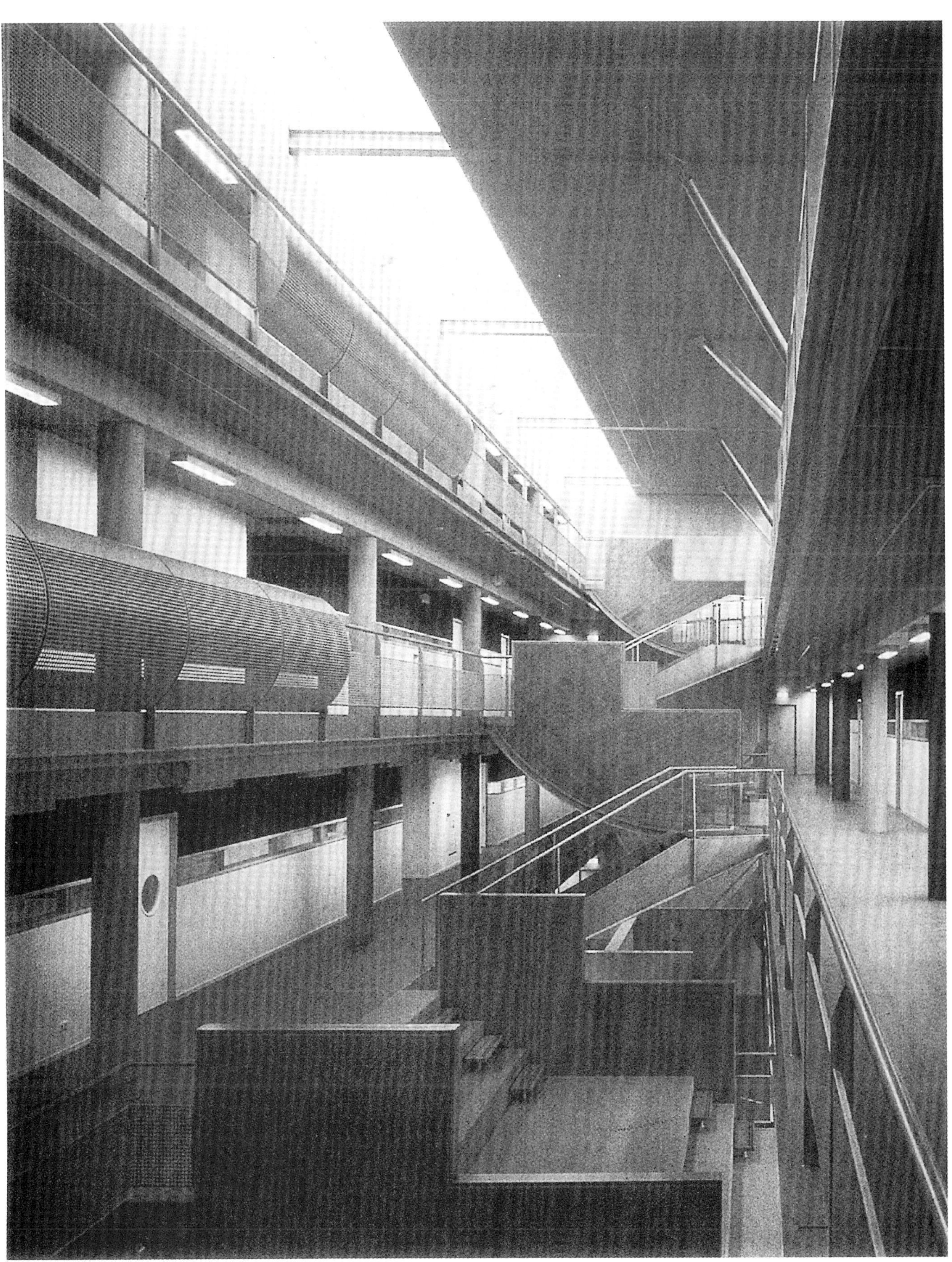

369

厅。这也是室内的交通干道，所有的盥洗室、衣帽间、咖啡角和其他的公用设施都位于那里。这一“社会空间”有着像街道一样的特征，尽管它只是简单连接了学生课前、课间和课后所需到达的区域。当学生在不同时期更换教室时，他们像游牧民族般在建筑中穿行，不断地迁徙而且没有他们自己的领地。这正是这个区域的吸引力所在。

经过仔细考虑，联系各层的楼梯被建造得很宽，就像是坐在了阶梯教室中。上课可以在教室外进行；它们是学生碰面的理想场所，磁石般地将学生吸引到那里。因此，在城市中任何一处台阶，你都可以看见学生非正式地小坐。阿波罗中学的大厅模仿这里修建了联系半层高度差的学习平台。[10]这所学校大约比蒙特苏里学校大 7 倍，阶梯教室或更确切地说正面看台的做法被演绎为悬吊于空间中不同高度上的 7 个挑台。楼梯、平台、空间和开敞空间，从空间上紧密联系，充分表现了他人的存在，以此激发偶遇和即兴的讨论。

370

371

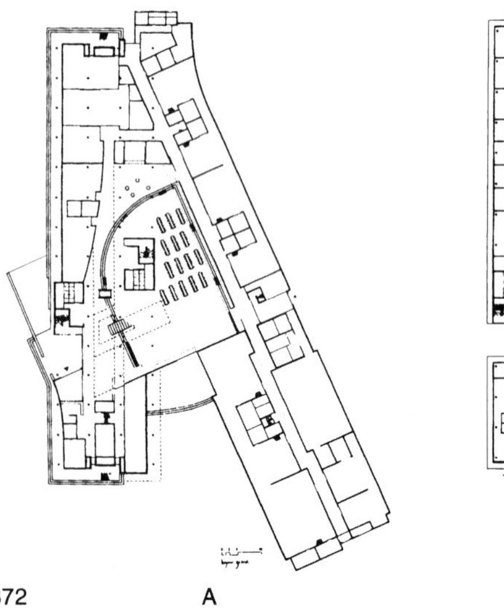

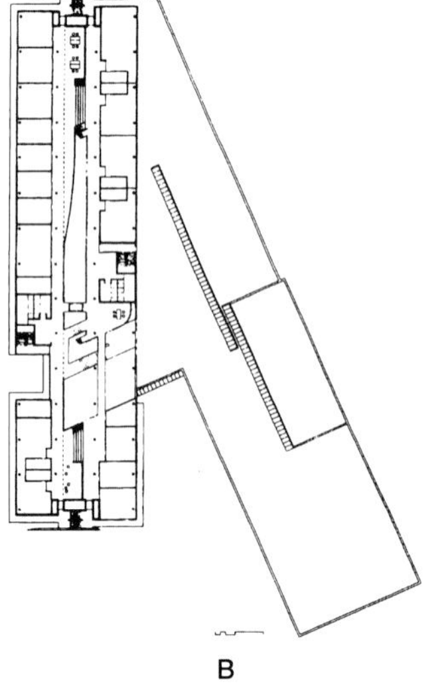

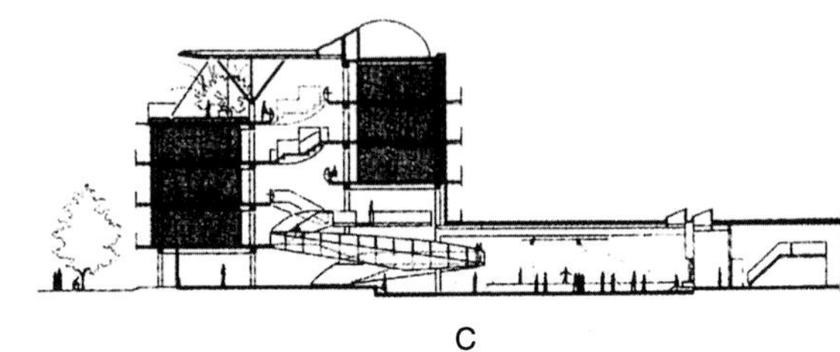

372 A B C

373

■像城市般设定的建筑（Building Configured as City）

一个我不停重复的主题是：依据城市的层次去组织室内的空间。首先自一中央空间发轫，以或多或少相关联的形式将生活用房和工作用房环绕四周，而且均通达中央大厅。在此，一个重要的方面是所有的内部环形动线都应受限于这个中央区域，以使每个人都可以返回那里而且路径保持交错。

这一将建筑如城市般定义的倡导早在500年前首次由阿尔贝蒂（Leon Battista Alberti）在他的 *De re aedificatoria libri* 中提出：

"……依据哲人的观点，如果一座城市只是一所大的房子，同时，另一方面，一间房子是一个小城市；为什么不可以说，那所大房子是由许许多多的小房子组成的，比如庭院、大厅、客厅、门廊，等等？"[12]

"而且实际上前庭、大厅和房子中类似接待处的地方，应该像城市中的广场和其他开放空间一样；不是坐落于一个偏僻的角落，而是在中央和最为公共的场所，在那里所有的人都可能相遇：因为这里是所有的大厅和楼梯的终点，你在这里会见和迎接客人。"[13]

范·艾克稍后将在更为常见的条件下表达同样的意图，至少对我来说更具有说服力。阿尔贝蒂无疑是将房子和城市作为通用的模式，除了这种比喻以外他的文章不仅是将二者相联系和区分，而且把它们作为建筑设计和城市规划的一个重要元素。我们应该注意的是阿尔贝蒂的城市规划在一个极小的有限的规模上根据现代标准实施的。对范·艾克来说，房子和城市是在紧密相关的世界中对彼此的延续，同时也是彼此的转化（树＝叶子）。

即使被视为城市中社会范例的一部分，这段话中令人眼花缭乱的对称性仍然未能实现。一间房子，尤其是一座集体使用的建筑，我们可以认为它是城市，是"都市"，或者甚至是城市的片段，但不是一个带有完整功能的微型城市。

从社会学角度考虑，把城市看做是一所房子是过于局限了，更确切地说，是过于狭隘了。对我们来说，城市暗示了对世界的开放，提供选择和空间。兴奋、冒险、风险和危险都是它的组成部分。相反，房子预示了限制和保护，它是你自己的领地；是你可以放松，休息，反省和将自己的才智集中起来的地方。你住宅大门后的秘密是一份真正的快乐，那是过去只有少数最富有的人才能享有的特权。

所以，如果城市将在社会的前沿履行其功能，我们宁愿不把城市作为一所房子，除非它是永远敞开的——尽管还需要必要的保护。

用于集体活动的空间基本上是开放和不受保护的。我们仍然可以在许多城市中心区域找到社会空间，它是公共领域的中心。今天，虽然经典的城市例子急速减少，我们仍可以继续从依然可见的例子中寻找——无论这些城市互相之间有多大的差别，它们都可以被追溯至具有中央广场或主干道的原型，在那里矗立着被住宅所环绕的大量重要建筑。

以那种模式设置的建筑要求室内具有在室外不可能达到的品质——这至少从拥有大型和独立建筑和结构的最现代化城市中得出如此的结论。

虽然我们必须致力于给予外部空间一些它们曾有过的封闭形象，但本质是：在任何可能的时候努力使我们的建筑更为城市化，甚至将它们当做城市的模型来考虑。

在建成要素之间遗留的空间，无论内外，都不是必然的社交空间。我们必须不断地找寻空间形式来形成有利于交往的建筑机制，而不是那种孤独封闭的人体容器式的机制。

杜布罗夫尼克，克罗地亚(Dubrovnik，Croatia)(图 374～377)

无需地图或是鸟瞰的照片，人们一眼便可读懂克罗地亚古老的建有城墙的杜布罗夫尼克城的组织方式。其主街 Placa 像叶子的脉络般纵向分割了这个椭圆形的城镇。城市的右角是罗马式的方格状住宅围成的平行街道，城市的最高点在城墙的一侧。

374

375

376

最终你不可避免地总是会来到这条主干道，它并不通往任何地方，而是沿街设有商店和其他城镇服务设施。它清晰的形式和闪光的大理石路面不容置疑地标志着它是城镇的中心。你可以轻易地将这条主街联想成一条中央通道和大型建筑的中轴，是内部交通循环系统的主线，从干道上又分出许多更小的步行道。

这座城市为城墙所围合，独立于其周围的环境之外，它有适宜的尺度和亲密的氛围，正在慢慢成为一个拥有明确组织形式的“建筑原型(archform)”，而不仅是一座城市。

377

6

预期着意外

Anticipating the Unexpected

■在我看来，建筑应该当做城市来解释。至少应展示出建筑与共享区域，如街道与广场之间内在的、同样的特性，无论是更为独立或包容的空间，还是“住宅”和其他“建筑”都是如此。在建筑内部产生的街道和广场的结构与那里所获得的室内流线是一致的，所以每个人按照他们想要去的方向行进，并且与其他通路交错。这样的结构形成了一幢建筑，它从根本上很好地适合于它的使用者或居住者之间的社会交流。

在持久性方面，对建筑物更广泛的“都市”空间角度的反应也是重要的。一座城市的延续比一栋建筑长久得多，那是因为，虽然组成部分被改变了或更换了，但始终存在尊重公众基础设施的趋势：当建筑更替了或是被取代了，街道和广场却保留了下来。在你长时间地离开一段以后无论何时你重新到访一个地方，所有的东西都改变了，不同的商店、不同的名称、奇怪的新建筑等等，街道上的东西都不同了。但你的记忆从留存下来的众多因素上找到支撑点：街角、景象、轮廓——简而言之，所有的这些因素维系着城市的空间结构。

现在，不可想像一幢建筑能够抵抗外界强大的，甚至是强迫性的推动力。不得不随着工作方式、组织形式、资产转移、区划和功能的改变、扩张、减少、对效率的极端要求、繁荣或与众不同的需要等的变化而改变。这都是无人可以控制的力量。一幢建筑如果没有适应这个变化的极大自由度，它的前途是暗淡的。

建筑比以前任何时候都更迅速老化的情况，剥夺了建筑师用以做出有意义的决策的基本事实依据，更不要说笃信一些像似永远不变的基础性的东西。然而正是这种建筑师中的不稳定性，导致了建筑和结构有使用价值的期限不会比设计阶段时所设想的更长。通过剔除所有的确定性，就像现代思想喜欢做的，将只剩下“废弃”建筑。只有从变化孕育着成功的种子这一前提出发，进退两难的局面才能得以解决。虽然这里有一些看似自相矛盾的地方：即只有持久性才可以抵抗变化，抵抗那些不可预料的东西。惟一有条件去满足社会变化的建筑是那些更为按照都市化的方式组织的，换言之，它们的处理方法像规划一座城市，拥有一个街道和广场的结构，作为秩序的支撑，从根本上不受使用形式变化的影响。对于所有的建筑，重要的是它们都有着一个好的入口结构以至于全部房间都被一个环绕着整幢建筑的基本空间“骨架”接合在了一起。

所以若经过深思熟虑的思考，恰恰是建筑的集体空间实现了连续有致的网络，对于一幢建筑的结构，它是建筑的本质——而且这也正是与城市终点相似的地方——主要的承载结构不仅仅遵循着集体空间，而且以最大的清晰度解释它。因为如果需要在建筑和结构中表达些什么，那就是集体空间的概念，在一个建筑秩序中，集体空间将各部分连接在一起，就像整体里的小组成部分一样。

一个清晰的空间结构或基础结构容许持久性，而且由于它而制造了更多的能适应变化需要的空间，这增加了时间上的空间，以及不可预料的空间。这一思维线索的根本内容在于强壮(strong)与持久性(enduring)之间的根本区别，如果一种“结构”不是不变的要素，它应更富于变化和短暂的增长，而不是对其填充补足。[1]

结构主义与建筑的区别在于：它有能力区分“能力(competence)”（对形式做出各种解释的潜能）和“表现(performance)”（在一定环境下如何解释）。就需要我们能够区分结构和它们的填充物。有相对更强的持久性的形式，有

378　运河结构，阿姆斯特丹

能力去支持一个具有更短的生命期限的填充，并为其指明方向。例如，圆形竞技场能够在不同环境下激起极为不同的功能，圆形竞技场作为一种形式——这是一种非凡的事物——展现出来，而且永远"实用"。它具备了适应不同角色并表现出不同面孔的能力，可是仍能保持自我。它的形式一直对新的解释开放，而且带来新的使用功能(图 379～381)。

如今，受结构主义(structuralism)影响的思维模式被认为是过于经常地伴随着怀疑论。不仅建筑评论界支持这种误解，而且我们建筑师也坚持这种观点，因此很难清除此种误解。

将结构主义定义为一种明确的"风格"是一种错误，它通常以小尺度的设计和偏好，以最复杂形式相结合的预制构件为设计标志。这一"风格"被认为不能承受变化，因此在当今不稳定的世界中被认为是陈旧过时的。这个令人混淆的解释大部分是由于对包含双方面因素的问题只做出单方面片面的解释。首先，过分强调了个人解释，意味着允许某种形式被加以填充，而且适合不同的使用者和拥有者以他们各自的方式加以填充。但对于一个容许解释的开放的形式，暗示了它可以在不同环境下有不同的应用，因此能够经受时间的考验。一个可解释的形式总是可以保存下来，以其潜在的能力在不同条件下扮演不同的角色。其次，过分强烈的关注形式将很快导致局限于建筑的有限组成部分。另外还有过多地考虑小尺度，都市化的组成因素长期得不到展现。我举一些例子，如我开始提到的圆形竞技场、阿姆斯特丹的运河结构(图 378)和巴塞罗那与纽约的网格(gridiron)体系(图 383、384)。[2]

就网格体系而言，它贯穿整个历史，在曼哈顿的设计中达到巅峰。[3]这是一个最优秀的规划实例，这一规划允许每个时期对各个街道充分填充。没有其他的城市规划采用了那样简单的控制原则，而且在一段漫长的时间中成功地建立了那种具有说服力的关于秩序和自由的辩证关系。

"网格就像是一只根据极为简单的原则操作的手——诚然它的确是制定了一个全面的规则，但对每个具体场地它会变得更加灵活。作为一个客观的基本原则，它规划了城市的空间布局，这一规划将大量孤立混乱的决策转变成可接受的部分。与其他许多很好的网状规划体系相比，简单的网格体系是一种更有效的获得某种规范形式的途径，那些其他的体系虽然表面上灵活和开放，却会窒息想像的热情。就方式的经济性来说，它非常像一个棋盘——有谁能够比一个棋手从那样一个简单的和直接的运行规则中考虑到更广泛的可能性呢？"[4]当我们将能力(我们的潜能)和表现(对我们潜能的利用)的概念赋予建筑的时候，我们就区分出什么是所谓的相对稳定和持久(长时间)、什么是不断变化(短时间)。同时如果我们坚持去运用这一差异，这会给我们出人意料的空间，一个如果我们勇敢地面对缺乏稳定性的世界时所需的空间。

有许多建筑上的例子，它们在丧失了原有的使用形式以后，仍可以重新利用，因为它们的"能力"证明了不仅完全适合于另一种新内容，甚至激发了新内容。因此我们看见仓库极适宜于改作办公室和住宅，不仅因为它们丰富的空间和坚固的结构，还有它的基础组织结构。普遍认为越少强调建筑最初的计划功能，反而越能满足新功能或使用的需要。

拥有一个混凝土的骨架足以增强继续存在的机会，比方

379 阿尔勒竞技场

说，一个寻求合并它的寓所的住宅区，它所带来的机会超过那些建有混凝土界墙的建筑物。[5]

在区分"强有力"的持久的形式和生命周期较短的"柔弱"形式之间的差异时，我们坚信一条原则并以之来与建筑和规划中的不确定性较量，这种不确定性导致了日益混乱。这是根本的指导方针，它就像地平线一样深深地刻入了一个方案中，不仅承受住了变化，而且从根本上接受了它。

"结构主义植根于一种与正统秩序观点相反的观念中，并非是用正确的结构主体限制自由而是激发了自由，因此产生了出人意料的空间。"[6]

所有项目在某种程度上必须拥有拱形（overarching form）。这掩盖了"其下方"发生的一切，却没有做出任何特别的说明。这样，任何时候确定任意事情原则上都存在着变化的可能性，没有都市层面上的整体同一性。

在设计建筑和结构时通过它们的基本差异，区分出相对持久的组织结构和"柔弱"的时常变化的组织结构，并且必须考虑客户的要求——这种意见常常是由该领域的专家提出来的。依据这个例子，我意指尽管是符合了客户的条件，在关于设计的概念上采纳过于基础的决策是否有意义，仍然有疑问。如果你做了，会有很好的机遇：组装工作将会以一个永恒的形式结束。

建筑师已经被引导着去相信客户的要求是神圣的，他们要表达客户的意愿，代表客户的利益，而不是在你们二者保持和睦的情况下必须去实现"最低限度的管理"。我们常常过于轻易地被这一种观念所左右，为不动脑筋找到了借口；我们也因而被一个关于建筑的异常特殊的概念所欺骗，这个概念正迅速地丧失了它的相关性及有效性。然后出现了新领导和新厨师以及新的居住者，伴随着另一个完全不同的概念，其中无处容纳你的奇怪的想法。

客户的要求越是精确，越是详细，越接近你关于建筑的概念，那么建筑将比预期的会更快地变得无用。根据管理程序，每一个建筑都被划分成了由许多平方米构成的小房间，于是陷入了净面积与总面积无休止的争扰之中。其中还包含了对个人利益的追求，它有另外一套操作程序，即作为一名建筑师你所负的社会与文化责任。这很难解释清楚，更不要说定量分析，而且其中包含了一个较长的时间跨度。

你可以不必严格死板地坚持客户的要求，转而整理资料，深入分析各种限制条件。发展趋势发生了变化，但基本条件保持不变，而且被所有人以同一种或别的方式以集体感觉所评价。随着时代的变迁，同一种经历体验不停地被重复解释、说明。例如，我们都需要宽阔的视野，但也需要某种程度的封闭、遮挡，每个人不知不觉地在视野和遮挡间寻找平衡。我们当做空间加以感受的东西是我们作为个体建立的，这种空间常常是属于一个普遍经验的罗网，像这些集体的无意识的情形，我们必须探索挖掘，并用作我们思想的出发点。

我们先前就讨论了工具和器具之间的区别。"一件正确实用的工具执行着设定的功能，这是计划中的事——不会少，但也不会多。通过按下正确的按钮就获得了预期的结果，它对每个人都是一样的。一件（音乐的）器具基本上包含了多种使用可能性——一件乐器必须是用于演奏的。乐器的局限性与演

380　法国阿尔勒圆形竞技场。它是中世纪时的一座堡垒，建筑坚固，直到19世纪时它还是一座城镇。

381　意大利卢卡圆形竞技场，中间是一座广场

奏者本人的演奏能力密切相关，取决于演奏者的表演水平。因而乐器和演奏者彼此展示各自的能力并且互相补充，相映成趣。形式好像是一件乐器为每个人提供了以自己独有的方式进行畅想的天地。"[7]一件好的乐器甚至可以随音乐的变化而被演奏。

一幢建筑本质上似乎更接近于一件乐器或是其他的器具，而不是一件工具(除了明显有实用功能的部分)。它像乐器一样由各种各样的条件组成，共同反映了一种特别的潜能。那种潜能——或说"能力"——是建筑所拥有的灵活性，可以通过对提供大量的适当的背景资料加以提出。

建筑的能力指的是接受变化和意料之外事物的能力，通过其能力适应新事物，同时令新事物适合于它。一幢建筑的能力来自于它依托的各要素间或短暂的、或持久的结合。

你需要开发出一种特殊的感觉以辩明：从属于基本条件的东西和被增加的、更为临时的、可互换价值的东西之间的区别；属于长时间周期、持久的东西和短暂的、可替换的东西之间的区别。

那些基础的条件是对集体性的有意识的或无意识的需要和希望的反映，通常在客户的要求中没有表现出来的，原因竟然是因为它们看起来常常过于显眼，也是因为客户的要求极度体现个人要求和所需。

相对而言，管理规划是防止和冻结极端追求个人利益的最好手段。看起来好像奇怪的是，越是民主的环境，越是如此，每个人都想做更多的奉献，必然的结果是完全强调各种稀奇古怪，却又毫无生命力的杜撰故事。建筑师有责任去透彻地了解这种管理规划，并挑选出更为"集体的"层面，有的放矢地调整他的概念。

以空间角度在共享空间区域中对集体要素最基础的表达是我们努力在私人的封闭的区域间保持开放。

确实如此，私人和集体的区域都是互惠的和补偿性的单元，但在设计过程中集体性必须占主导地位。毕竟是稳定的因素可以引致建筑长存；赋予建筑概念性。

要使一幢建筑具有最大的能力，必须首先确保集体区域。除了一个功能流畅的交通动线和一个组织清楚的基础结构之外，重要的是有正确的社会空间网络。通过与城市的类比，发现重点必然是在集体空间、街道和广场限定了更为私有的区域——建筑物。反过来街道和广场也同时受到建筑物的限定，就是以这样一种方式，集体空间保持了原貌，而这些私有区域则可以变化。正是一座城市实体、一幢建筑，或是其他类似结构接受并承受得起不断变化的能力——即我们所谓的"能力"——这是集体区域留给空间的任务。当它为了完全不同的目标用于一个新的环境时，在新情况下空间努力唤醒经验和联系，以及由此产生新的意义，空间决定了自身要扮演的新角色。

所以在每一种新环境下，这一概念控制着空间的物质特性，也是为了最大限度地利用它。

本书中我试图证实对独特性、含义和目标性的否定，突出不确定性、灵活性、移动变化以及追求自由的思想倾向，都源于建筑师对空间过于狭隘的解读，或者是在他的大脑中缺乏空间意识；以此我意指对已被决定或已清楚明确的自由的适应程度。

所以就资料载体而言我们不应寻求将它设计成电影或唱

382 日本大阪体育场，用于住宅展览，并作剧场使用

383 纽约，曼哈顿，网状结构

384

片，它们的感光乳剂或凹槽保存的仅是某一条不可清除的信息，而应设计成可以擦洗，多次重复收录新信息的录像带或录音带。所以你可以把磁带当做灵活的载体，至少在原则上同新信息融合，反复赋予它不同的意义，因为一盘空白磁带实际上没有任何意义的，所以它强烈地要求有某种含义的加入。在新背景环境下，我们把这一含蓄的容量或能力作为空间。

我们制造、构筑或是保持开敞的所有东西，从广义而言都应该对它们的服务目标保持积极的态度，还应欢迎变化和意料之外的东西。这种空间是建筑师传递给由他设计和制造的所有东西的潜能。

空间基本上尚未被限定，还没有被表示，但它是可以表示的，因此具有被限定和表示的能力（在出现的环境中）。空间具有一种潜能，是一种可以不同方式反复获得的“商品”，就像一台发动机具有在新环境下发动运行的潜能；或是一个数学方程式，在满足基本要求的前提下，允许填入不同的数值。公式的改变导致了概念的变化，所以潜能以及它所表现的空间受到了限制，至少是它取决于正在讨论中的构成设计计划的概念基础，即它的基本任务。

我们所谓的空间一方面是可表示的不稳定的平衡（至今根本未被表示），但在另一方面它坚决地引入这一处理方法，因此实质上是预先处理、预先限定的方法；在赋予意义的潜能和如何运用潜能之间存在着激烈的竞争，我称之为“制造空间”和“留出空间”。

一个本质的方面是那类空间常常存在于我们做的东西中，是一种永恒的挑战。

设计不是指附于事物的意义决定事物本身，或是不确定地和自由接受其他意义。问题的核心是移置于新环境下的意义是否能重新获得表示，如果可以的话达到了怎样的程度。我们不仅赋予事物空间，而且努力使它们能够永久地保存。为此你要从心灵角度去看待空间，不是用已有的，而是用新的方式解读它；像编码般地解码；忘却甚至会高于学习。

385　Bureau van Stigt 将阿姆斯特丹的库房转变成住宅和工作室

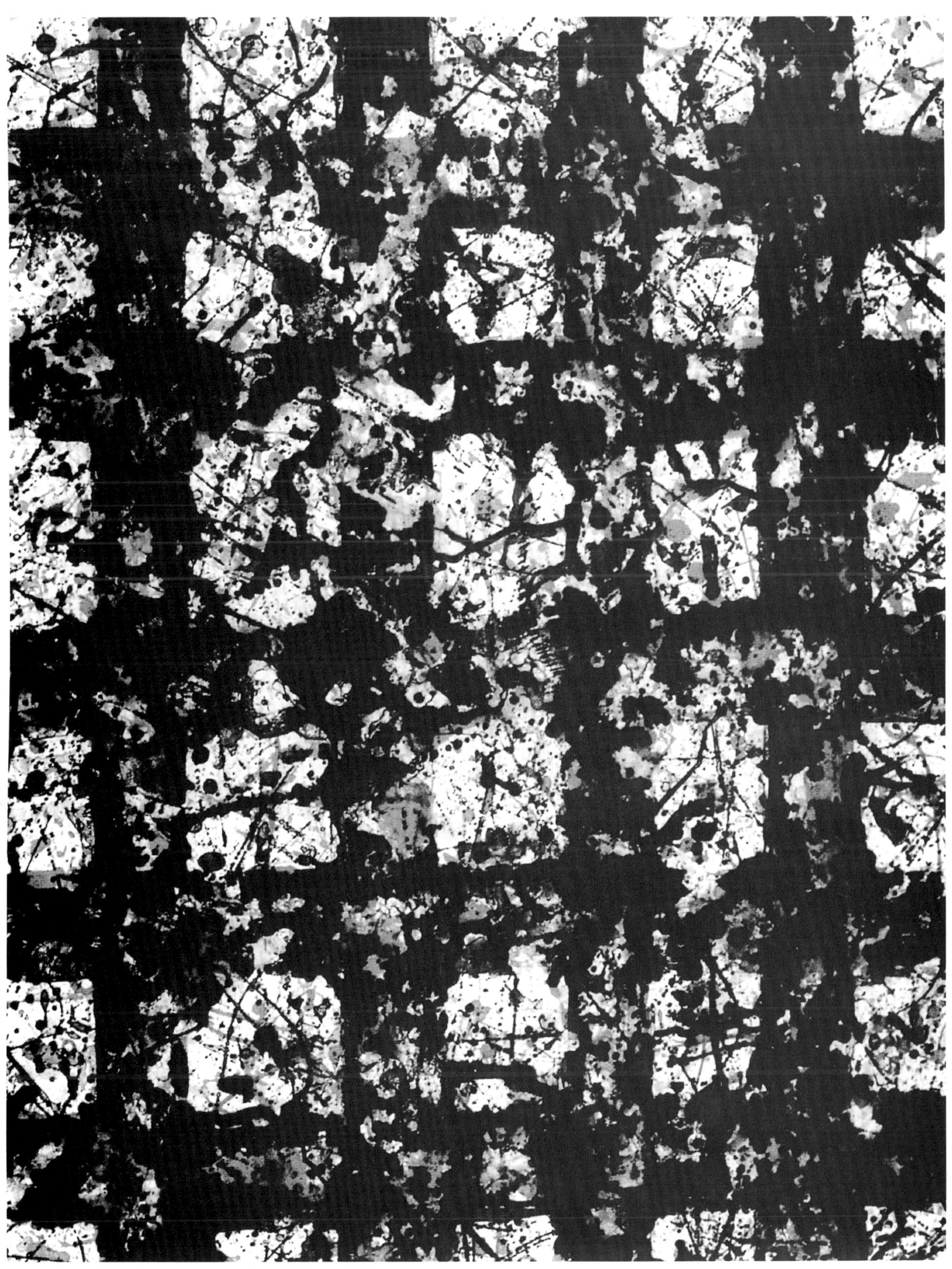

386 Sam Francis,《无题》,1978 年

387

比希尔中心扩建项目，阿培顿，1995年（Extensions to Centraal Beheer，Apeldoorn，1995）（图387～394）

比希尔中心综合体，包括了原来的设计于1968年－1972年的建筑，后来在旁边扩建了一幢办公建筑，与主建筑通过一座天桥样的步行道连接，以今天的标准来看这幢建筑几乎完全不受控制，这是由于在初始概念中增添了许多入口。不断增加的需求引发了给予新整体清晰的主要“街道”系统，现在几乎是它原有尺度的两倍，需要明晰设置的入口体系。再者，由于公司组织概念的变化，导致访问者数量快速增长，急需一个单独的、清楚的、吸引人的和更有代表性的入口。通过一个延长的玻璃中庭建筑连接起两幢建筑，在干道上提供一个主入口。这个“入口建筑”包含了主接待区，从那里可以到达不同的部门，也更加“夸张”主空间——一个用于接待、节日庆典或表演活动的中央“城市广场”，原来的两幢建筑中没有此类设施。包容在玻璃外罩下的是一整栋独立的三倍高的建筑——一个巨大尺度的“书橱”，它由一个混凝土的骨架所构成，里面“填满”了大大小小各种尺度的会议室。因为这个建筑结构完全是内部的，外墙洁静明快，不受外部环境影响，建筑内部的细分或布置的改变仅仅是改变组织结构的问题。从一开始就考虑了这些最终的结果，赋予了公司生气，建筑总是处于一种不断变化的状态。

相邻建筑的外墙是由糟糕的脱色的混凝土板组成，其作用就像强行给中庭安装了内墙，令人惊讶的是瑞士艺术家Carmen Perrin改变了它的外观。她将外墙涂成了黑色，漆完后撕掉遮蔽胶带，于是在墙面上实现了玻璃外罩窗框的延伸，好像这堵墙是一片感光的表面。伴随着这个反映玻璃“负像”格子的完成，这个外罩现在完工了。最终的，在旧立面上的窗户打破了漆绘表面，格子上的空白点就像是随意点缀的孔洞。

388

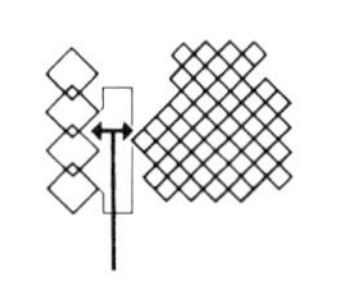

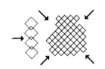

389　1995年前后的入口

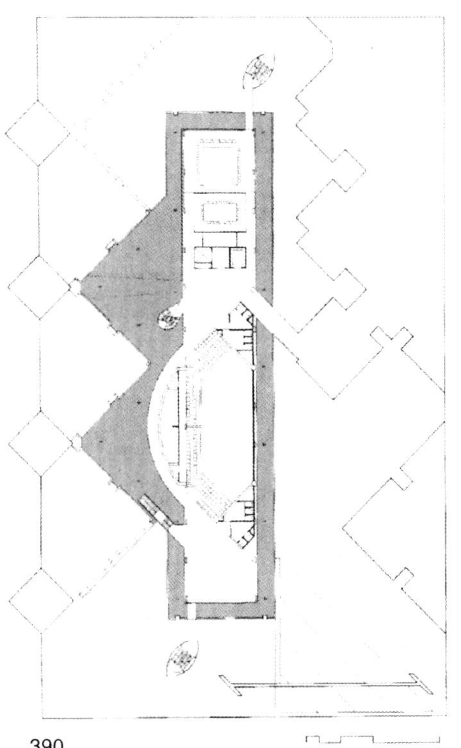

390

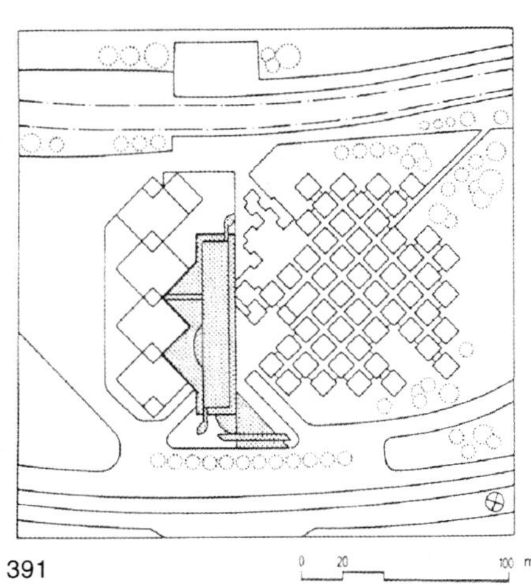

391

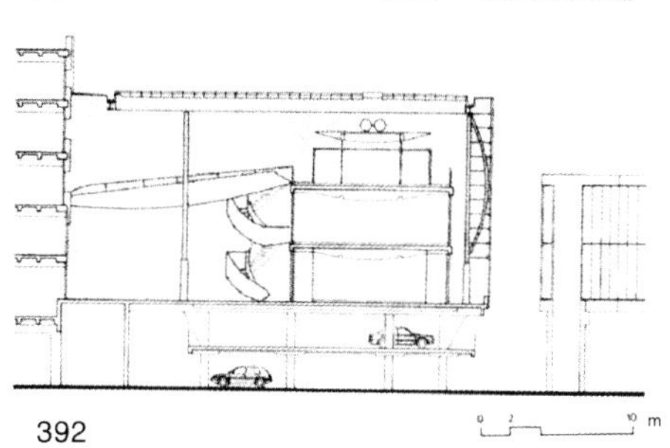

392

393

394

组合景观，弗赖津，慕尼黑，德国，1993 年（Gebaute Landschaft，Freising，Munich，Germany，1993）(图 395～405）

这些铺天盖地的带状屋顶，成为该项目的特色，它们来自于占有基地的需要，以避免连续的景观在进一步的开发中被打断。它们凌驾于复杂的综合体之上，由于每家坐落于那里的公司都要求具有自身的特性，因此，如果没有统一的屋顶，即使不存在整体的混乱也将导致一种不连贯。

这一零散的、基本上失去控制的发展适合于使用由坐标确定的曲线，这一使用原则已写入发展纲要。在某些方面，这个计划是勒·柯布西埃于 1932 年为阿尔及尔所作的“欧布斯规划(Obus plan)”的变形，其中景观——在那个案例中是海岸线——形成了人工层面(artificial floor)，它不仅准备好接受各种各样技术性的填充，而且在不知不觉中将所有的组成元素集合在一起。

同样的事情主要发生在对建成环境的开发，在网格体系中受到都市规则的约束。由于基础秩序体系，此类开发本身非常清晰——比缺少严格发展纲要的规划具有更大的自由度。

这里的一个基本条件是都市秩序体系不仅决定了其填充内容，反过来看，内容本身有助于定义结构的性质。结构和填充内容应该处在彼此预见对方的位置上。

这些设计，尤其是网格，清楚地显示出了城市设计中，可能是最精确的结构主义纲要：“一个秩序化的主题，它决定了填充物，同样也被填充物所决定，它不会限制自由，反而实际上是激励自由。”[8]那样被填充起来的巨大形式，可以和铁路、公路或其他的结构相提并论，它们都将大量独立分隔的部分集合成一个整体，可以被认作是一种公用设施。

即使政府不采取行动，私人财团也可以资助这种计划——因为结构部分需要前期支付费用的不断增加，建设变得越来越困难。

395

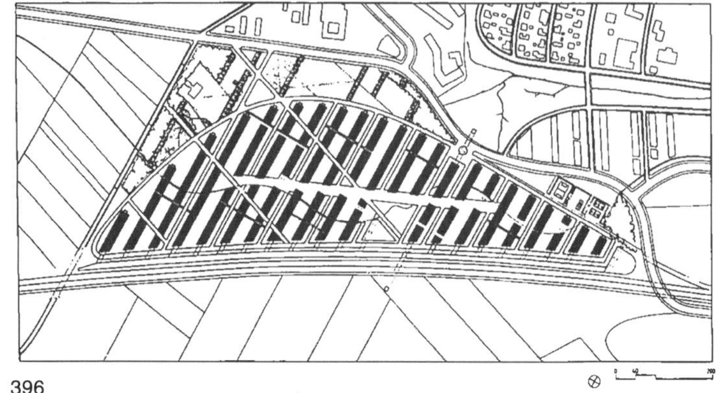

396

397

399　勒·柯布西埃的素描

400

401

398

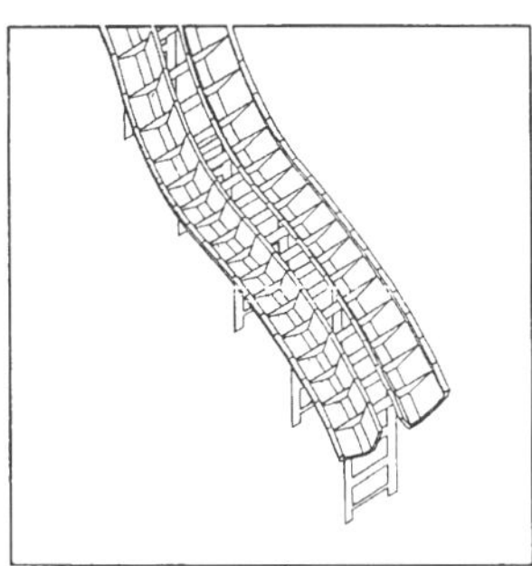
402　脊柱骨结构

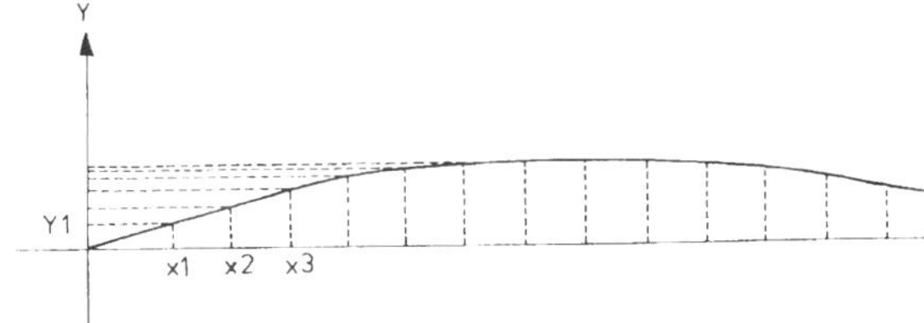

403　坐标

最初的设计方案中提出了巧妙的脊骨形预制构件体系之后，下一步要制定出一整套正确的规划，使孤立的建筑联系在一起产生出一排排的开发模式。应该确保综合体能够容纳屋顶上的人流，再有相当明显的是需适合于排水。

这种简单的关于集体使用权的问题常常出现在农业生产中，它是我们社会中的一个复杂问题，聚焦于个体私人利益。在我们的社会，各种社会力量独立地发挥作用，正是这些力量不断地将大的整体分割成独立的组成部分。

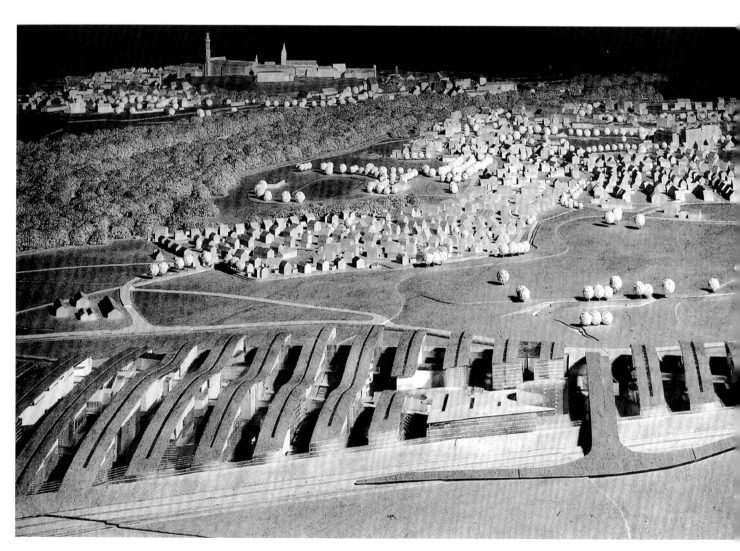

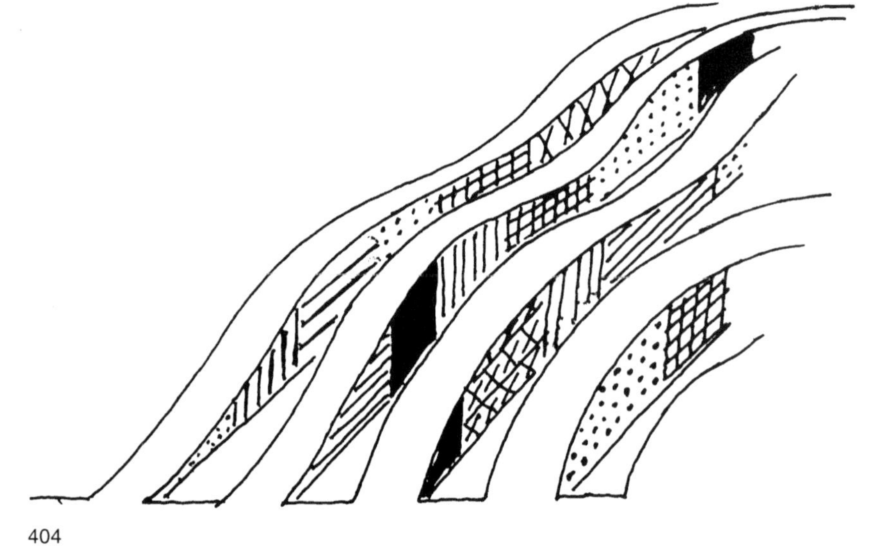

404

405

国家图书馆竞赛，巴黎，1989年(Competition for the Bibliothèque de France，Paris，1989)(图406～413)

一座图书馆，肯定是个庞然大物，不仅是城市的一个文化中心，而且就像一家城市剧院或音乐厅一样，吸引了众多的来访者成为一个社会中心。

在图书馆中能找到正确的路线常常是个很大的成功，尤其当你不熟悉时。这就是清晰的路线组织非常重要的原因。设计纲要指出将大量的涉及广泛学术领域的图书集中一起，需要将它们分门别类地放置。整个图书馆由数座建筑组成，在一个拉长了的广场空间上成排布置，全部覆盖宽阔的玻璃屋顶。它仿佛是一个巨大的拱廊，这条玻璃罩着的"街道"将城市特质引入了建筑，棱柱形的图书馆端头立面将"街道"围合起来，形成了一个小广场。

这些独立的图书馆建筑都可以明显地从内部的街道进入，图书馆里有许多像小岛屿一样的小巧建筑，如咖啡座、信息处、目录处、商店和其他你在火车站中心广场和机场希望找到的服务设施。

在诸多分馆里，即在建筑内部，安静和精力集中是第一位的。这些分馆间彼此可能差别很大。作为建筑单元，它们是"玻璃容器"，其内部允许变化。为了实现这一目标，它们有着或多或少数目不等的楼层，可以再进一步以间隔划分成更小的空间，依照需要设置成更具开放性的或是内向的。当一个新的管理员接管时，它们也可以被改变，或是被合并成为一个重要的部门。

在图书馆建筑上面，与玻璃屋顶平齐的是一座三层的综合办公楼（用做书库)。与Perrault将建筑内部设计似修道院的方案不同，这个设计选择了引入城市特质的概念，在巨大的覆以玻璃的屋顶下面，是那看似独立的图书馆建筑，它们紧密联系，像是在维护整个组织结

406

407

构。这个玻璃屋顶的宏大尺度与宏伟的大皇宫(Grand Palais)的屋顶保持了协调一致。而圣·热纳维埃芙图书馆(Bibliothèque Ste Geneviève)提供了对屋顶之下建筑物的度量。[9]这个豪华的拉长了的空间实际上表明了由本能告诉你的衡量尺度的正确单位。

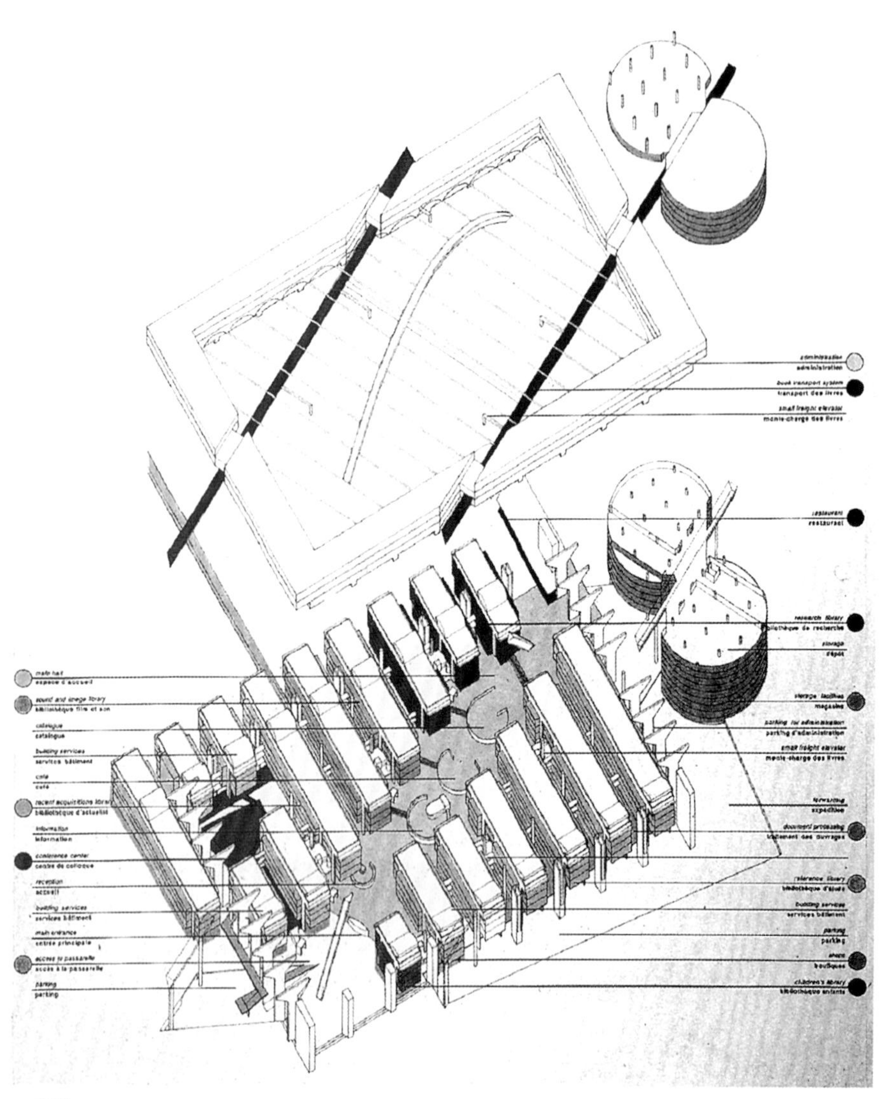

408

409 大皇宫，巴黎

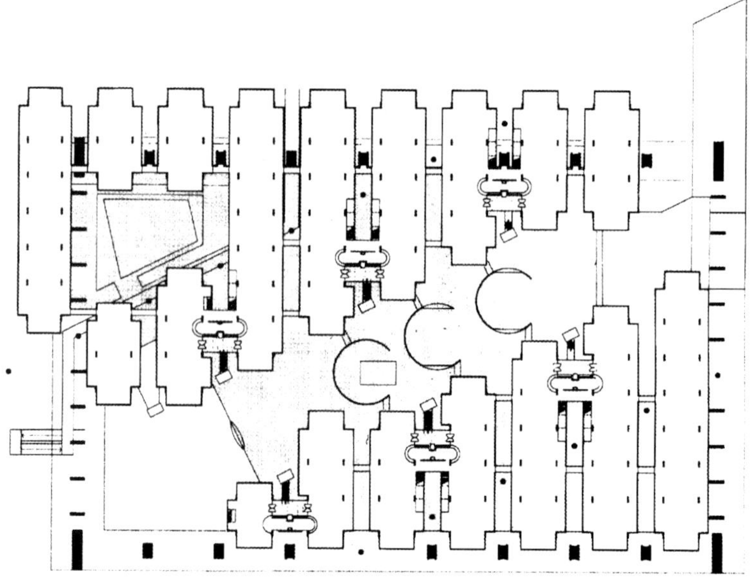

410

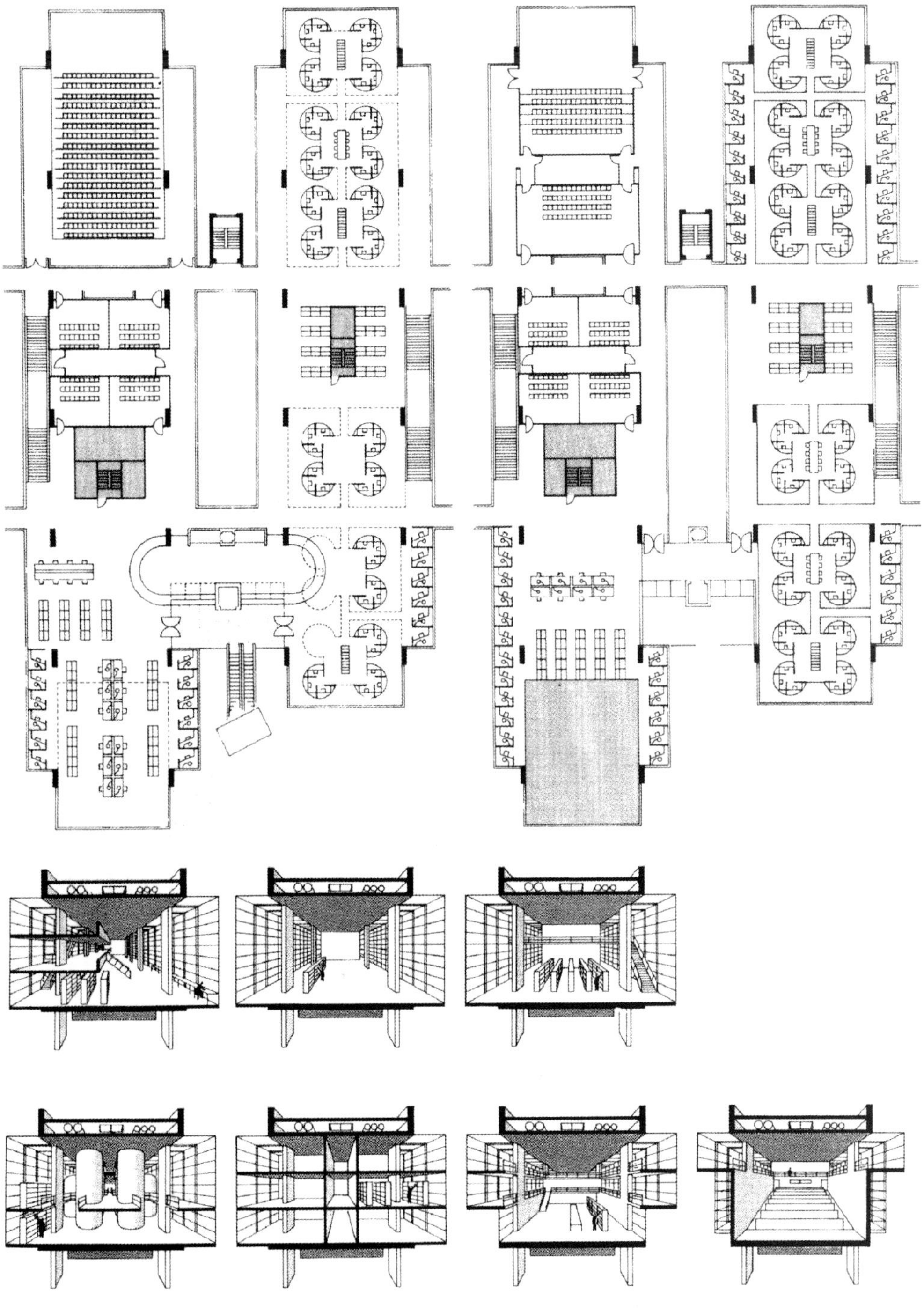

411

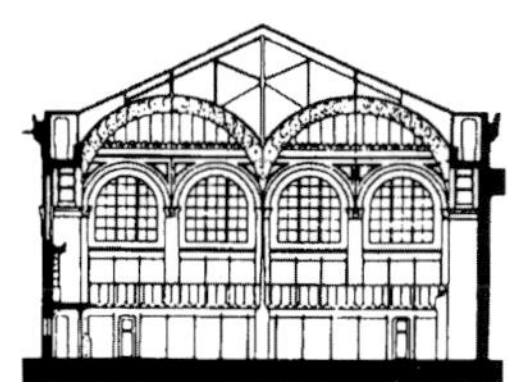

412 圣·热纳维埃芙图书馆,巴黎,剖面

413 圣·热纳维埃芙图书馆,巴黎

方形艺术馆，尼姆，法国，诺曼·福斯特，1987 年 – 1993 年（Carré d'Art，Nimes，France，Norman Foster，1987 – 1993）（图 414 ~ 420）

这幢漆成白色的金属建筑带有格栅立面和很细的柱子给人以纤柔的印象，与其对面的方形罗马神庙（Maison Carré）极为粗犷的罗马式立柱形成了对比。它们共同矗立在一座广场中，清楚地说明了对方的价值。

谦逊的罗马神庙具有可接近性和令人一望而知的完整性，柱廊构成了一部分广场，神殿属于室内部分，只有福斯特的"方盒子"建筑（Foster's box）（只有进入之后方可理解）才能与之相提并论。在方形艺术馆，走过一个非常普通的入口，你发现自己处在一个非常壮丽的大厅，它是建筑的中央部位，被埋置在地里，然后又突出地面。这个中央部分，其所有的目的和意图是要将建筑在高度和深度上都划分为 3 个组成部分，包含了主楼梯和电梯，并竭力通过硕大的天窗将丰富的日光尽可能引入室内，透射至底下的楼层。所以楼面都是用半透明的玻璃制成。

博物馆和资料馆的房间沿着像廊道一样的庭院两侧布置，大部分由于它们是沉重的混凝土结构，当你从室外的中央区域进入，好像是偶然进入了一些零散的建筑中。延长的开口和光线良好的中央区域贯穿了整个体块，加大了作为所有室内交通动线的主楼梯井，结合了垂直轴线和贯穿了几近整幢建筑的水平主干道两项功能，明明白白地赋予了建筑极大的都市化的特征。

如果可以从外部通过一个像许多廊道所带有的城市尺度的入口进入这条建筑内部的主街，那效果可能甚至会更好。

414

415

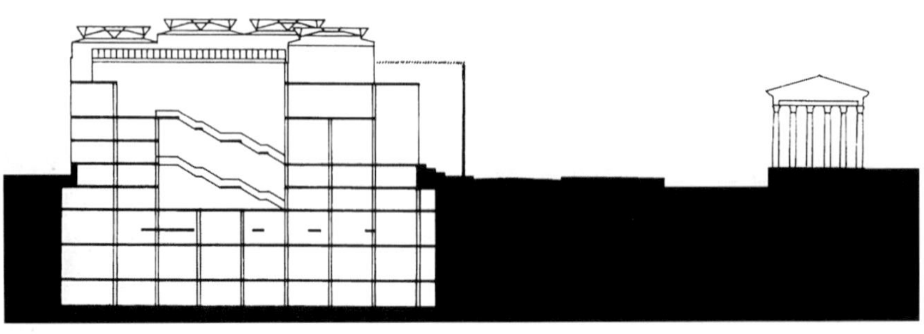

416

417

418

419

420

421

422

Havelis 住宅，贾萨梅尔，印度（Havelis，Jaisalmer，India）（图 421～431）

在印度拉贾斯坦邦的 Thar 沙漠中部有一座古老的城镇，贾萨梅尔，那里有很多大型的富丽堂皇的住宅，它们在沿街立面上有丰富的雕塑般的装饰。这些 Havelis 住宅，其中大部分现在都已空置，它们都有着相当长的历史。在 18 世纪，贾萨梅尔曾一度十分重要，它是从中东延伸至中国的伟大丝绸之路上的一个驿站。

如果说那非凡的、经过修饰的砂岩立面是非常壮观的，那么这些住宅的内部设计也同样非常华美。所有的空间都围绕着许多中央方形庭院集中组织在四层建筑中，光线分散到住宅所有的楼层，使得周围所有向庭院敞开的空间通风良好。

起居区域由方形的中央区所组成，环绕着中央区的是像房间一样大小、抬高了一步的、壁龛一样的侧面区域，并向中央区域敞开。

这一住宅在一个经仔细雕凿、几何形体的石结构内部，交织出了一系列清楚一致的空间，能够容纳多种多样的内容，满足不同内容的需要。除了容纳一个或多个家庭，可以想见 Havelis 住宅还能包含办公室、商店、学校或博物馆。

今天这些建筑已是民宅，由相对太富裕的人们和那些像游牧民的人居住，这些人带着家当，从一个地方迁移到另一个地方，不断寻找凉快的居所。

“每个空间随着时间的流逝改变了它的目的。当太阳初升时，家庭成员在最高的空间里做他们的事情。当阳光逐渐暖和，温度升高后，他们可能会移到较暗的和较凉快的区域。在夜间，被太阳晒热的屋顶平台提供了一个睡觉的好地方。如果晚上特别寒冷，在中央庭院下面生起的炉火会温暖相连的区域。因而房屋的居民以及他们的活动渗透到整个空间，并随着每日气候的改变而循环。”[10]

大量毗邻的房屋都通过屋顶相连，附带有无以伦比的墙体、楼梯和平台雕塑的屋顶景观，与在广场似的空间体系中的内部庭院的方形凹嵌壁龛串在了

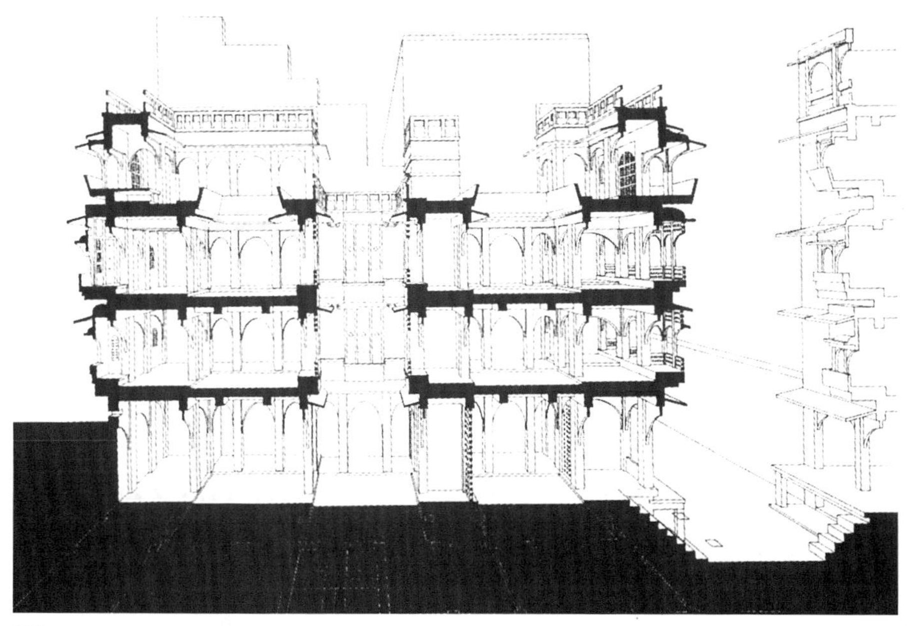
423

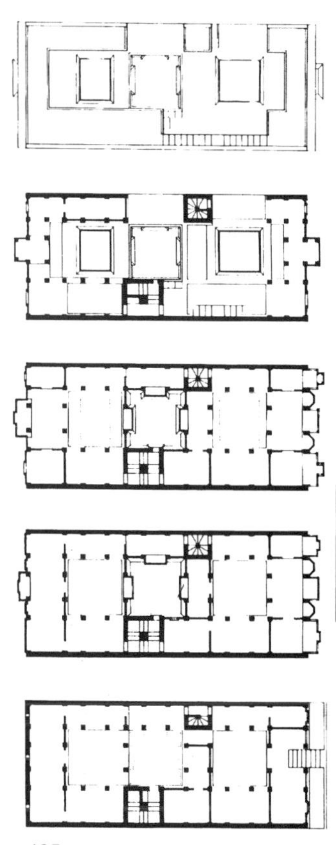
425

424

426

一起，每一幢建筑都有着复杂的“屋顶城市”。今天的孟买，是世界上扩展最快的城市之一，有着最高的租金，办公空间被租给了不止一个群体，白天每个群体只能轮流使用一段时间。使用者们，大家共享着同一个地址、电话和办公桌，到了晚上这里又成了居住的地方。

“在孟买，这个殖民地城市的中心：首层，左边第三个门。沿着一条露天的长廊我走进一个中等大小的建筑师办公室：长廊的面积大约6平方米，里面是个挂着把大锁的‘大金属盒子（译者注：指办公室兼住宅）’。

进入办公室，11个人正坐在里面，面积大约

427

25 平方米，屋里有一扇窗户和一道门。靠近门口的一块隔板，将房间一分为二，头一间是办事员和一张会议桌，另一间是工作室。两部电话刺耳的铃声使室内一片嘈杂，送风机送入室内的'风暴'弄得屋内纸片乱飞。

虽然办公室是以每平方米极高的价格租出去的，但现在房东回来了，他打起了电话，规定的时间已到。办公室该关门了，'金属盒子'的门敞开了，一个五口之家开始在走廊里准备晚餐，而后他们在那里睡觉。清晨每个公司员工又睡眼惺忪地回到'金属盒子'里，而那家人也离开家去工作。

这里，在大约 30 平方米的面积上，你会观察到家庭的生活、办公室的运作、房东检查房子。同时，在工作时段有许多的客人到来，司机在一旁等候，外卖又送来了茶水和食物，同时清洁工在干自己的事情。"[11]

再举一个人们在楼层表面反复迁移的例子。白天，因为空间的缺乏导致了工作场所不停地在更换使用者。

由于空间的不足使孟买人的生活在时间上被压缩，可在贾萨梅尔，那里有过多的空间，生活更加趋于分散。

428　用作学校

429

430

431

威尼斯的豪宅(Venetian Palaces)(图 432～438)

巨大的威尼斯住宅——豪宅，其中许多都沿着大运河（Canal Grande）排列，这些不同风格的建筑通过同样的空间概念获得了一致的表现。简而言之，作为一种形式，它们在建筑史上占据了绝对独一无二的地位，因为直接坐落于水上。外观上在某些方面能与“北方的威尼斯”——阿姆斯特丹的船屋媲美。但是在阿姆斯特丹，基地不是直接坐落于水上，而且在 17、18 世纪，阿姆斯特丹的水体是主要的运输线，没有衡量它对城市及其组成部分的组织安排有多大的影响，当时最重要的问题是货物运输。旅客人员完全是沿着码头运送，因此水体与人们如何进入建筑没有任何的关系。(惟一一个例外是乌得勒支的运河设施，那里公共街道下方的空间被用来存储经水上运来的货物。[12])

威尼斯是惟一一座城市门户坐落在水上的城市，房屋都是通过乘船抵达，小船划进一个凉廊，或者说是滨水门廊，同时住宅门会适当地后移。Ca' d' Oro (建于 1427 年)可能是这类建筑中最壮观的一个案例。住宅后面，具体到这里，是房子侧面有第二个辅助入口。这是对惟一主入口的挑战，如此一来在建筑的一个侧面你便拥有了至少两个同样的入口。进入 Ca' d' Oro，一个大厅建在了通往一层画廊的楼梯上。这压缩了房屋的整个深度，入口门廊上方的阳台提供了一个眺望大运河的华丽景观。威尼斯豪宅的特点是极大的深度和对宽度的尊重，不同于我们熟悉的佛罗伦萨和罗马的住宅，在这里我们看见了在深度上划分为三部分，画廊——宽大的中央区由两排窄条房间围合，朝向延长的中央大厅。按照我们的标准这里是有着最高高度的中央区域，而且在后续楼层中重复出现，无可争议地控制着整个建筑，无论这些房子有多宽大。要找到一个比阿尔贝蒂(Alberti)的城市般住宅更完美的例子确实是困难的，特别是当你想到中央大厅要像一条主要大街一样用于接待客人和盛大的节日，而其他房间与它分离，像独立的建筑。Ca' d' Oro 和其他的威尼斯住宅依照简单明了的原则方式像城市一样设计规划，暗示了一种组织方式，此种方式今天仍然适用。(虽然我们可能趋于用空地和楼梯创造不同楼层间更大的空间连接)。这个主体结构广为人知，在很多情况下，都极其适用于各种不同的用途。在这样的例子中，外向型风格特征只是对一个永恒的空间秩序的“形式解释”，无论在随后的各个时期中，它们的角色如何。尽管对这些住宅的空间组织来说是次要的，但我们仍应提及在正立面对形式做出不同解释的独特方式。

与风格问题无关，中央“街”区从外表上看是一个清楚的更为开放的区域，通常几乎是整面的玻璃和阳台。它两侧的房间都把窗户移到了侧墙上，没有窗户的墙面按照传统用做壁炉和烟囱。于是在立面上产生了异常典型的“小跳跃、中跳跃和大跳跃 (hop, skip and jump)”的节奏，这是威尼斯独有的特色。

432

433　Ca' d' Oro，威尼斯

434

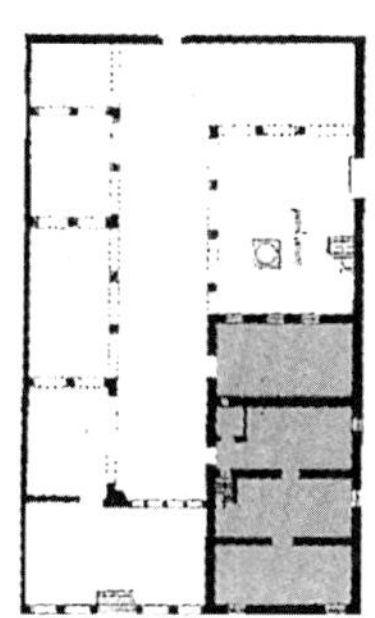
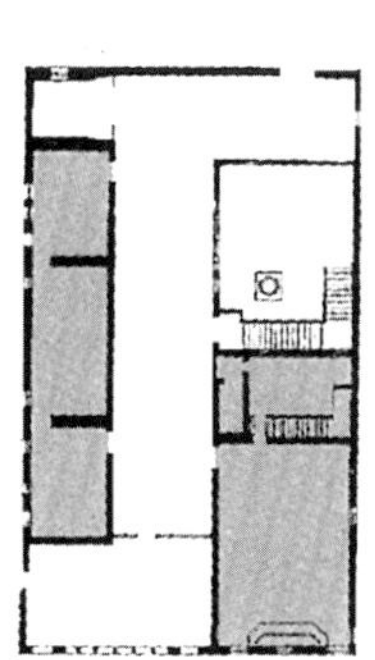
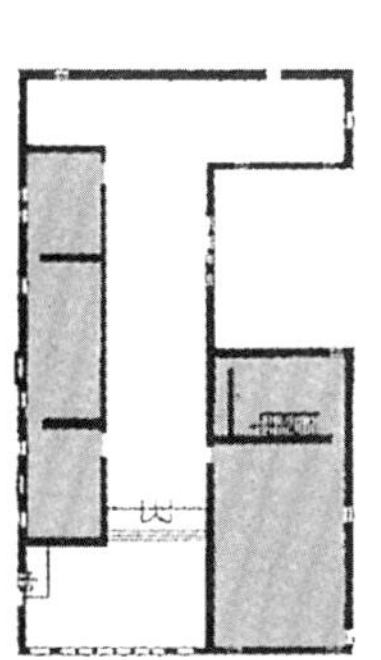

435

436

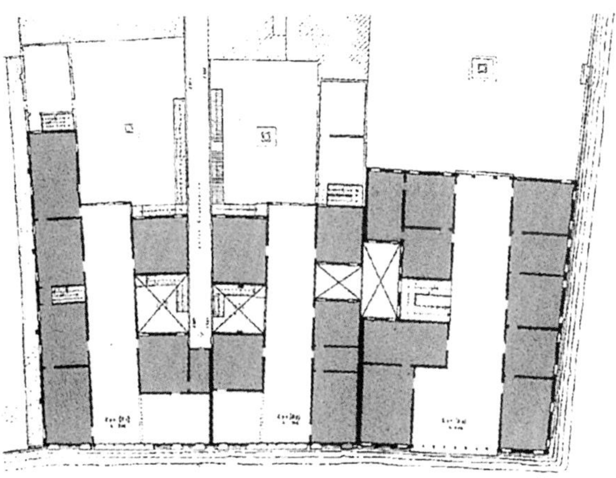

437

438　大运河,豪宅

孤儿院，阿姆斯特丹，范·艾克，1955 年－1960 年（Orphanage，Amsterdam，Aldo van Eyck，1955－1960）(图 439、440)

这所“为孩子们而建的房子”的历史，其真实情况是一个微型城市，从一开始就充满了变数。甚至是在该建筑拨款之前，关于如何在各种各样的单元中容纳这个项目便展开了讨论。1987 年，当时的业主愚蠢地决定拆除孤儿院的大部分建筑，结果是，这幢建筑成了一个学术机构，建立了贝尔拉格研究所（Berlage Institute）。从这里你可以看到建筑巨大的影响力或承受占有者变更的能力。虽然现在整体上用做办公建筑，几乎没有存留下以前的环境，对于建筑来说，也并没有招至灭顶之灾。无论它的室内曾如何“不幸”地被改造处理，但整体结构仍然保存。实际上，任何增加的东西都可以轻易地再一次被拿掉。那就是说，大部分制作精美的原始室内已经消失了，现在看来损失是不可挽回的，就像许多令人陶醉的大厦现在从我们的城市中消失了一样。可是这幢建筑作为开敞结构竭力去实现的空间现在依然存在，等待着一个更为适合它的时代的到来。

439

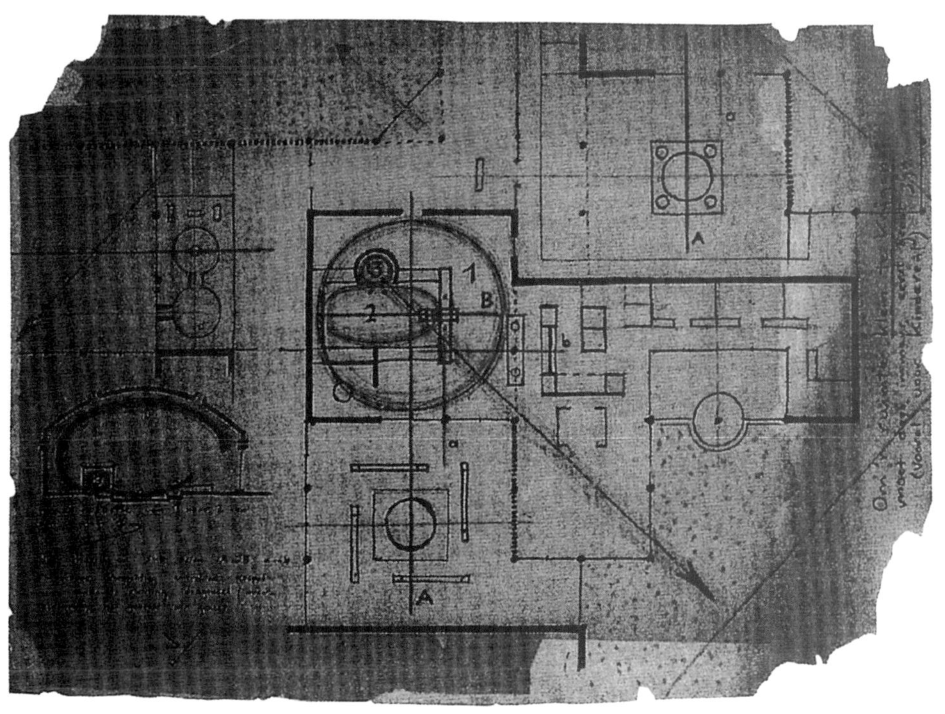

440

贝壳与水晶(Shell and Crystal)

将开敞的帐篷式的广场集合在一起(它们的组成内容都更新了),形成了现在新一代建筑师的设计理念。组织的复杂性和清晰性使得正规的秩序和日常生活彼此维系,它既是宫殿,也是村落;既是庙宇,也是棚舍;既像晶状体,又像贝壳。在平面中它使人联想起Fatehpur Sikri,Topkapi,Katsura,阿尔罕布拉宫(Alhambra),然而很显然它是截然不同的一种秩序,是全新的东西,尽管它为我们所熟知。

年轻的建筑居住者将自己完全沉醉于精神世界里,建筑师在很大的程度上成功地将这个精神世界转化成空间品质。正是通过对它使用者的深层次的认同,使得这幢建筑成为了批评建筑师对占有他们作品的使用者采取漠不关心态度的宣言。那一宣言提倡了职业态度的转变,即运用每一种建筑方式去关注居住者对周围环境的要求,包括物质的和精神上的。

正是这个“关于另一种想法的故事”给笔者这一代的建筑师留下了一个深刻印象,这是一条其后传遍了地球每一个角落的信息。面对利用空间可以实现的各种变化,使我们明晰了建筑师的注意力必须怎样进行扩展。那样一种对形式从根本上的确定,就像是为这幢建筑专门订制的一样,鼓励我们在自己的作品中实现一种更加开放、更易阐释的方法,虽然这可能看上去有些荒谬。孤儿院的建筑“秩序”提供了对日常生活需求逐个阐释的综合语汇,使我相信感知一栋建筑(运用书面和口头语言的范例)需要将“能力”和“表现”相交织。

建筑的“结构”整体上仍是完整的,但内涵已改变,掠夺了原有的语汇。那些未曾见过完整的、昔日真实建筑的人,或是仅从照片上知道它的人,都不会真正地体验这幢“建筑模型”宏伟的空间。

建筑的问题在于它们过分脆弱,过于易变,将它放置在博物馆里又太大了。可以把建筑的某些部分作为遗迹保存,但它们只能模糊地反映它们所形成的空间。空间冲破了墙体,释放出来——即空间的体验、灵感、精神、品位、感觉、概念、思想。空白干扰了我们的集体记忆和思维。

短暂的乐观主义时期渲染了荷兰的建筑史,那个时期出现了里特维德、杜克(Duiker)、Ven der Vlugt 和其他重要历史人物。范·艾克的孤儿院将乐观主义时期带回到我们的时代。认真关注这幢建筑是我们发展的根本内容,这不是我们对它的建筑师所做出的最小的姿态,而是我们对最新一代建筑师的责任问题,向他们讲述这个乐观建筑的故事。(1987 年)

现在至少是去除了部分不适宜使用的建筑,恢复了往日的辉煌。Hannie 和范·艾克的改造和翻新工作都具有创新的特色,他们自己已经反映出建筑的空间可能性可以服务于建筑教学机构,也可以用于孩子们的住所。尽管不是为了现在的目的专门设计的,这幢建筑显然是超出了现在对它的期望值。视觉上紧密相连的空间单元清楚地为工作场所的选址提供了选择余地,无论它服务的目的是什么。

孤儿院不只是带回一种新的用途。它也证明了自身是最催人奋进的工作环境,赋予了这座乐观主义建筑所讲述的故事以新生。(1993 年)[13]

肯贝尔艺术博物馆，沃思堡，美国，路易斯·康，1966 年－1972 年 (Kimbell Art Museum，Fort Worth，USA，Louis Kahn，1966－1972) (图 441～447)

这座博物馆就坐落在沃思堡市区的外面，第一眼看上去它像是一座从消失已久的文化中遗存下来的清真寺一样的纪念馆。那突出的桶形穹隆垂直地终止了水平的坚实的巨大体量，马上令人联想起北非的景象，那里的凯万(Kairouan)清真寺是最著名的例子。柯布西埃肯定是从那里获取了那些经常出现在他作品中的穹隆形式。和柯布西埃一样，康抓住机会去掉了这些人们早已熟悉的形式中古老、陈旧的特质，从头开始重新诠释它们，却没有忽视它们的典型力量。主要的公众入口包括了一个大型空间，被长长的穹隆分割成平行的条带，至少在外部看来是那样的。一旦身处建筑内部，证明了其空间绝对不是被穹隆垂直地分组的。因为从一开始，它们就是外壳而非穹隆，而且它们是从距地面 3 米的地方开始的，在这个高度以上它们建立了长方形的空间单元。在这个层面以下视线广阔，所以空间整体而言没有方向性，而且比从外面第一眼看上去有更轻松的外观。这些外壳的最重要特点，除了它们巨大的跨度，再是它们反射了通过一条贯穿整个长度的狭长开口射入的阳光。这些外壳将建筑分成大量相同的空间单元，它们不是按功能决定的，而是为了适合每次展览自由地加以再细分，理论上可以适应完全不同的布置。

这幢建筑并非是只遵循着一种模

441

442

443

式，它只是受到了这种模式的启发，并且最终成为一个关于更具广泛性的理论的图解式阐述。

这个建成结构，视觉上既突出又持久，是为了最多样的和最不可预料的使用而作的设计。康发现了将其他功能结合进这个结构的机会，例如饭店和商铺，用随意的设计方法中断外壳去容纳安静的室内花园庭院。

最后，值得一提的是康决定用不同的建筑元素来建造该建筑，形式与建筑清晰的综合，形成一种基本的连续结构，就像早些时候范·艾克的孤儿院所示范的一样，形式和建筑的综合也是与肯贝尔博物馆同期建造的比希尔中心办公综合体的一个主要方面。

444

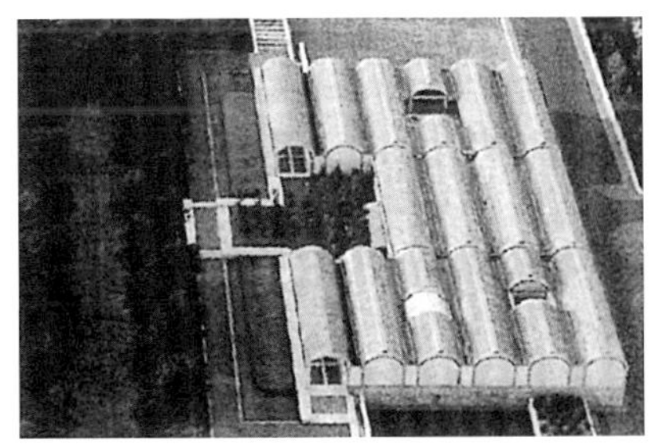

446

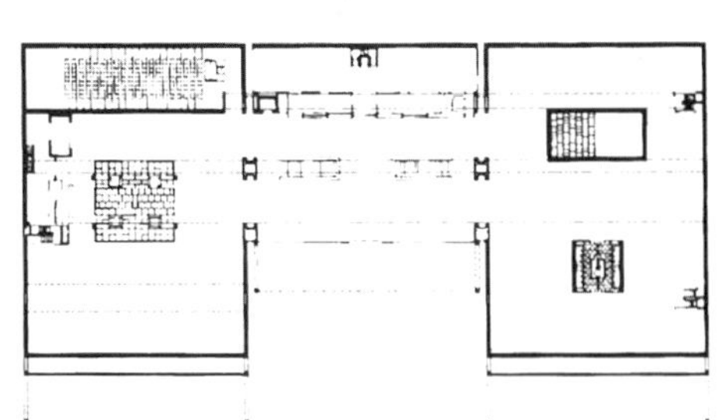

447

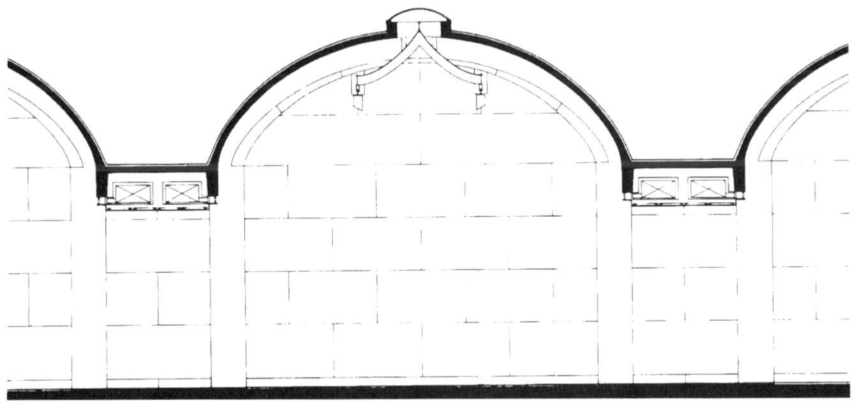

445

建筑和艺术学院，马斯特里赫特，Wiel Arets，1989 年－1993 年（Academy for the Arts and Architecture，Maastricht，Wiel Arets，1989－1993）（图 448～450）

在荷兰，很少有建筑会以那样有限的方式建造：玻璃、混凝土、少量的钢和很少的其他材料。这些元素一起组成的体块庄重严谨，自始至终完全符合美术标准，没有进一步的修饰和轻浮的举动。我想，它不可能再少了，但如果多一点可能也就太多了。

当然你可以琢磨、推敲你的方法并精确地加以选择，其影响会比你过多地使用方式要大（建筑师通常声称他们不得不求助于更多地使用），结果大多如此，因为建筑师们并没有那么多要表达的东西。

如果你想要去表现某物，又好像只有很少的词汇时，你要极度的小心谨慎。首先你要明白，在设计过程中你所讨论的内容；故事只能在建筑开始实施时才能成为现实。

我们已经知道日本人可以运用混凝土模板创造奇迹，荷兰人同样可以办到，从这一例子可见一斑。同时所有这一切都是在荷兰人的预算之内！这里，除此之外，Wiel Arets 拿掉了所有的隔离设置和清洁工人的安全防护，随之出现了一幢完美的建筑。删掉了所有附属物培养人们关注空间清晰通透的特性，它是一种基本的属性，就像是一张空白的油画布所引起的欲望。

一段清晰、明亮的开放式空间链，向任何需要遮蔽的东西提供服务——就像旧式的仓房既储藏物品，同样还适用于工作和居住。对城市的影响是设计出像透明容器一样的建筑，这些学院建筑或多或少地强调依靠光线——无论是射入的自然光或是人工照明，各种各样的变形原理均相同。

无疑时间将赋予建筑洁净的外观以特色，以自身独特的标志和符号柔化并模糊它僵硬的建筑边沿。任何一个工作场所的特点都会与那里生产的产品和那里工作的人们的特点相一致。人们将讨论具有伟大或平庸影响的建筑空间给这所学院建筑是增色，还是添乱。

448

449

450

大学图书馆，哥罗宁根，1972年（University Library，Groningen，1972）（图451～453）

这个设计竭力向哥罗宁根大学保证那座建于19世纪的教堂可以融入新规划，并成为新综合体的核心。[14]

通过中央大厅保持开放，重新铺设了侧面的过道，并增加了一些新的过道。这幢大厦，其重要性不仅因为它美学上的高超水平，而且还因它在城市中富有特色的外观。实际上，让中央过道在它的整个高度保持开敞，图书馆显得极为巨大与高耸，都市特色的"街道（译者注：指中央过道）"将统领整个建筑综合体。

这个带有屋顶的中央过道将进一步使之能够举行戏剧演出、音乐会，而古老的教堂建筑结构影响了城市的文脉，将在总体上指明方向和清晰的组织结构。

此种设计概念会提供独一无二的避免那种由政府资助建筑项目单调乏味的缺点，此类项目常常产生某些更类似于储藏系统的东西，而不是人们期待的在大学的中心地带出现精神活动中心。古老教堂空间的出现可能已经表达了在空间角度记忆与意识之间的区别，同时伴随着大学文化价值的范围和品质。通过保留现有结构，而不是拆毁重建，城市不仅保持了原貌，而且获得了更高层次的新景象。这样，作为设计灵感和指南，历史的连续性在视觉上获得提高和发展，而不是简单地抹掉重新开始一样。不去掩盖历史的痕迹，会帮助我们走向新的方向。

451

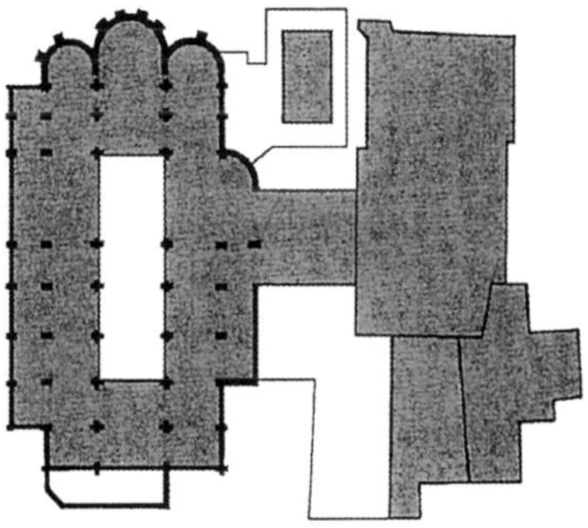

452

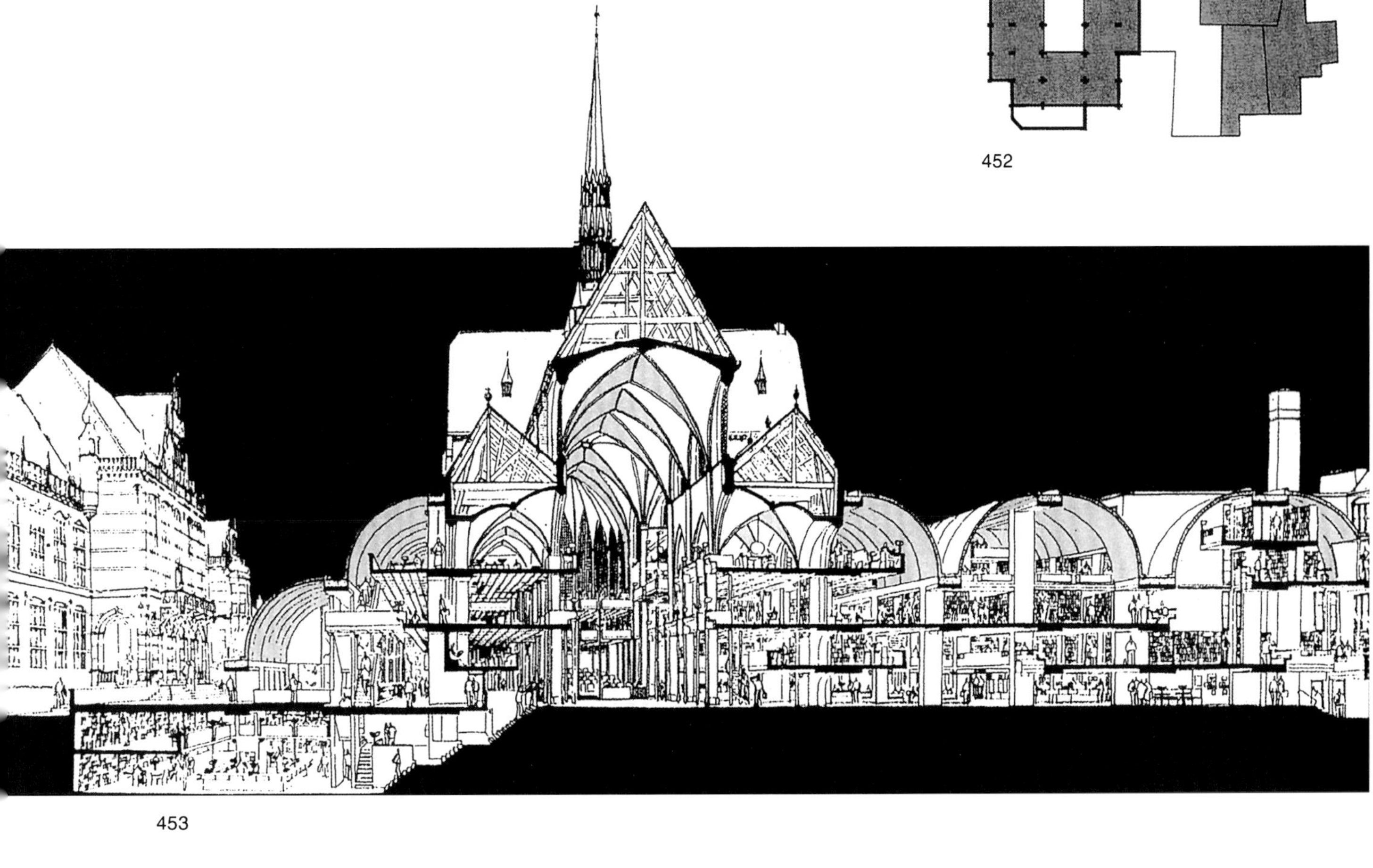

453

杜伦住宅综合体，德国，1993 年－1997 年(Düren Housing Complex，Germany，1993－1997)（图454～461）

在这一个明显“封闭”的城市街区展开令人注目的建设项目，最具挑战的内容是这个项目的基地位置，它是作为一个郊区的地标，项目总体上由分散的开发组成，并由一个十分混乱的规划操控。

建筑规划产生了一系列松散的住宅类型，丝毫不能缓解混乱的局面。另外，当地的规划政策规定了成排住宅房屋的外形，事实上可能导致零散的建筑修建进一步的蔓延。将这些不同的建筑组成部分、规划政策等综合考虑，把它们共同结合在一个长方形的屋顶之下，形成一个开敞的庭院般的空旷地，我们能够在一个比周围环境更大的尺度下创造一个空间的组合。

屋顶的作用像是一个遮蔽物，可以容纳不同的建筑高度和居住形态。它不仅包容了它们全部的悬殊差别，而且将它们塑造成一个单一的城市实体。以这种方式，由不同建筑师设计的建筑单元构成的街区很容易识别。屋顶的根本指导原则是采取包容一切的姿态，包容所有的组成构件，更加清楚地表达这一原则。

454

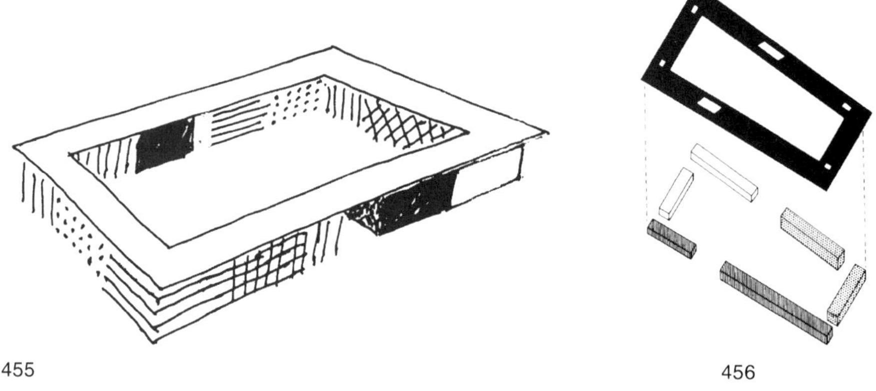
455

456

457

458

459

460

461

Vanderveen 百货公司扩建，Assen，1997 年（Extension of Vanderveen Department Store，Assen，1997）（图 462～473）

建筑线（building line）的改变，给了这间当地的百货公司扩展面积的机会（扩建深度仅有 6 米），向百货公司前面的广场展示一副新面孔，这个广场由各个相互激烈竞争的公司共享。Assen 认定：这些公司都习惯于运用相对封闭的砖立面，由此我们可以从中得出结论，即这个几乎是全玻璃的结构会与传统立面形成鲜明的对比，将会成功地给这个城镇带来大都市的气息。设计概念是让新建部分独立地矗立在已有街区的前方，像是一艘正在停泊的船，仅以"跳板"和"码头"相连。实际上，可能会有更多那样的"船只"停靠在街区周围。该设计进深 4.5 米，将一排平板式柱子（slab-shaped column）和悬臂支撑的楼板结合，又从现有的百货公司清理出 1.5 米宽的空间。

新的建筑可以被建得比它后方的旧街区高出许多，所以你可以从更高的楼层直望过去。这一设计手法又额外强调了新结构的独立状态。

这个玻璃"卫星"是一系列扩建步骤中的一步；百货公司的老板可以说是拥有了一家独立、朴素的商店，并使商店稳稳地立足于这里，以至于现在它差一点控制了整个街区。

因此我们看到一个城市街区在几十年间逐渐发展演进成一栋建筑，一个原有小单元的混合物，今天仍可以被同样地认出。它们非常有组织性，不仅在可辨识的形式方面，还在具体运作上，它们至少会部分地保持自身的独立性。

诚然这一新的玻璃附属物比现存建筑有着更大的尺度，但这是对广场新的开放性空间的适当反应。

462

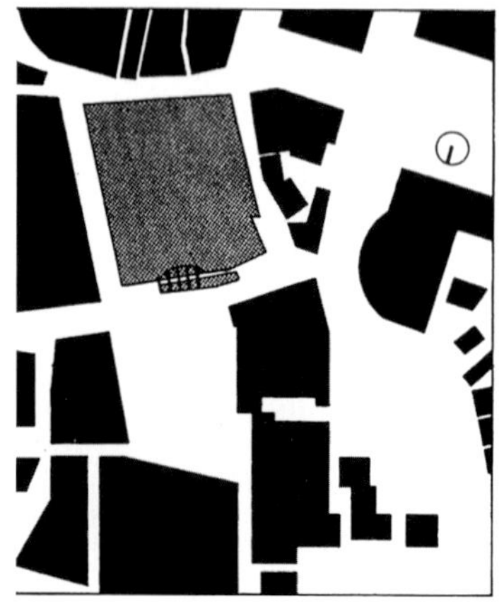
463

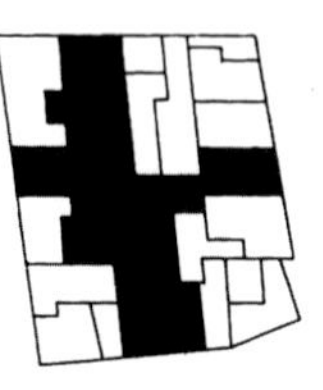
464

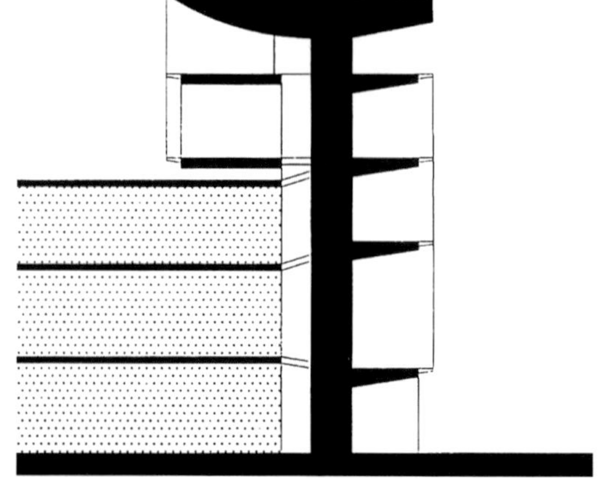
465

466

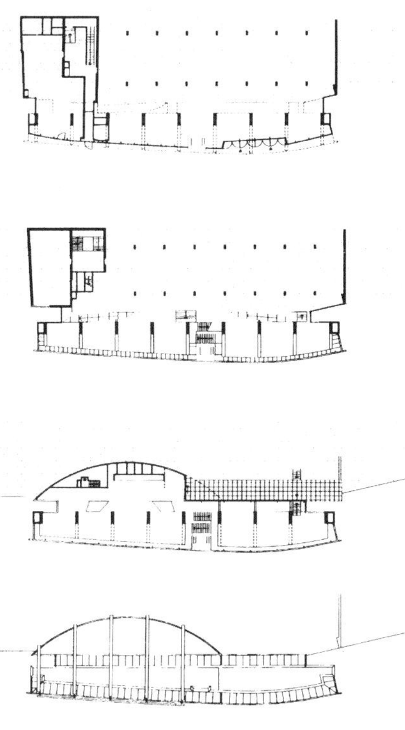

467

468

469

470

471

472

结构方面，它的楼层是由大量平板式柱子划分出的更小区域组成。这个巨大的玻璃展示橱窗炫耀着 Vanderveen 这样的百货商场里琳琅满目的商品。

473

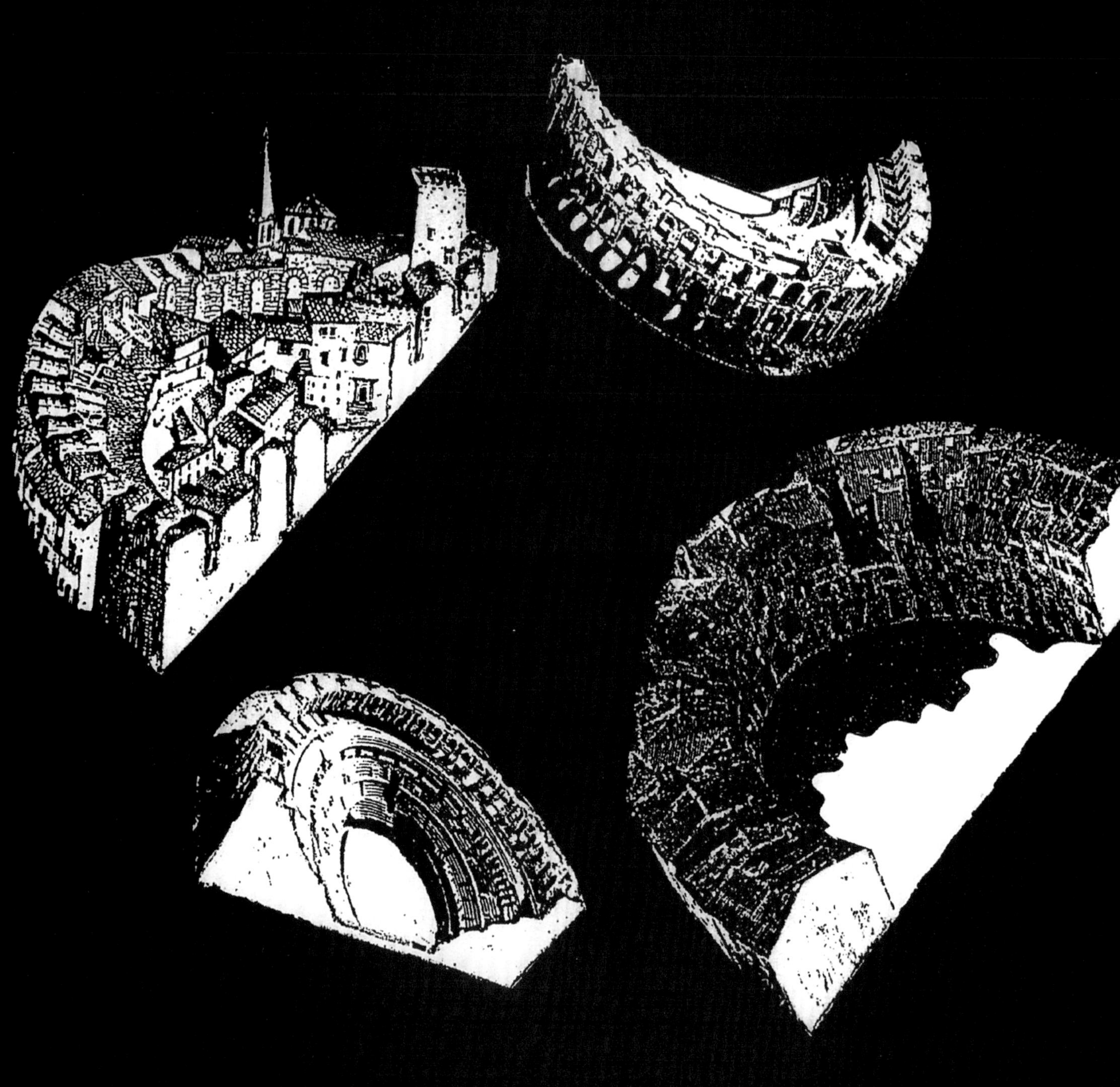

7

介入性空间

In－between Space

Sta Maria della Consolazione，Todi，意大利，Attributed to Cola di Caprarola，1509 年（Sta Maria della Consolazione，Todi，Italy，Attributed to Cola di Caprarola，1509）（图 474～479）

从在西南边的奥维多（Orvieto）穿过 Parco Fluriale del Tevere 径直走到安布利亚（Umbria）高地的 Todi，在小城镇的其他景物映入你的眼帘之前，你很早就已经被 Sta Maria della Consolazione 别具一格的外观吸引了。一座结实的教堂建筑独自矗立在绵延起伏的地势上，优美的隐约闪现的圆屋顶，靠下一点是环绕四边的半圆形屋顶。它坐落在山峦之间，而不是冠立于某座山之上，它在所有立面上都是对称的，这座中心空间（central-space）的教堂为景观增色不少，却没有过分引诱的嫌疑。它的确吸引了人们的注意力，然而田园式的美丽景色不会让教堂抢尽风头。它坐落在自然环境中，两者自然和谐地结合。它与周围环境是极其协调的，就像下象棋开局时的卒子一样骄傲地屹立在城镇的一边，只是比城镇的地势略低一点。它形象地解释了文艺复兴时期“新的建筑范式”。

这个没有方向性的教堂，起源于希腊式十字平面而非罗马式的，并且是中心空间设计的原型。由于这一原因当它是孤立的并从四周观察时，能看到它最好的形象。因此，从各个角度考察，城里都没有它的容身之地，主广场仍是由老式的教堂统辖。中心空间的平面避开了只从一个方向到达圣坛的处理手法，圣坛在这里也没有显著的位置。四面中只有一面没有设置入口，而是用做教堂半圆形的后殿，这无疑是针对教堂的实际使用在设计时所做的让步。

教堂的形式从里到外都是非常反传统的，非常规的，功能上是不明确的，但是从某种意义上讲，它不只决定了一个，而是四个主要的方向，同时也将垂直的轴线固定在了合适的位置上。

正是这种绝对典型的独立性使得中心平面能够以独立的建筑体最终迅速地适应各种环境。没有比这一顽固的学派奉作典范的罗汤多别墅（Villa Rotonda）能更好地例证这一类建筑。

474

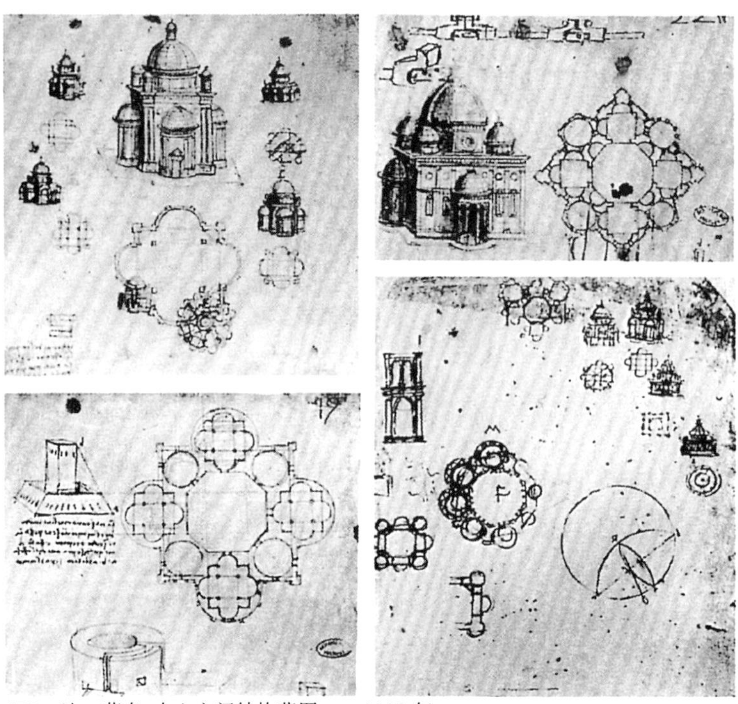
475　达·芬奇，中心空间结构草图，ca. 1489 年

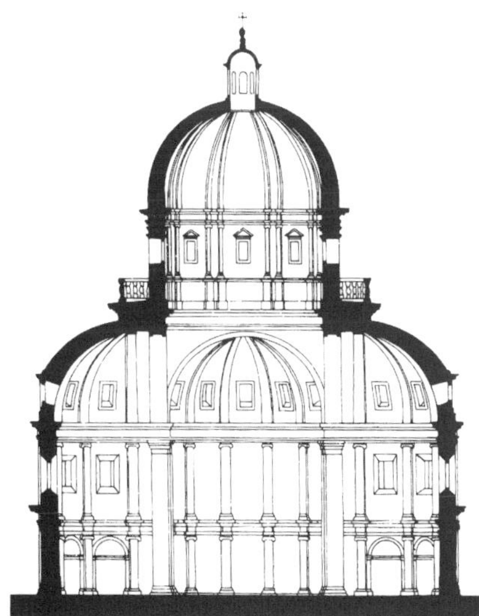

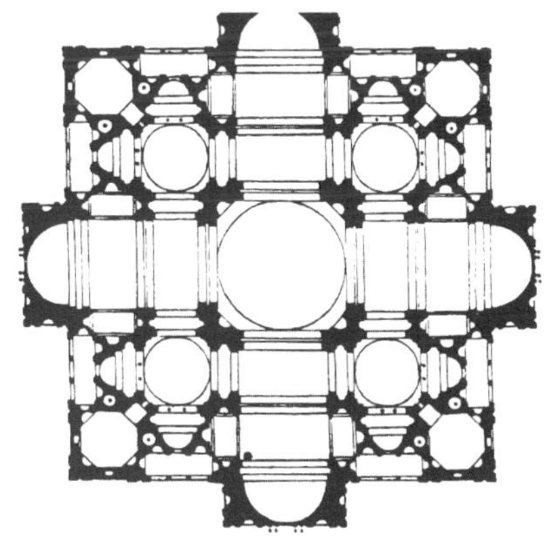

477　伯拉孟特，圣彼得教堂平面，罗马，1505 年－1546 年

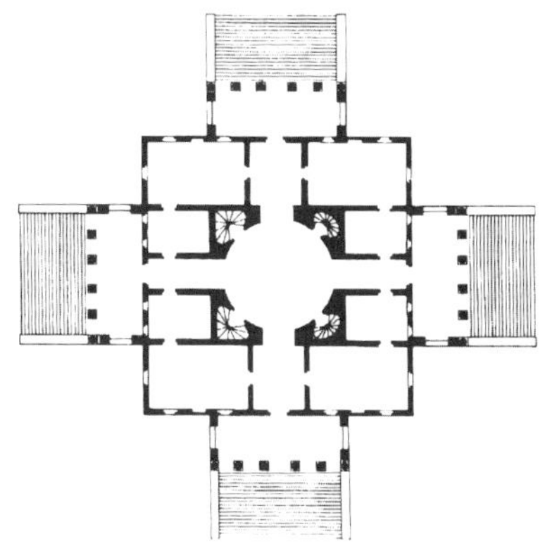

478　帕拉迪奥，罗汤多别墅，1566 年－1567 年

476

479

Sta Maria della Consolazione 可能是根据中心空间设计原则而建立的最纯净、最基本的原型和概念。它毕竟是建成的达・芬奇早期的作品，而且是伯拉孟特（Bramante）为圣彼得教堂做平面规划时参考的建成形式的模型。它使萦绕在 16 世纪建筑家心头多年的建筑类型得以实现，伯拉孟特的规划，进一步丰富了这一建筑类型，使它产生了深远的影响。看完室外后，人们对其室内期望值很高，但室内的空间是令人失望的，这里很少能找到伯拉孟特的痕迹，它不是周围环境在室内的对应物；如果是的话，那可能有点过于完美了。

建筑的目的是将人们的注意力集中其上，并将其余的事物转化为背景。这强调了它在环境中的重要性，最终引入了一个等级性的原则。虽然存在完美的和谐，根据那一原则周围的每件事都要服从于壮美的主体，其方式就像是一个协奏曲的独唱演员独立于附属的管弦乐队。

"在我的手指之间存在着另外一只手。"(Leo Vroman)[1]

■建筑师更趋于根据容积、对象和事件去思考，而不是基于空间。对他们来说，空间是介乎中间的事物，被人们感受、占据。通常被修建起的物体所占据的空间比它们释放出的多。

在这方面建筑师做着与雕塑家一样的工作，只是比例异常大。对建筑是这样，城市也是如此。

如果 19 世纪时你谈及更多的是城市的"室内"以及整座城市像一座大房子，那么 20 世纪城市中值得注意的是具有独立性的建筑（autonomous building）耸立在基地上，每一个都想通过最显著的外观引起注意，这样做的目的是将它自己从其他建筑中区别出来，且具有自己的建筑特色。

无论我们怎样赋予现代化城市更多的室内特征，我们却很少成功，因为我们看到很少有机会去搬开个人私利和公共条规堆积起的大山。

建筑师和客户都是双重行为；两者都不断地想要通过外观战胜竞争对手而越来越突出，所以你就卷入了一场建筑间的消耗战，所有人都想在独木桥上开辟标新立异的道路，其结果是看上去都一样，尽管途径不同。这种炫耀的渴望常明显地体现在建筑杂志上，杂志里光彩照人、高深莫测的室外均一成不变放到了最前面。建筑摄影师趋于捕捉脱离环境的建筑，每一次都从外部的立足点去看。这显然是建筑师希望它们的建筑被独立地观察，当做可以独立生存的创造物对待，而且那就是遍布世界的形象。

建筑师希望他的整幢建筑处于摄影镜头之下，特别是明媚的阳光下，不考虑有关尺度的数字，脱离了具体生活和毫无人气的环境。它矗立在那里，是建筑师自己和他客户的写照——对于这一成果显然需要观看者全神贯注地品味，也许可以很好地解释为什么看上去它必须如此地拒人千里之外，并且是令人惊惧的孤独。

要不是刻意抹掉周围所有的其他事物，其实追求吸引注意力一点也不为过。建筑需要吸引空间（建筑实体之间）那些未能诱导出的注意力。我们习惯于观看"事物间的空间"，主要是作为一种额外的品质；当做对所有我们设计的东西中固有可能性的扩展，作为一个结果变得更加有用，更适用以及更好地适合于它们的目的，或者说使空间也适合于其他的目的。

"事物间的可居住空间反映了注意力从正式层面到非正式层面的转移，导向了普通日常生活的地方，意指已建立的各种明确功能意义间的空白之处。"[2]任何得以建立的东西是，并且必须是有形的、物质的、建筑实体。我们不得不去寻找被保留，或是被遗留下来了的、介于实体间、最终被塑造成的空间；由跨度或悬臂结构所构筑，包括凹槽、壁龛、遮蔽物、门廊、凉亭等等。我们不应忘记：实现所有这些所要付出的代价，同时这也是某些人的责任。总体上说，这正是为什么它应尽可能地保持在最低限度，一个只是合适的程度，含义需适合于可定量的、可正式接受的产品、功能及使用者的接受能力。交通动线和其他的"服务"空间不可避免地认为是额外的表面区域，因为在我们这个注重实际、盛行功利主义的世界里（依据所谓的"效率原则"或"直接受益原则"），所有的努力都应最起码是补偿所有的费用。空间是某些你必须去付出，却无法衡量出收

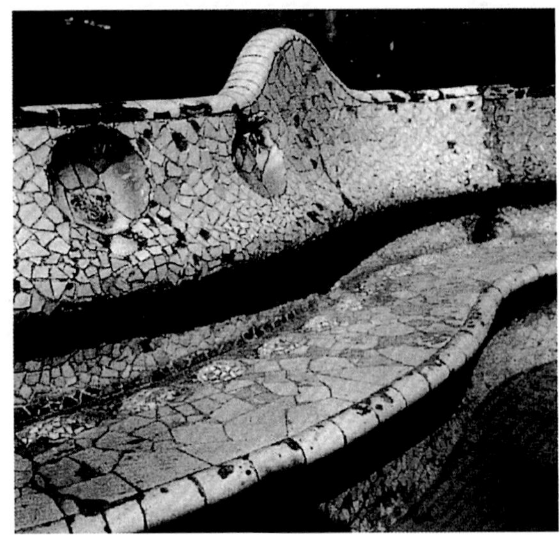

480

益的事物。客户认为净面积是总面积的对立面，很快趋向于认定任何有效净面积之外的东西必然是坏东西应严加控制，那些尽力减小净面积和总建筑面积间差别的建筑师是客户的宠儿。

当炫耀显示时，客户便抛弃了上述务实的态度；为了实现目的，他们求助于装饰，而不是空间。

所有的东西都以平方米来计算，立方米与立法者和资金资助者的意愿格格不入。在定义什么是必需物时，规则和标准的网络限制得很紧，即给其规定了固定的含义。空间被明确地排除在了定义内容之外，然而正是这个模糊的、不可预料的、非正式的、不正规空间恰恰是建筑师应关注的。

那么，空间成功地逃避了已有的、正式明文规定的条条框框的限制，供人们使用并自由解释。

首先，空间是介于物体之间的，在建筑中保持着自由，要求人们的注意力从根本上转变。若建筑师要真正均衡地看待事物，必须抛弃极度追求实物的习惯，不以追求物体为乐，将视线从事物、实体和建筑移至位于它们之间的空间。

这种注意力的转移是明显的、根本上的和激进的，意味着我们可以对那些定义我们世界的实体之间的区域（即介入性空间），指定价值，赋予它的价值和给与毗连实体的价值同等，将二者平等看待。在《建筑学教程：设计原理》中我们读到了《在狭小中间领域的生成形态：两者之间（*Das Gestalt gewordene Zwischen*：*the concretization of the in-between*）》介入性空间犹如一个物体，就像住宅和街道之间的门槛，当然取决于你如何解释它，是属于住宅多些，还是街道多些，因此是两者共有的一部分。在此我们不纠缠于入口之类的特例，而是将这一原则扩展成一个主题和一个范例。

介入性空间，即使是提升成为实物（从它的外形轮廓和居于另一面的观察视角，我们称之为“负实体（negative object）”），仍存在不稳定的现象。就其物质性（objectness）而言，它与周围事物相互连带，同样也是那些事物的附属物。只要一个实体被界定为介入性空间，马上即可判明：它被包围了，变得脆弱易受攻击，处于两者之间。其次，它具有依附性，而且在最适宜的环境下，具有联结性。另一方面形成的是固定的、可靠明确的实体，自然地吸引了人们的注意力。

若不是实体从周围环境吸引了人们的全部注意力，使关注焦点完全落在了它们身上，也不会发生其他事物与实体对抗的现象。空间产生于物体所建和所塑之处，于是事物实体做出了让步，放弃了它们的优先权，通过建成物和周围环境获得了同等的地位，仿佛成为了一体共同融入了大背景。在毕加索的碟子之前，Jujol在巴塞罗那高迪的奎尔公园（Gaudí's Parc Güell）中的波浪形长椅中就已添加了“打碎了的盘子（broken plate）”（图480、481），毕加索不久前刚刚离开那座城市。

“虽然可以这样解读Jujol/高迪的碟子，但是它们的自主性却被严重地削弱了。这些单独的碎片是松散的，因为它们是从原始的束缚状态发展到在它们的环境中将片段集中起来。除了原有的碟子的完整性之外，还可以读到新的联系，所以你可以将之看做是一种立体派（cubism）的形式。”[3]

立体主义者将人和事物作为片段来绘制。就像Jujol/高迪散碎的盘子，是背景环境的一部分，被环境吸收和严格地定义。例如在《拿着扇子而坐的女人》——一幅毕加索1908年绘制的早期立体主义画作，其中不可能判明哪些平面是属于女

481

人的，哪些是椅子的。两者好像是紧密联系在一起的，丧失了各自的特性，结合成了一个新的整体(图 482)。

所以此处我们看到人和事物被打碎了并以那样的方式被推入到背景中，以至于它们的物质性受到了质疑。它们的制作者会宁愿将它们描绘成无形(invisible)使它们完全消失，实际上是伪装了它们。这一情形继续着，在 1914 年毕加索和布拉克 (Braque) 看到带着整套迷彩装备的军队行进时，评论道："他们恰恰找到了我们曾经四处寻觅的东西。"

所有这些例子都是有关人和事物都依赖于它们的环境并被那种环境所决定和反映（比如，它们从中获得了它们的意义）。

由于任何事物都是彼此依赖的，所以就不存在主要和次要之分，没有文脉、环境，且最终也没有固定的含义。

482 毕加索，《拿着扇子而坐的女人》，1908 年

塞尚(Paul Cézanne)(图 483)

在塞尚的静物中桌子上有一盘丰盛的水果，关于那些物体的描绘越来越少，反而增加了对它们之间空间的描绘。突出了插入的空间，苹果、柠檬比色块间的缝隙大不了多少。到现在为止我们对苹果已经了解很多了，虽然它们有很多品种，不管它们的外观怎样，口感、手感如何，香味怎样。它们从内到外都被我们清楚地掌握，是我们可辨认的和熟悉的。吸引了塞尚的空间是物体在它们的相对位置之间的空间以及它们的相互关系，但比较起来他更为不可名状的、没有定形的中间空间形式（the form of the space-between)所吸引。塞尚正在寻找不能明言的、未曾表示的形式。他能够将形式考虑为事物本身的现象。他去除掉事物间重要性的差别，追溯到事物的空间并赋予它们同等的地位。在丝毫未察觉的情况下，是他首创了20世纪的空间感知。

483 塞尚,《静物》,1900年

皮埃尔·博纳尔（Pierre Bonnard)(图 484)

画家皮埃尔·博纳尔不是一个重要的发明家。毕加索和他的朋友们都没能认真理解他：他一生的工作热情都专注于家居的场景，他以细致入微的色彩平衡表现出温暖与和谐，反映了人们的生活和环境，对外界发生的一切根本无动于衷。但是他的作品在另外一方面亦更突出，不只是它的美感和祥和。他画作中的物体——桌子、椅子和其他事物经常可以在房间中找到——都像是按某种方式精心编排的，嵌入了周围场景之中，我们可以留意到焦点常常是落在了那些物体之间，因此，可以说所有的各个单独组成部分都为了强调整体的协调。虽然物体本身仍然保持了可辨性，但它们已丧失了统辖场景的地位。画中所有的元素都获得了平等的地位。他绘制了大型的作品，而后通过分割得到较小的尺度，似乎是故意从物体中切过，所以它们会像碎片般的分散，像从裂缝似的空间中延伸出的小径。这位离群索居的画家的工作方式富有深刻的意义，处理模糊空间时，稀奇古怪的手法使他的出发点可以被称为"立体派"。

484 皮埃尔·博纳尔,《白色的室内》,1932年

吉奥乔尼（Giorgio Morandi）(图 485)

像博纳尔一样，吉奥乔尼选择了不去理会20世纪动荡的环境，甚至连最微小的方面根本也不予采纳作为出发点。他主要绘制的是瓶子、水壶和罐子等日常用品，他将它们仔细地排列。你可以在不同的画作中看到同一些的物品。他认为：组织排列是实际的工作，是迅速着手绘画的工作过程。众多构件的每一种组合表现出了一种紧密交织的音乐合奏。他在建筑方面的影响是使建筑很容易地与城市相结合，同时"建筑"间的空间似乎是将它们都"粘合"在了一起。同样，在塞尚的静物中，水果之间的区域组成了某种"公共区域"，状态和谐而且与背景物体地位平等。

吉奥乔尼的静物中最显著的是那些当单独观察时极为难看或至少是极不合适的罐子，当物体作为一个整体的组成部分时则被中和了。如果有什么是处于主导地位的，那就是全景：一个桌子上的瓶子的城市。

485 吉奥乔尼,《静物》,1955年

■火柴盒理论（Kasbahism）[4] 我们是否可以断言，使建筑不再像实物，将它们变得更为开放，结果导致一方面将之解读为一个各组成部分的集合，另一方面使它们成为城市这个更大整体的一部分。

这发生于建筑被作为城市的组成部分加以考虑的时间，就像是那些封闭了都市集体空间的各部分的混合物，以及当建筑间的对立面（作为一个实物）和它的环境被删除掉的时候。不只是要他们彼此适应，而且要建筑深入它的环境，反之它的环境更多地渗透入建筑中，所以它们可以趋于彼此相互转化。

减少建筑的实体性便减小了它们在各项意义上的距离，建成与未建之间的对立减弱了，对室内、室外间差异的作用也是如此。

室内与室外从来不会真正地混在一起，无论是多大程度上的公众性和私有性。气候、财产和防火等方面的考虑和要求常常坚持在可操控入口的形式上要有某种程度清晰的转换。

然而建筑单元可以通过实体间彼此更多地参与或模糊公共空间的边界，进而剥夺它们的个体特性，因此单元本身似乎丧失了它们的界限。

在这方面第一步是努力通过私人的实体去推动公共空间（廊道和购物中心，例如柯布西埃在美国剑桥的卡蓬特中心（Carpenter Center）（图 487），还有后来 OMA 在鹿特丹的 Kunsthal）。

你会发现私有的“本质（substance）”和街道的公共区域相交织，如地中海沿岸那些年代悠久的古城镇中的小径（在别的地方也有，尤其在东方）。

“火柴盒理论”曾激发了如 20 世纪 60 年代出现的许多堆积式（hill-townlike）项目（图 488），实际上惟一建成的案例是蒙特利尔的 Moshe Safdie 住宅（图 492）。这个努力去获取某种城市主旨的意图，不可避免的最终结果仍然是一个街区和一个实体，二者交界的边沿受到了损伤（图 489）。

所以存在着使室内和室外以及私有和公共相互贯通的方法。这分解了空地上独自矗立的建筑自身的独立性——在所有的历史城镇中心均需避免的独立性，在那些城镇中即使是最重要和壮丽的大厦也并肩而立，为同样清晰构成的街道空间提供了统一的正立面。

下面的“经典”案例中我们将看到介入空间和建成空间是平等的。每一个以及所有的都证明了注意焦点的转移与实体感强烈的对立。这里涉及的设计项目都应归功于这些例子，因为它们都寻求防止建成元素成为主导性要素，同时使中间空间获益。

486 穿过住宅的 U-Bahn，DennewitzstraBe，柏林

487 柯布西埃，卡蓬特视觉艺术中心，剑桥，美国，1961 年 - 1964 年

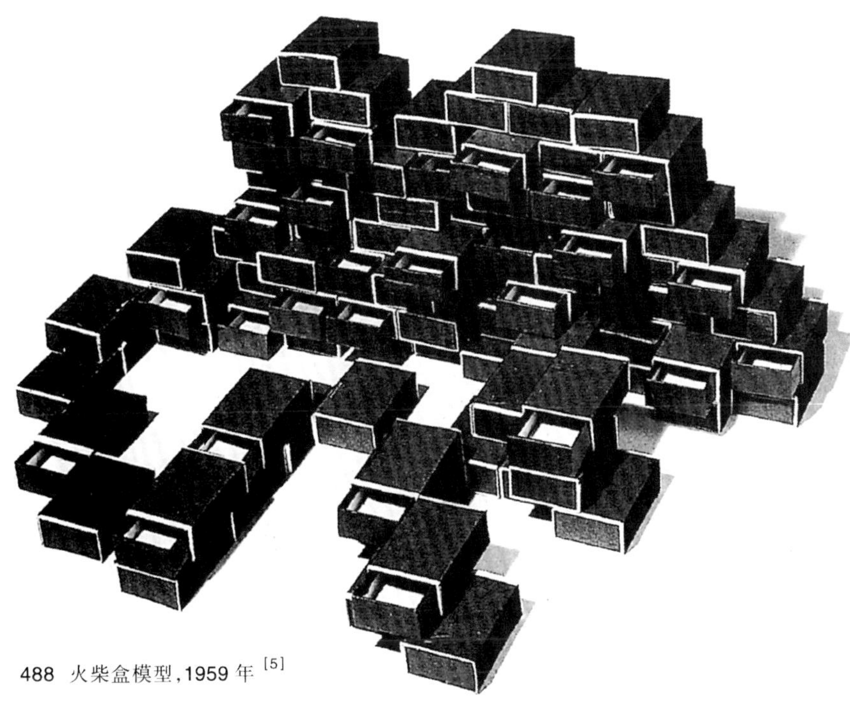

488 火柴盒模型,1959 年 [5]

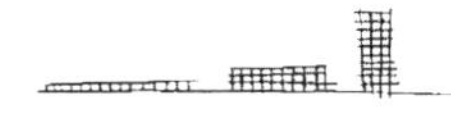

A 住宅区类型

B 住宅区限制条件

C 住宅区和限制条件的结合

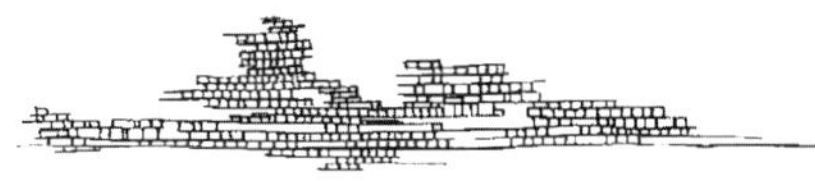

489 D 建筑和城市的边界 [6]

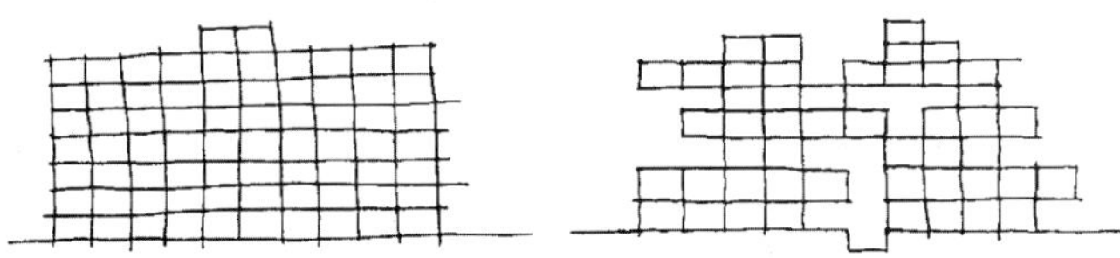

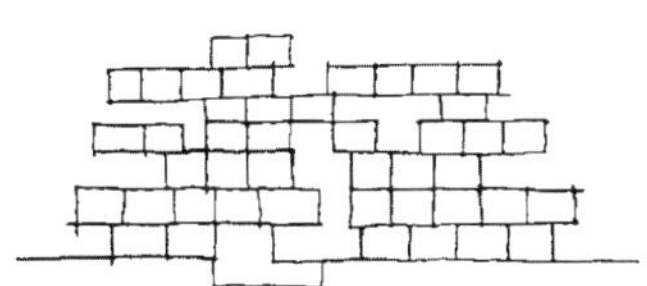

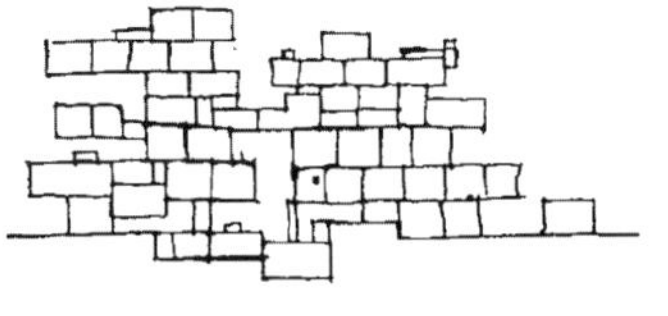

490 建筑中渗入街道和广场后的连续分解 [6]

491 Taos,新墨西哥,美国

492 Moshe Safdie,住宅,蒙特利尔,加拿大,1967 年

克鲁榭公寓，拉普拉塔，阿根廷，勒·柯布西埃，1949 年（Maison Curutchet，La Plata，Argentina，Le Corbusier，1949）（图 493 ~ 504）

柯布西埃为外科医生克鲁榭所建的住宅虽然尺度一般，就空间而言是他最复杂的作品之一。针对一个普遍的问题，本能的反应肯定源于它的构成：诊疗室在沿街立面的上部，起居部分在场地的后部。

基地坐落于城市中心区外围一个公园的边上，是主要由更大的建筑基地构成的街道立面的一部分。如果住宅以常规的方式组织，比如楼下是诊疗室，楼上是起居部分，它微小的体量看起来可能要向一旁推挤，其后部的区域将会难以使用。

然而，现在是起居空间占据了后部，同时正立面上只有高处的一层。它的顶部是一个平台朝向后面的起居空间。平台上的混凝土板能够使得建筑在沿街面显出更大的容积。

这幢住宅的理论容积主要存在于室外空间中，这一空间从体量中分离出来，室内和室外空间像三维的拼图玩具一样紧密联系，因此室外空间有效地成为了室内空间的一部分。运用计算机模型去渲染空间，将外壳以内的开放性空间作为体量，同时已建成的容积变成空的，我们可以看到体量和留出的开放性空间相当的均等。[7]已建成的和留出的开放性“体量”以及游历其中的感觉共同结合形成复杂的空间综合体，不可能从熟悉的和已出版的画作中读到。即使是柯布西埃的助手从草图中也只能读出很少的含义。根据 Roger Aujame 的说法，只是在建立了模型以后，他们才明白了他的意图。

起居部分是穿过前面抬高的诊疗室的下部，顺着斜坡直到入口，起居部分实际是一个独立的三层楼。第二道斜坡是从起居室反向延伸，通达诊疗室的入口。

这个结构两个独立部分间的室外区域通过一棵独树增色，仿佛是在警卫着对面的公园，而且令人回忆起了 1925 年的新精神展览馆（Pavillon de L'Esprit Nouveau）。在这里同样是这棵树，在建筑体量间寻找开口，跨越了住宅的较低部分直至毗邻的起居室的屋顶花园。

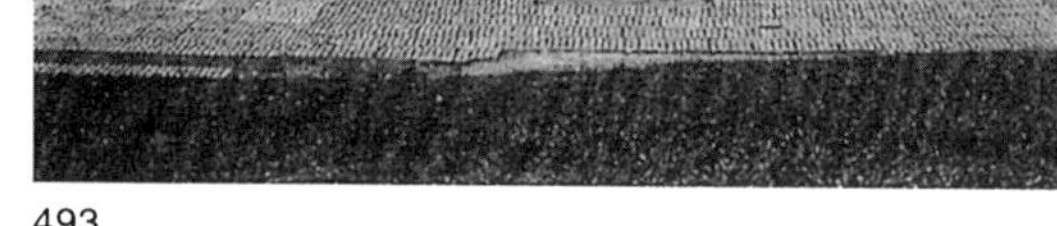

493

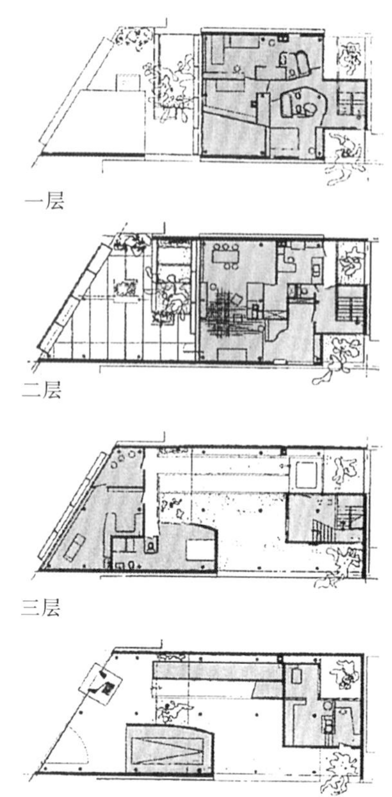

一层

二层

三层

494 四层

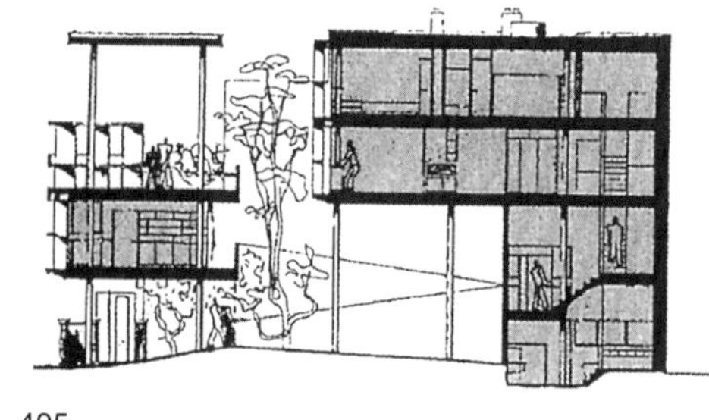

495

两道斜坡都是从出入口至出入口，并且可以说，的确是导向了某处，使得这种坡道比萨伏依别墅（Villa Savoye）中采用的坡道在建筑上更有说服力。这条坡道，虽然被人们无数次地仿制，但有一个缺点是它从中间对折了，留下了无意义的来回折返的印象。在拉普拉塔，通过穿越空间，坡道变得更为清晰，此正是柯布西埃所说的“漫步式建筑（promenade architecturale）”的含义。

看起来克鲁榭大夫在这里从未有过家的感觉。因为它太过光亮和开放了，缺少他所寻找的庇护。此外，还存在许多的不足激怒了他。动态的空间以及从其他不同的外部区域看到的不同景象显然对他没有什么意义，他对会被外界看到感到反感。作为一位外科医生，他熟悉于设计外科器具去使得它们更加有效，便于操控。他热切关心的是满足所需，经由常常游历巴黎的姐姐，他对现代建筑和建筑功能有所了解，所以与柯布西埃有了接触。他们从未见面，只是通信交流而已。它的结构，虽然可

496

499

497

500

498

以假定是被正确地完成了的，但具体工作是由当地建筑师实施的，这使克鲁樹医生觉得建筑潜在的思想品质受到了不利的影响。柯布西埃自己也从未到过拉普拉塔，只是看照片得知建成的情况。

501

502

503

504

公爵广场，Vigevano，意大利，伯拉孟特，1684年（Piazza Ducale，Vigevano，Italy，Bramante，1684）（图505～509）

这个位于米兰以西，意大利的北部城镇 Vigevano 的中央广场是鲜为知晓的巴洛克式广场的例子之一。与其说广场是建筑间剩下的空地，不如说是周围的建筑精心围合而成的空间。广场四边封闭起来，如同一个从周围建筑中刻画出的巨型都市房间——如果你愿意，可以视之为建筑的缩影。

迄今为止，这一案例符合了所有在意大利找到的巴洛克式广场的特征，而且时常被引证。其中有一段短围墙——称为“端头的立面”，它被大教堂所统辖，对它具有更大的重要性。第一眼看到时，仿佛这段墙完全是属于教堂的，就像4个对称设置的入口。

然而，更进一步地观察揭示了教堂实际上只有3个门，第4个是通向教堂后面公共街道 Via Roma 的道路。如果一个人稍微往右移一点就会使之更为清晰明显，显露出远处左边的那道门是敞开的，同时有骑车人在那里出现。这是否是一条公共街道冷漠地从教堂中穿过呢？事实是，好像教堂占据了整个端头围墙。实际上这并不符合广场的真实情况，而是有点笨拙地向右侧推移一点。看着镇中心的广场平面，我们可以发现这个广场设计伊始，城堡的位置决定了它不可能和教堂在同一条轴线上，以至于现在所处的模糊位置成了惟一合理的解决办法。解释有三。

1. 我们所见的不是教堂的外立面，而是广场的立面。广场最先建成，其后的建筑必须适应它。这确实没有什么新奇之处，然而异常突出的是那时极富权威的教堂竟然设计成利用面具展现立面，向后面的“建筑主体”倾斜。中空的形状、它在广场的凹度，似乎证实了这一理论。现在的教堂比给它一个突出的前立面独立性有所减少；它似乎是将自身依附于广场，而不是从其中脱颖而出。

2. 你可以转变这种论点，声称这座教堂时常将整个立面当做自己的门面，作为一种妥协它脱离开常规，接纳了街道。

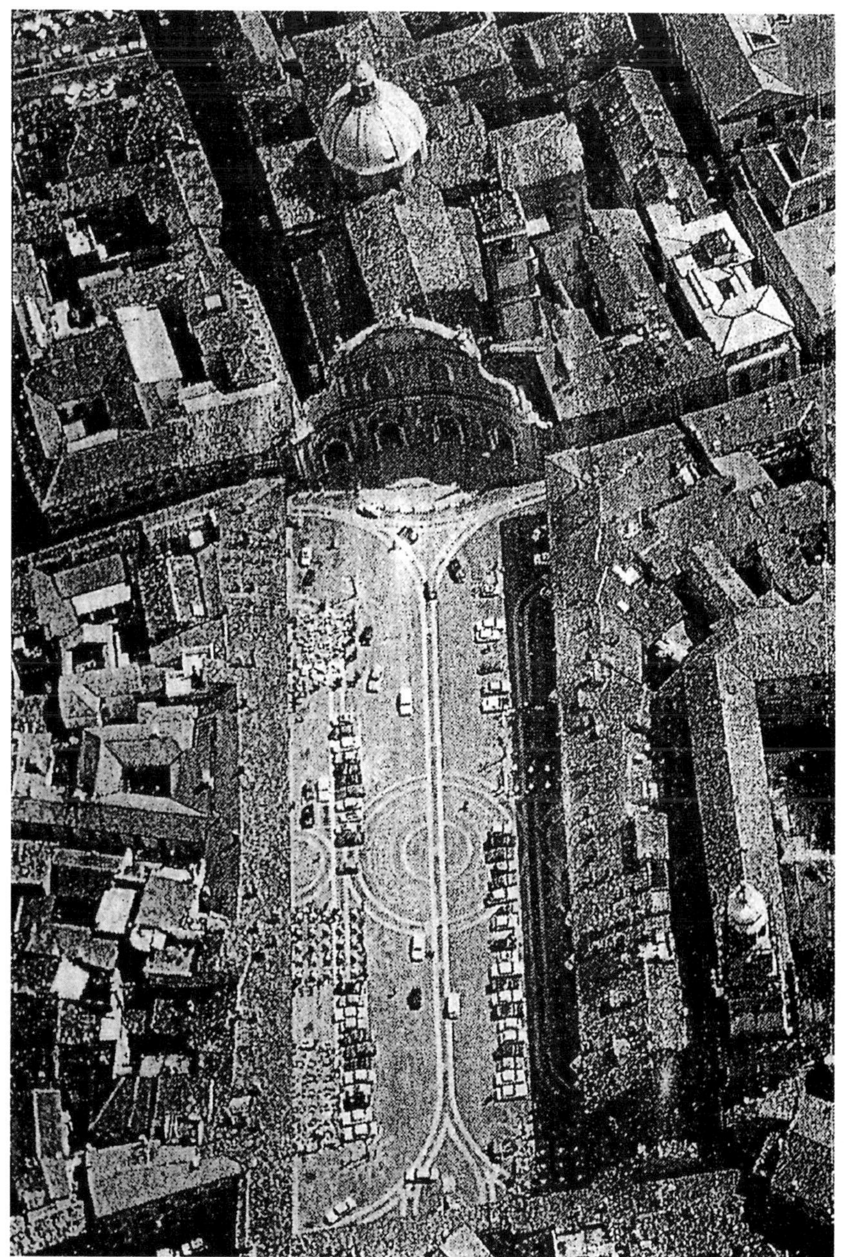
505

506

507

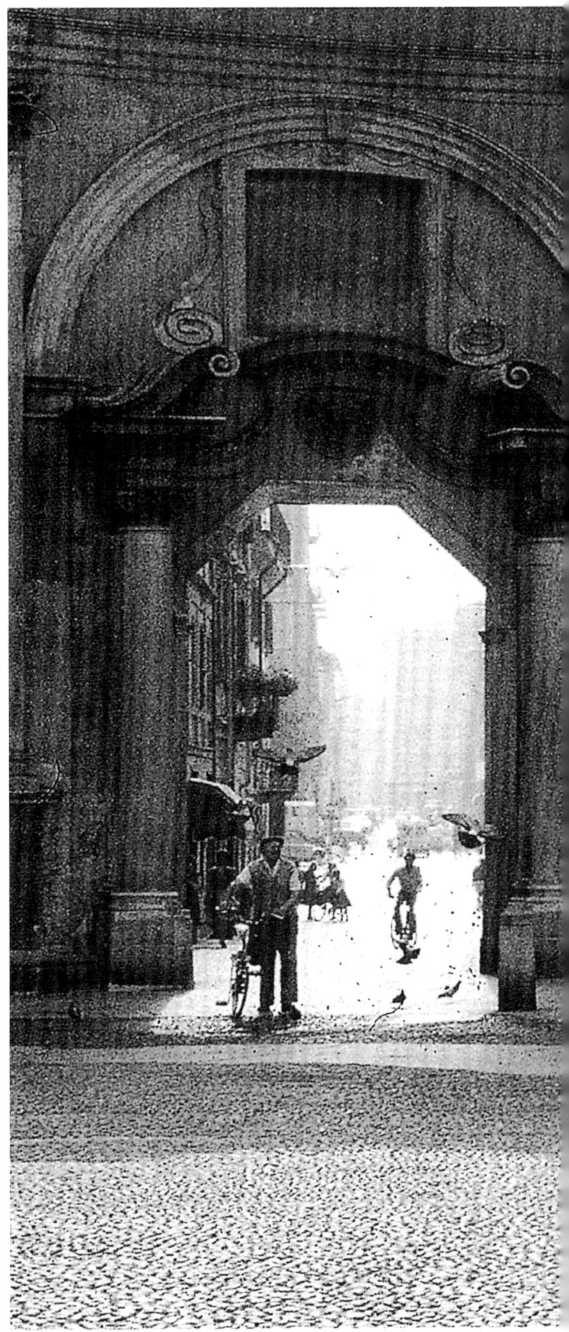

509

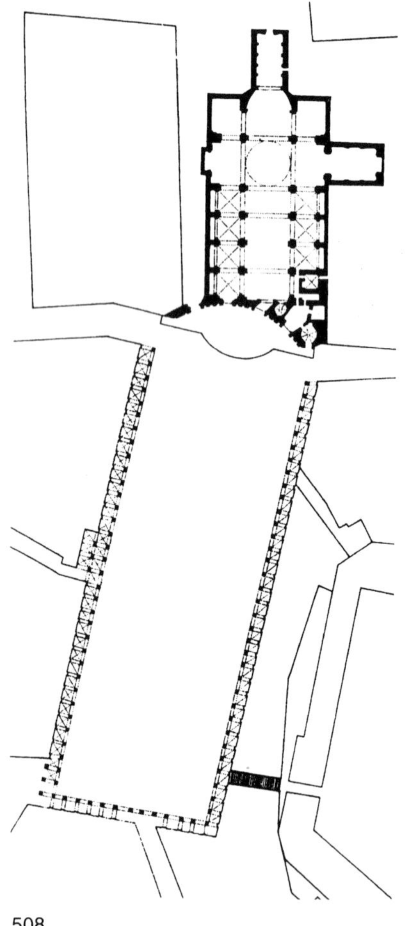

508

3. 如果我们把此立面认做是一个处在周围建筑和广场之间的独立障幕，那么这两个组成部分理论上就已不再是对立的了。这个立面可以解释为所建的和留做开放的空间之间的中介物。外围像是独立的屏障，它不只是一个精神上的构筑物；我们可以在 Place de la Carriére 看到这种布局，位于南锡（Nancy）[8] 的斯坦尼斯拉斯广场（Place Stanislas）是此类广场中的最后一个，当然还有罗马圣彼得教堂（St Peter）的椭圆形前庭的柱廊。[9]这些作为独立屏障的实例，不同于那些坐落在 Vigevano 的教堂，它们的正立面只是局部独立的，但可能是萌生于相同的思路。

上述三种解释的共同点是环绕着广场的建筑放弃了或者至少是降低了它们的实体性。广场的形式凌驾于单个建筑的表达，但是足以令我们惊讶的是教堂在这种情势下似乎给人留下了更深的印象。可能确实如此，所有的注意力都投在了广场，广场被当做了一个实

体，尽管只是一种负像的感觉，就像是会被雕塑家填满的模子，那里的边界都是相同的。

阿尔班山，墨西哥（Monte Albàn，Mexico）（图 510、511）

和雅典人建造他们的雅典卫城一样，从公元前 700 年到公元 700 年之间，萨波特克人（Zapotecs）建造了他们的阿尔班山，一个位于瓦哈卡（Oaxaca）附近豪华的庙宇群，它坐落在人工山地平台的最高处。除了作为庆祝活动的中心，它必然也是文化和行政中心，一座今天仍保存有大量巨型金字塔状构筑物和庙宇废墟的令人生畏的城市，看起来像一长串人造的山峦。从雅典卫城可以得出一个合理的想法，即那些曾经显赫一时的希腊神庙建筑必然具有削平了的大理石外观，可能充满了原始的色彩。然而，对于阿尔班山综合群以及所有其他在墨西哥被发掘出的庙宇，现存的细部外观很少，重建工作显示遗址只剩下以往数量惊人的建筑结构的基础矮墙，但至少是像雅典卫城一样的华丽。

可能由于它们极度严谨，几乎像是大自然所塑，把我们的注意力引向了那无法抵制的光秃秃的广阔平面，它们并不是简单地被留存了下来，而似乎是被有意识地创造的。雅典卫城的建筑，尤其是帕提农神庙（Parthenon）吸引了人们的注意力，而其周围的空间没有扮演特殊的角色。这里形成对比的是建筑似乎是被建造以划分它们之间平坦的表面，即便是今天它们也准备着去款待盛大的场面就像是个宏伟的城市广场。我们知道这里必定曾经发生过那样的事情，一下聚集了成千上万的人群，达到了野蛮时代的顶峰，和罗马竞技场中的残暴是一样的。

现在看着它，处于一种宁静的状态下，我们可以想像它曾经聚集过大批的人群，现在只有少量的游客用眼睛和照相机记录下这些建筑要素。关于它们，建筑导游有丰富的讲解内容。那些废墟比别的事物更多地激活了中介性空间，

510

这是自从你对它的注意开始的，它已移入了前景，移到了如皇冠一样的山巅。如果帕提农神庙标志的是雅典卫城的顶峰，在阿尔班山建成结构之间的巨大空旷地就是以多种方式展现特质，而不只局限于一种。

511

伊瑞克提翁神庙，希腊(Erechtheion, Greece)(图512～516)

512

雅典卫城统领着雅典，卫城本身也以同样的方式被帕提农神庙所统领，这一建筑以它的纯净、和谐，以及完美的比例留存于建筑史。这是众所周知的，有谁会对这个建筑艺术顶峰至高无上的地位产生怀疑。它建造得如此完美以至于人眼的缺陷也可以通过所谓的“视觉校正”得以弥补，精致的程度是空前绝后的。如果说狮子像分享了人们对帕提农神庙的一部分注意力，那就不能忽略伊瑞克提翁神庙中较小尺度的“女像柱廊(Caryatid Portico)”。它是一个极独特的方案和真正伟大的发明，这些石制的少女或说人形的柱子不仅是艺术珍品，而且毫无疑问这些奇特的柱子是建筑史上呈现出的最伟大的惊喜。

513

514

515

帕提农神庙是以柱子的深槽为特点，这里通过薄纱似的长袍飘逸地覆盖在少女身上形成的皱褶起到了相同的效果，形式更为自由，却不失精确。就仿佛坚硬的石头柔化了，似乎只有雕塑家可以想像出这种效果，事实上建筑与雕塑达到了异曲同工的目的。要将视线从这些迷人的女性形象上挪开是极其困难的，她们尽管是从属于整体，却仍然有着自己独特的个性风格。正是这一变化和无限变化的柱子断面产生了出人意料的和变幻莫测的中介性空间，因为视角的不同产生了不同的柱间距离(intercolumniation)比率。就是这种不可预知的变化、多变的缝隙空间把这些柱子联系在了一起。雅典卫城形成的是持久肃穆氛围及由建筑秩序所构建的和谐的多组雕像，与之相反，伊瑞克提翁神庙雕塑式的“女像柱”更为活泼，更富诗意，几乎是触手可及。

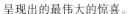

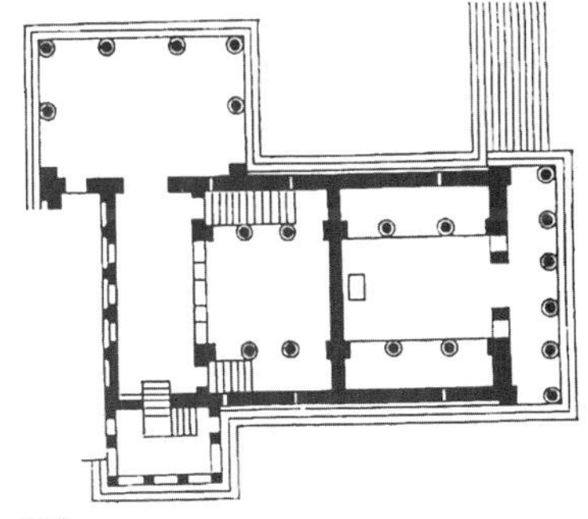
516

埃比托洛斯剧场的空间，希腊（The Space of the Theatre of Epidauros,Greece）（图 517、518）

这个巨大的希腊剧场构筑于一个天然的下沉地形中，里面以几何方式用大理石精确地排放成一排排的坐椅，使人们能够坐在这个开了槽的凹洞似的观众席中，其尺度接近于今天的露天体育场，并因此肯定是用于聚会的极为大型的场所。它的视听质量使注意力和观众的参与性最大化地集中于表演的核心，还产生了对集体感的最显著体验。虽然可能看起来令人惊讶，这个空间的声学效果却非常之好，舞台上的一声口哨最远的一排坐椅都可听到——更不需要任何形式的扩音器。看台可能暗示了与罗马圆形竞技场的联系，然而它们是完全独立的结构，它的外部朝向城市。

517

埃比托洛斯的独特之处在于：它几乎没有“内、外部”的不同感觉，已全部融入自然，并非从其中突然出现。它是以地形和建筑手法来塑造的，此处我们有了一个场所可使大量的人群能够聚集起来共同目睹一个事件。与金字塔本能的比较，形成了跨越地中海的鲜明对照。希腊的剧场中挖出的工程土，在埃及堆砌成了一座人造的小山，经过伟大努力建成的形式在景观中占有了一席之地。

你可以说金字塔和剧场是彼此相对的形式，这不是指它们的形式和尺度。它并非别的什么东西，而是一种理念，它们是完全对立的：如果金字塔只是一个单独亡人的坟墓，法老王静静地沉睡在永世的静寂和黑暗中；而在剧场中活生生的人们同时来到这里庆祝一个社会约定俗成的重大时刻。两者都包含有个体和群体的辩证法，虽然彼此是完全相反的。

金字塔的不朽体现在外向型的外表面，事实上那里不存在内部。相对应，剧场则没有外部，只有内向型的表面，关注自身的不朽。

两者都展示了一种城市规划的基本形式；一个是建筑，另一个是城镇广场。赋予了它们的环境以空间，每一个都处在自己的氛围下，是景观的一部分，不只是通过它们的巨大尺度。

埃比托洛斯剧场没有揭示外部特征。它的本质是内部的，或更确切地说，是它的容纳能力，反映出该建筑隐含的一面：不探究它是什么，而是探究它能够容纳些什么。

518

519　Bord de Seine，Izis，1987 年。“因为任何事物都是由属于我们活动的正确的人类尺度限定的，亘古不变的；所以永恒的只是：正确的尺度。”（勒·柯布西埃）[10]

媒体公园，科隆，德国，1990年(Media Park, Cologne, Germany, 1990)(图520～523)

这个项目采用了传统的城市街区原则，包括正规的外部表面和私人的庭园，但却将内外颠倒，因此正立面朝里，背立面则朝外。

一般来说，正立面都得到了建筑师的极大关注，背立面遭到冷落。

"一部建筑的历史是一部正立面的历史——似乎建筑根本就不存在背面！！建筑师常常寻找一种正规的秩序——他们更愿意去忽略硬币的另一面，即日常生活喧嚣忙碌的一面。今天这仍然是事实，即使本世纪公共住宅的设计已经成为建筑学上一个羽翼丰满的分支。建筑间仍然有一条无形的和潜意识里的分界线，存在大写字母A开头的和非大写开头之间的区别。"[11]这里重大的改变是：现在背立面暴露出来，所有的边沿都成了正立面，当内部庭园重新并入公众区域时。内部和外部的整体问题变得毫无关联。

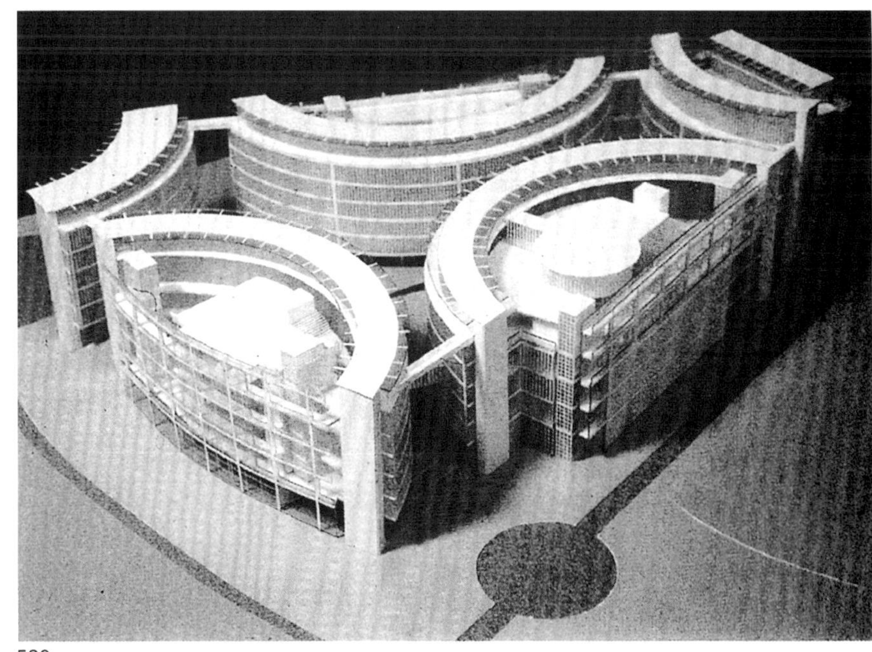
520

521

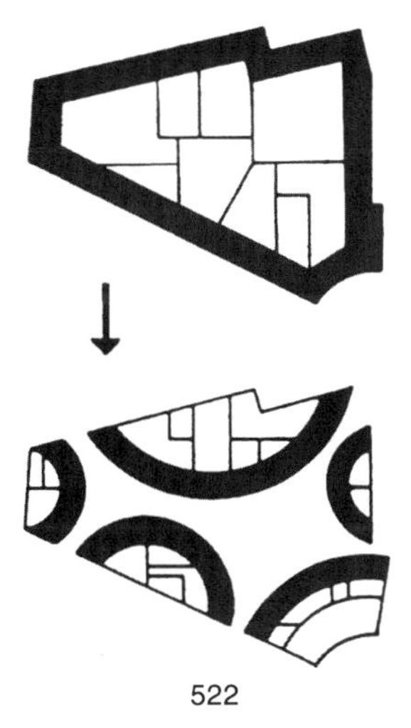
522

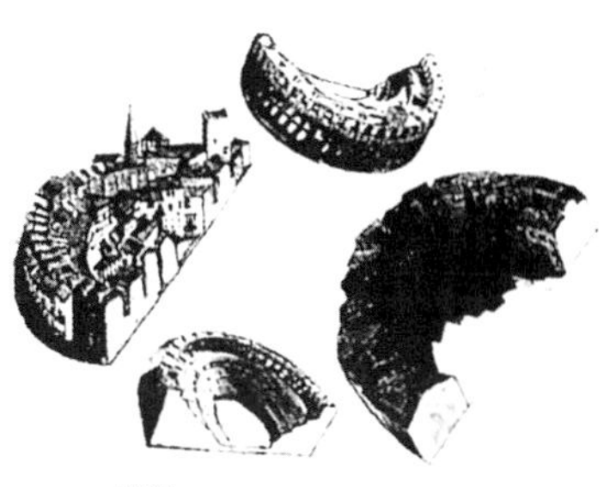
523

组成平面的环形片段是一个"坚固"不变的外表，像阿尔勒和卢卡的圆形竞技场的弧最终落成的建筑物只能够填充不那么持久的内容。[12]

环抱形的弧线可以容纳基本的办公功能，它的"大肚子"最初是为了满足各色客户工作间的广泛多样性而设计的。正是这种多样性造就了外部表面，而统一的办公区则朝内侧。

关于这一设计规划有几种意见，其中一个是将内部空间罩以玻璃屋顶就像一个中庭。其结果将令人不快地产生类似于廊道的体系，其缺点暴露无遗。为了激活各个面——"背面"和"正面"，就出现了一个进退维谷的难题：应该将入口安置在哪里。这个项目已经前瞻性地预见到了我们在杜伦和其他城市规划所运用的内外反转颠倒原则。可是，在那些案例中，街区的内环设作街道，入口设置在那里，同时一个突出的私人花园的绿色区域将街区围合在内。

YKK 宿舍，黑部，日本，1998 年 (YKK Dormitory, Kurobe, Japan, 1998)(图 524～539)

这组 YKK 公司员工的宿舍紧靠着黑部市（Kurobe）（富山区（Toyama district））市区中心，介于稻田和无规则排列的建筑之间。在这个以乡村生活为主导的区域，宿舍坐落在 YKK 工厂综合体一座大楼的对面，构成了街道的基础，它将进一步地发展并与市中心建立联系。

这组宿舍包含大约 100 个左右的住宅单元，均为设备齐全的单间公寓。除此之外，还有公共设施，包括一家餐厅和一家图书馆。建筑划分成了单独的部分，以最为透明的方式连接着。这排温和的住宅区依然具有一个清晰的城市立面。将宿舍与体块连接起来整体上防止产生过大的体量，使其更容易渗入到小尺度的环境中。我们也避免了那种旅馆式的一排排的非个人的大门以及非个人的仅靠人工照明的走廊。将起居部分分成 6 个以天桥相连的独立体块，那些从一个体块穿行至另一个体块的人们可以看到两边的景象，这赋予了走廊街道般的感觉。

524

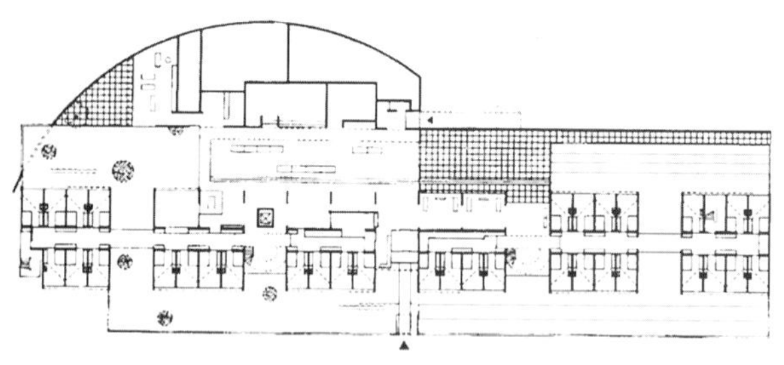
525

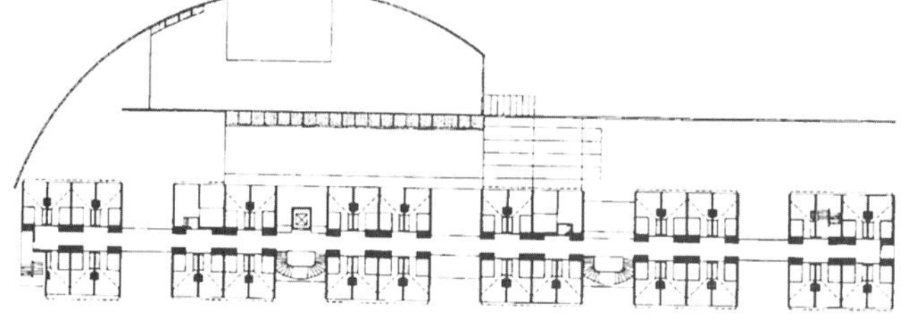
526

这 6 个分离的体量根本不是垂直布置的分离的“住宅”，虽然第一眼看起来它们可能是那样的。它们被连接起来，附着于一个有组织的多层单元，通过一部电梯和三部楼梯接合在一起。

居住区还包括传统日本风格的浴室、卫生间、干燥间，以及日常使用的露台。单独的房间建得很高足以容纳一个夹层，用做睡觉的阁楼或学习的阁楼。垂直划分的从上到下的玻璃立面强化了高度的影响。抹煞正常的楼层高度不仅是一个解放空间的问题。即便加上睡觉的阁楼，住房面积基本上不比普通的房间大多少。如果在小型住宅中可以轻松地

527

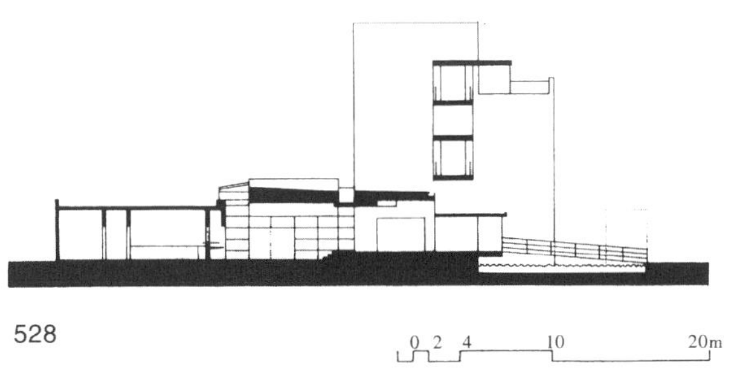

528

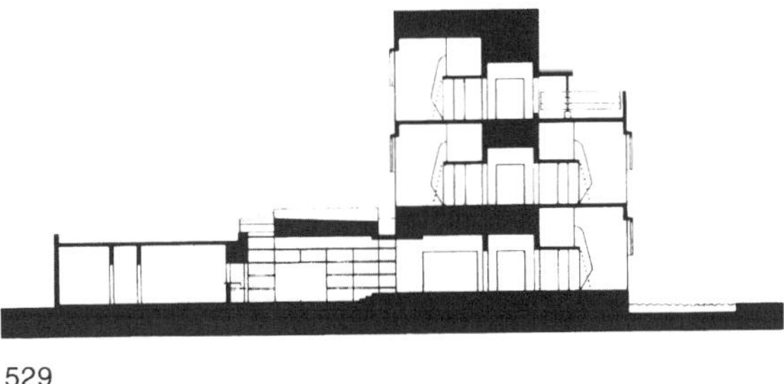

529

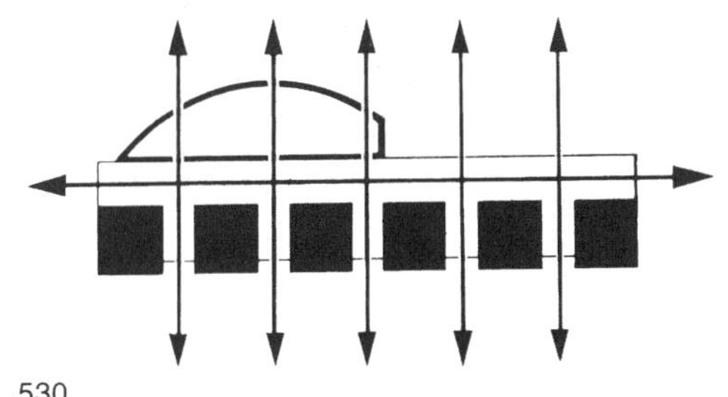

530

531

532

533

534

创造出属于你自己的环境，经过个人的选择拥有了两块不同的起居区域，那么就产生了一种成就感。

这意味着你可以接待到访者，而无需频繁地收拾东西，它还可以使得两个人居住起来更为容易。与起居单元平行的是餐厅，延长了的花园和露台使餐厅的外形得以延续。它的后面是厨房、服务区和专门区域，这个餐厅区域在居住部分和服务区之间建立了一座桥梁，同时沿线获得了穿越稻田望向远山的景致。这个区域，对四边开放，引入各种形式的活动，适合于舞会、音乐会和招待会。而且在这个区域有图书馆和用于谈话的更私密的房间、一间传统的日式房间。这个项目是用于测试太阳能的利用。所有阳光照亮的区域都装上了太阳能电池。设计人员不是硬性地添加设备，而是明智地在建筑不需要阳光的地方安装太阳能设备，将日光转化为电能帮助室内的夜间照明。

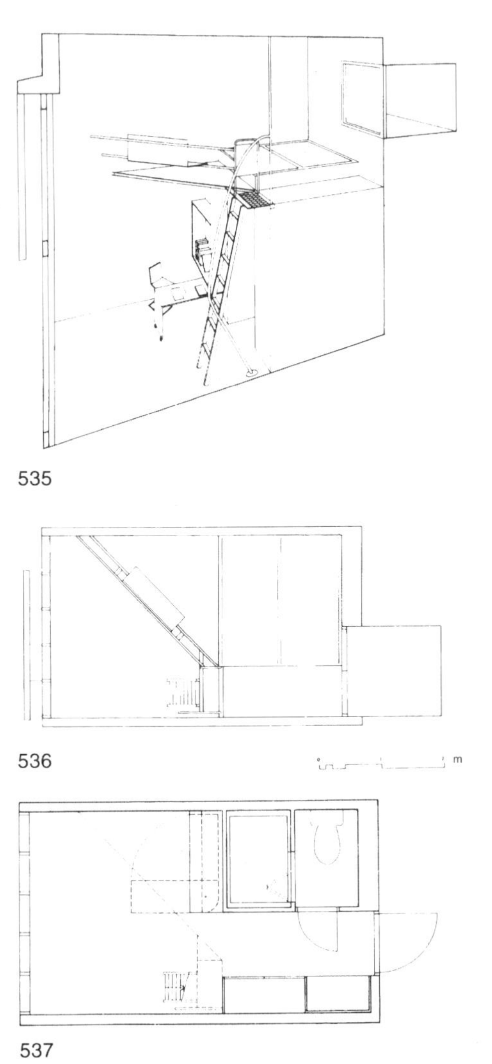

535

536

537

538

539

公共图书馆和音乐舞蹈中心，布拉达，1991 年－1996 年（Public Library and Centre for Music and Dance，Berda，1991－1996）（图 540～549）

这个包含了公共图书馆和音乐舞蹈中心的综合体整体被融入了一个大型城市街区的开发项目，像布拉达这样的城镇过去肯定修建有农场建筑和附带大型后花园的乡村住宅，在这里实施开发即是对此推行都市化。可以在四条环绕街区的街道中的三条感受到这幢建筑的存在。没有其他实体阻碍它融于周围环境，实际上它简直不能被称作建筑。

建筑的每一个立面以自己独特的方式反映了它所面对的街道特征。人们可以从三条街道进入。这里成为基地只

540

541

542

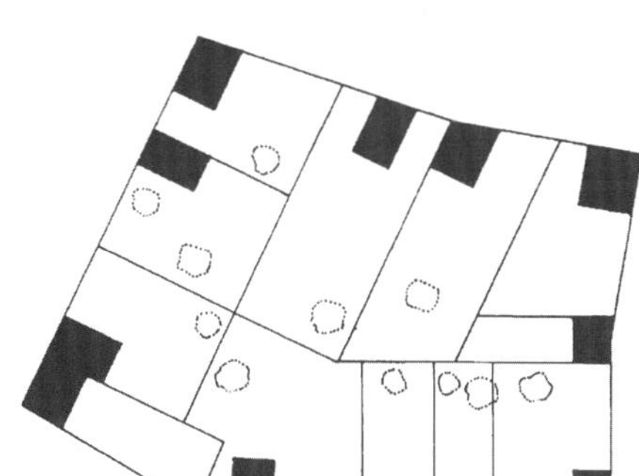

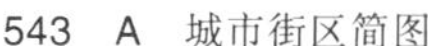

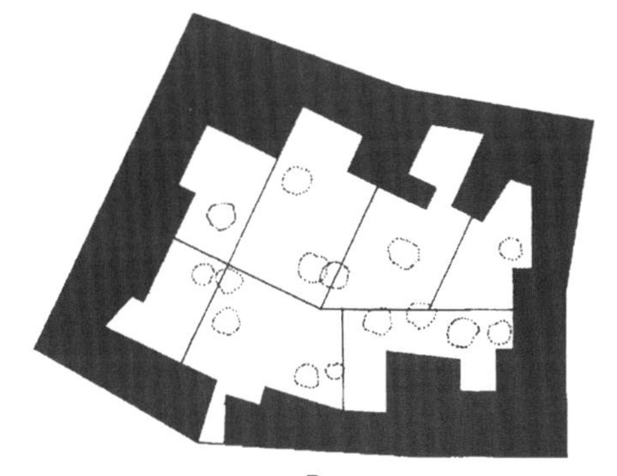

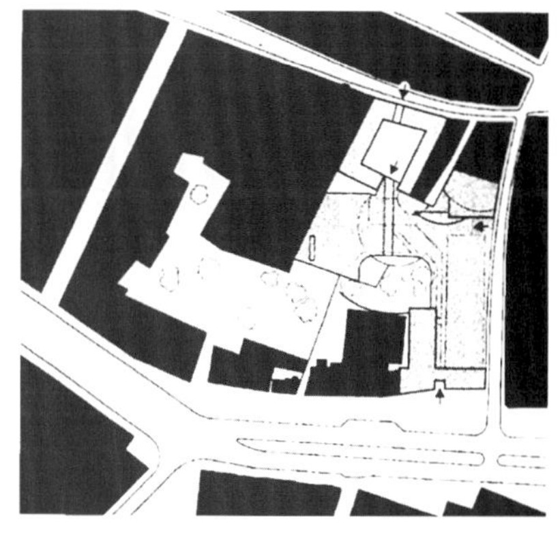

543 A 城市街区简图 B

544

是因为它处于结合部的位置；另一个因素是一组桑树，它们占据了内院，属于珍稀品种，无论如何都要保留。

设计结果是对已有建筑物的无固定形状的补充，与树木保持了一定的距离，这些桑树无意间成了设计的中心。整体由根据方形网格布置的柱子支撑，支撑起所有组成部分之上的高高的屋顶；给人的印象是一个帐篷把所有的组成部分聚集在单一的大空间中。这个屋顶在多处都与以悬挑，还部分地遮蔽了相邻的街道（就像某些意大利城市中的遮阳罩一样）。这产生了一种室内的感觉，同时在强调街道独特曲线时无须为此目的而修建完整的弯曲立面。从这个突出的屋顶下望出去，广阔的视野说明了各种各样的功能、层次，以及它们联系的方式。

拥有一个吸引人的外部空间是一座图书馆的首要条件，你至少能够从外部看到里面。此处的玻璃立面使你可以穿过栽有桑树的庭院看到底层的阅览室。

建筑整体上的非正式性是由于系统地认知以及放弃那些长期经验积累下来的那些形成并决定场地的基本要素和条件。主要的图书馆空间，无疑是这一综合体的主要特征，它在各个方向上都受困于环境，包括有主要属于老式建筑的组成部分，因此处于一个辅助的位置。

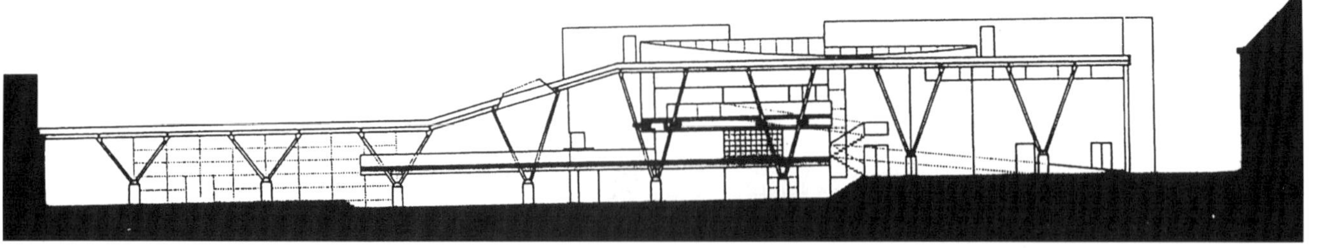
545

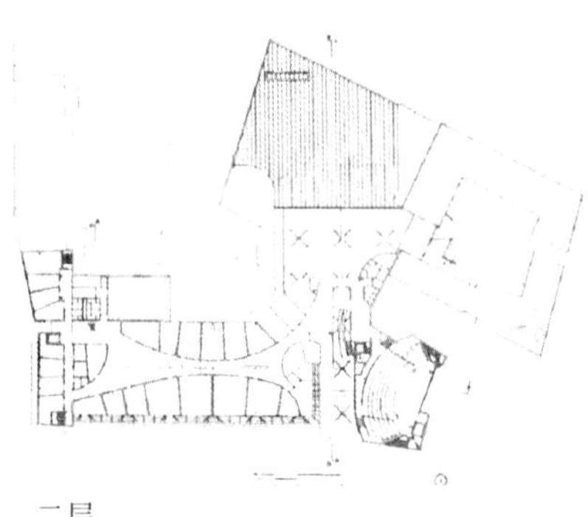
二层

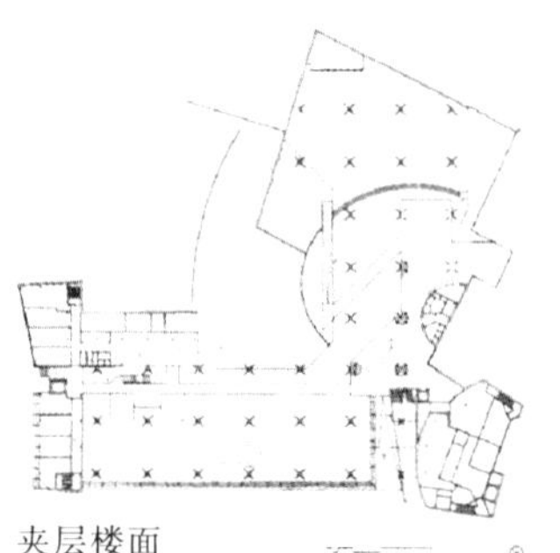
夹层楼面

546 一层

547

548

549

沙斯剧院，布拉达，1995年 (Chassé Theatre，Breda，1995) (图550～559)

“文化的庙宇”和“建筑样板”都不是人们所期待的对布拉达剧院的描绘。不只是因为极端紧张的预算，还因为它坐落的位置是在历史悠久的城镇中心外部一个毫无特色的场地。为了协调各方情况，它被插进了一个毫无特征难以形容的市政府办公室和同样毫无吸引力的19世纪时的军营之间。这些建筑之间所剩下的不规则空间太小了，无法容纳一个在各边都保持简洁清晰的新建筑。然而因为市政府办公室在四边开窗，打断了直接的连接，一个连续的城市立面同样是不可能的。

这一有限的场地只有很小的设计自由度，这种情况更是由于其平面在很大程度上已经通过剧场的非公共部分的组织方式被预先设定了，主要关注的是从步行距离角度考虑的效率问题。在设计组成中最重要的部分是两座飞翔般的弧形屋顶的塔楼，它们基本上只能沿着中央区域的后部占据一个位置。从视觉和都市化角度这组飞一般的塔楼都是最为显著的要素，因为相对于周围低矮的建筑形式，它们可能共同统领城市景观。这引发了将空间和体量共同混合的概念，问题的提出从对剧场的实际考虑而来，还附带着包容一切的大面积轻缓的波浪形屋顶。

这一反应可与汽车发动机的各组成部分相比较，再一次地设定去满足纯粹的技术标准，将它们在实践上和美学上都拉拢到一起。

双重的“波浪”洗掠过双塔，在休息大厅上方层叠，确保了没有哪个部分对外过分突兀，使屋顶有效地组织各部分，成为建筑的主要外观。

为大厅的公共区域留下的惟一空间——电影院和咖啡厅连接着前面的军营，明显的解决办法是笔直地展开这一区域就像一条沿着两个剧场观众厅的街道。在巨大的屋顶下，军营建筑的端头看起来仿佛是一个属于过去时代的独立的大厦。沿着这条“街道”毗邻的是电影院，通过狭窄的过道与大厅中弓形的阳台相连。

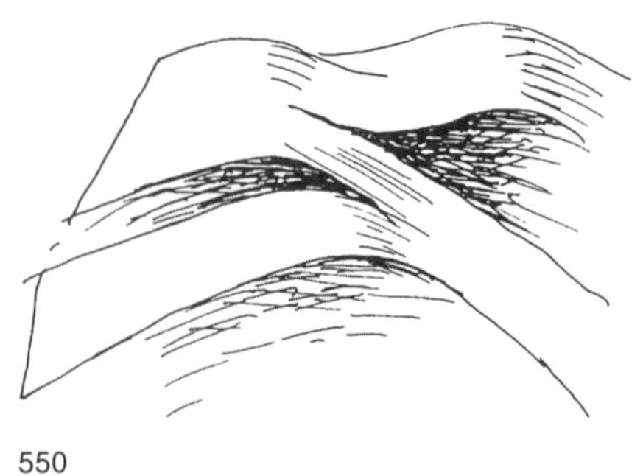

550

551

552

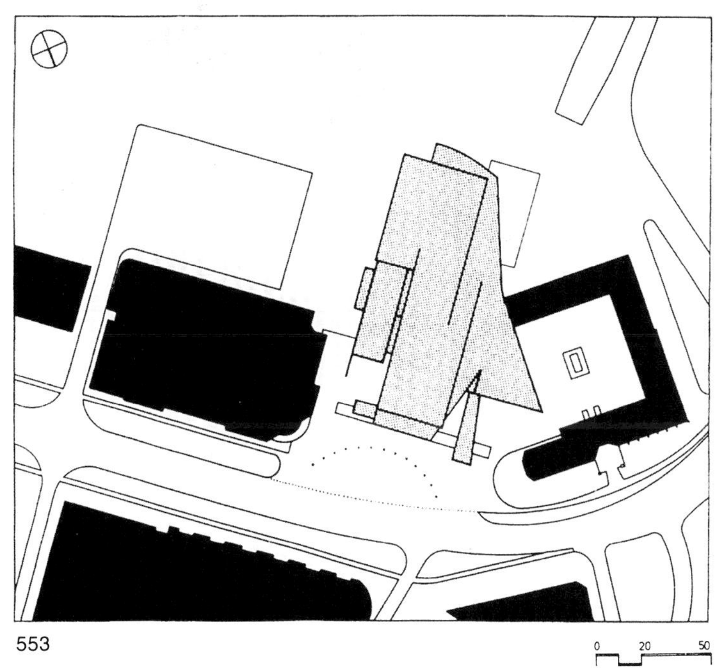

553

那么，大厅区域，更应说是遗留在各种各样体量之间的空间，它们的位置必须预先设定，导致了它无定形的特征。这个街道似的空间的外围暗示了单独的建筑，以及旧军营建筑带有传统垂直窗户的砖质端头立面，作为一种室内的城市立面中的独立元素受到了欢迎，强调了各种元素组合的外观，这在街道上比在建筑中更常碰到。异常高的波浪式天花板位于华丽的空间上方，赋予了开敞的天空形象，尤其在晚上，进一步强调了街道的影响。根据固定网格结构布设的高高的柱子支撑着屋顶，但是实际上是一个非常无规则的群体，部分原因是由于高度上的差别。当说它全部完成了的时候，它是否是一个由其外围所塑造的空间呢？将所有的柱子都漆成大量暗红色的想法有一个没能预料的结果，即色调上的接近有助于将各个单独的部分结合起来。“柱林”激发了对空间的感知，并达到这样一种程度，使得松散的外围被迫融入了背景中。

那么，柱子就可以通过规划其深度去定义一个空间。它们可以把我们的视线从无形和注意焦点的边沿转移到中介性空间上。

554

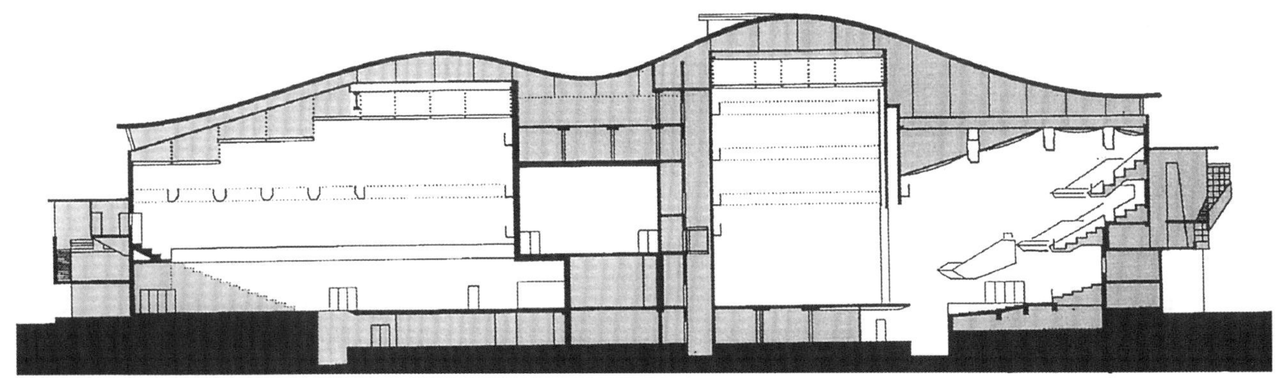

555

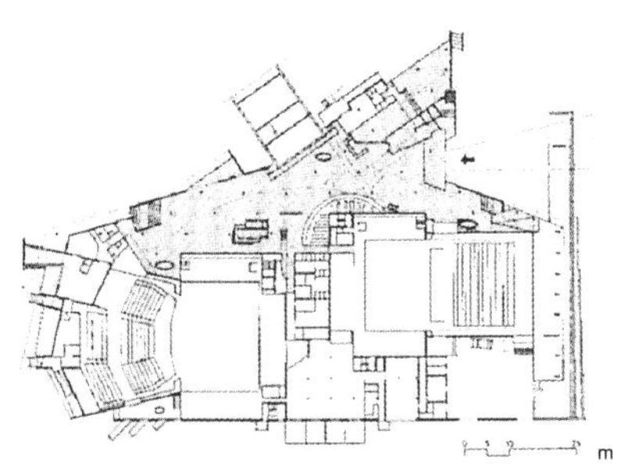

556 一层

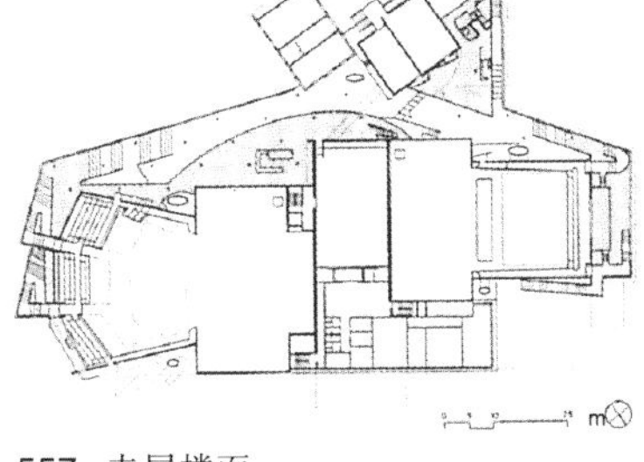

557 夹层楼面

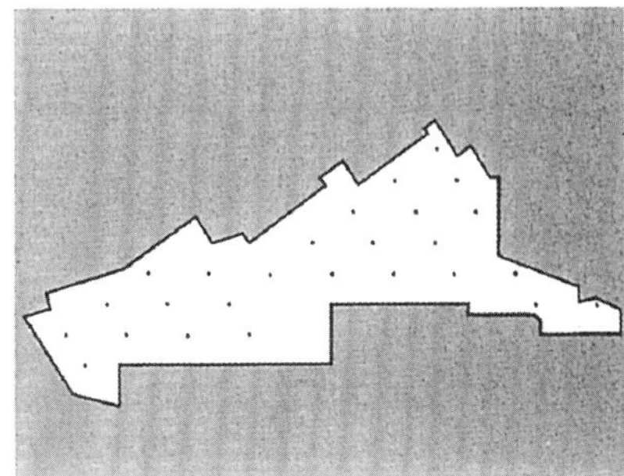

558 好像是随意分布的柱子

559

组合景观，弗赖津，慕尼黑，德国，1993 年（Gebaute Landschaft，Freising，Munich，Germany，1993）(图 560 ~ 562）

工业园或是“商业园”，无论你给它们起什么样的怪名字，实际上都是独立建筑的场地，它们都坚持多样性，同时也都寻求可识别性。我们面临的结果是，在城镇和都市边沿的各处它们都同样软弱无力和混乱，仿佛所有的建筑都是孤僻地自我依存，从这种状态中无法获得任何东西。当局害怕失去给他们带来利益的客户，不敢再提出新的规划条件，以至于这种浪费用地的现象在不知不觉间加剧了。在弗赖津，一个享有声誉的国际竞赛好像预示了这种状况的改变，而且一度“Gebaute Landschaft（组合景观）”好像将要实际建造，但是，地方政府最终不愿冒险，而采用“另一种常规的方案”。弗赖津小镇在慕尼黑北部，是老的国际机场所在地，它尚处于不断变化之中，它以农业为主，正逐渐地被新的都市扩展所侵吞——一个看似无法停止的进程。

我们将一个组合景观移植到这片土地上，取代了用一连串的建筑对原有景观的蚕食。以这种方式，我们成功地避免了对“城市”和“乡村”无把握的选择。城市建立后以令人震惊的速度一小块一小块地吞食着这片土地，这种方式是由土地财产所有权形式决定的。

“组合景观”的出现就像一个挖掘出的人造小山或更应该说是成排地修建而成，造就了一个动人的景观。

此处，多样的住宅区可以以自己选择的方式彼此共存，而且考虑到了实现弧形的屋顶绿色植被。

这些绿色的屋顶共同提供了一个公园用地，景观上的联系仍保持完整。屋顶植被的设计有利于排水，并从生态可持续性战略角度着手。

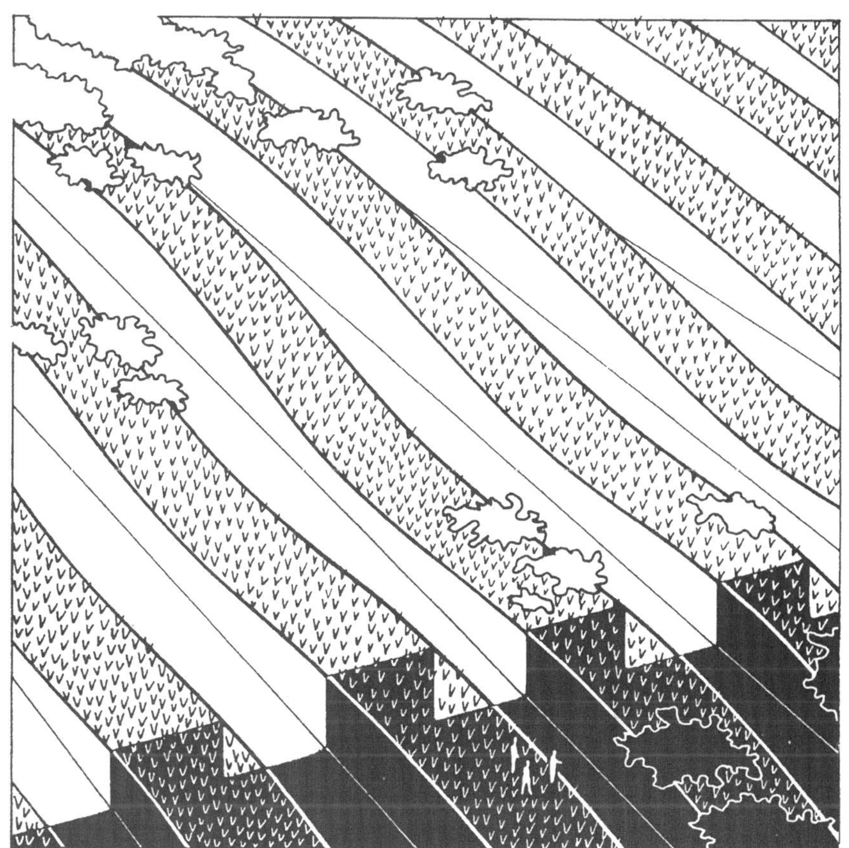

561

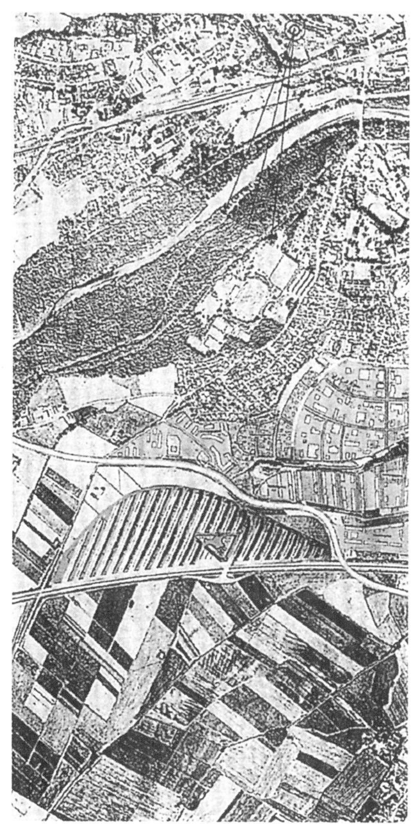

560

562

Landtag Brandenburg的办公楼，波茨坦，德国，1995年（Office Building for Landtag Brandenburg, Potsdam, Germany, 1995）（图563～567）

在这个竞赛设计里，弗赖津项目中提出的整体邻里关系原则被再一次应用于有纪念意义的政府办公楼的建筑上。这里同样有一个大型的场地与河道平行，另一侧与山交界，有着公园似的特征。这里会不会是许多壮观的街区的所在地，占据了比其所需多得多的公共空间，以致合理的沿河而设的人行道会被其阻挡？建筑所占据的空间常常比它们所返还的多。

我们的出发点是要去表达与濒水区平行的三个主要翼形的办公楼，宛如在连接大厅上方呈直角设置的三座微波荡漾的拱桥。这个大厅——一个将所有的空间都联在了一起的中央空间，从街道上的主入口开始，一直延续到可以停泊船只的濒水区。向外望去是水面，穿过它可以看到城市中心。沿河的带状公园连绵延续，人行道蜿蜒在拱桥形办公楼上面，好像是走过一个公众可及的山地。

563

564

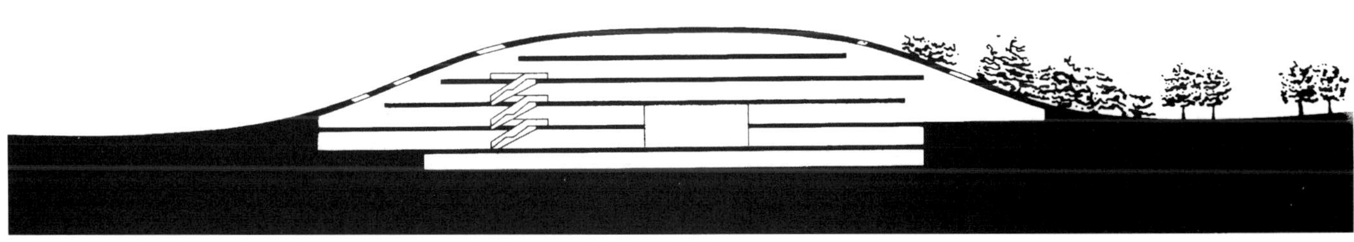
565

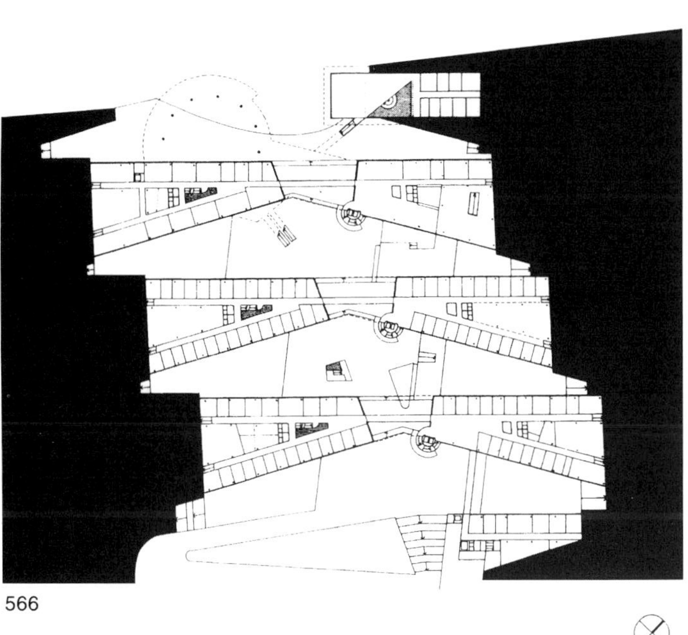
566

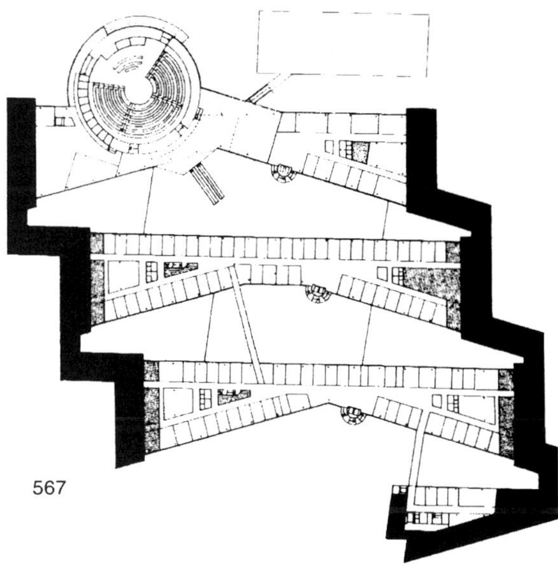
567

0 10 20 m

■建成环境（The Environment Built） 历史上城市中拥有独立的建筑（autonomous building）仅仅是例外情况，大概那些建筑具有重要的社会意义并因而被广泛使用，20 世纪的实体追求狂（objectmania）看似只认同独立的建筑，结果是城市特征瓦解了，城市和景观都分裂了。对于这种进退两难局面的反应，除了将那些瓦解的碎片重新组合起来以外，还有其他的解决办法吗？换言之是为建筑／建成的开发项目和场所／景观（“在建的场地”）寻找组合形式。所以，现在我们不仅拥有建筑般的城市和城市般的建筑，还有建筑般的场地和场地般的建筑。

尽管自然与文化的对抗长期存在，景观（至少荷兰如此）和城市两者都是人造的，或多或少都是建成要素的组合。两者受限制的特性要求我们平均分配建成要素，而且看来我们更轻易地接受集体意义更强和显著存在的成分。

我们能很快注意到乡村中的桥梁、道路和高压电缆等重要的连接结构（connecting structure），而把住宅楼和办公楼看做是中断性质（disruptive）的结构；更有甚者，将谷仓和其他我们认为必需的引人注目的物体，以它们提供的视觉冲击力低为由认定在景观上毫无吸引力。

当城市主要由砖、石材料并由绿色要素连在一起的时候，乡村是它的负像，尽管我们想要在城市中更多地接纳绿色——比乡村中接受的砖、石材料要多。正如所发生的那样，绿色被包围在城市中，永远不可能是足够大；毕竟绿色象征着光线与空间。

■巨型形式（Megaforms） 结构重要性的集体性越强，就越容易将它解释为是“自然”的一部分，并认为它属于景观中的一部分。如给人留下深刻印象的高架引水渠（Pont du Gard），由于罗马人使用的超大尺度的石材出现风化，输水管道似乎是附近岩石构成的一部分。在这里人造的和自然发展的要素之间的差别似乎很小（图 568）。就像通常所说的，是勒·柯布西埃探索了那种像“地平线”式的结构，它们的各个层面沟通了不同的高度，像带状城市般可以居住，易于联想到与道路相结合（图 569、570）。

很明显，这种颠倒产生了被完全剥夺了实体性的“负”建筑（“negative” building）。这就是为什么它们可以如此轻易地融入环境以及这一概念（在现有的环境中忽略了有关这种可居住的带状物如何成功地发展为都市的一个有机体）的巨大重要性。

与水渠状的带状物开发项目相关的是“欧布斯规划（Obus plan）”巨大结构的外观，同样是由柯布西埃设计的，像轮廓线一般划过阿尔及尔。[13]虽然这一规划向由个体加以填充的居住结构敞开了大门，但无论它看似多么美妙地嵌入了景观中，这种海边的“高架城市”剥夺了内陆观看海景的事实就足以使人对它的可行性抱有怀疑。这类居住结构的一个范例是由 Alfonso Reidy 在里约热内卢所实现的，它优美地波浪似的深入了景观，对这一类巨型形式丰富性的展示以至于你几乎忘记了它是为最贫穷的城市居民所设计的住宅。在 Reidy 方案中一条中央走道将建筑水平地划分为了上、下部结构，它在建筑的中间高度仿佛船只的甲板一样贯穿建筑并且可从山坡经过人行天桥到达，这条街道确认了这幢建筑不是

568

569

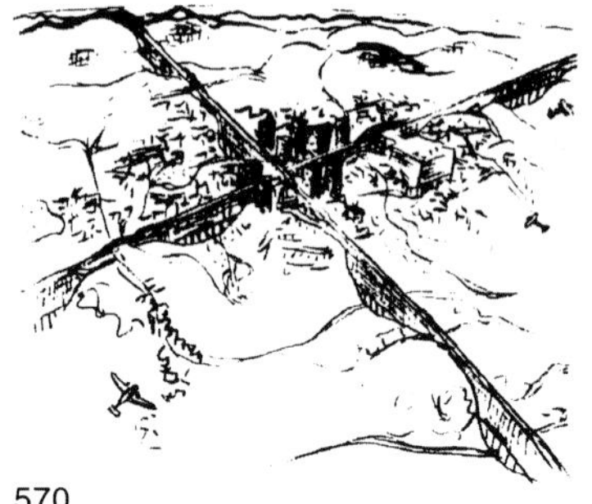

570

游离的实体，而是山体的一部分的感觉(图 571、573)。这个由柯布西埃创立的原则，通过马里奥·博塔（Marlo Botta）在位于瑞士提奇诺河（Ticino）里瓦·圣维塔莱（Riva San Vitale）他私人住宅中的具有说服力的应用获得了国际知名度（图 572）。Reidy 住宅的巨型结构中迂回的甲板式走道进一步引发了观察你面前未曾料到的空间的感觉，即体块后面内部的弯曲，同时透过眼前的同一幢建筑看到了外部世界。在空间方面，这比 Bath 的新月形建筑所展示的弯曲体块的额外品质更进了一步。[14]这一效果更加强了你正处于一个供人居住的山腰的感觉，而非在一所住宅中。

所以景观般的建筑以它自身的实体性为代价成为了主要实体的一个组成部分，例如岩石构成的一部分；理论上它可以完全融入周围的环境。

■作为意义载体的景观（Landscape as Bearer of Significance） 在没有过度表现实体的地方，比如说在景观里，事物和它们之间的空间可以在平等的地位上共同成功。在整个区域中，注意力的分配也是平等的，没有等级差别，因此，在赋予实体含义时，也是平等的，不是强加的。

这里的景观，是一个或多或少相连结的区域，拥有或多或少的庇护（封闭）以及连接的潜力，因而或多或少地适合于承载含义和重要性，其本身便也是重要的。

越是不像实体的，就越是中性的；越缺乏表现力的（内容并不是不丰富），就越不确定；越是缺少被限定的，就越可以自由地解释。

景观越是平坦顺畅，阻碍就越小，视野越广，封闭就越少（二者成反比）。与此相反，连接的潜力和由此产生的阻力越大，就越会趋向于有形物质上的封闭和精神上的理解；同时减少了对视野和移动的强调。如果一个平滑的表面首先是暗示了移动，与它的联系越多，则对建造场地和定居的条件越有利。

这一有关景观的概念与由哲学家 Gilles Deleuze 确定的光滑表面和纹理表面之间的区别有某种联系。[15]他关心的是在最基本的形式中，区分出平面间哪些的含义是自由随意的，哪些的含义是流动的；载体间，哪些的含义与处所相关，哪些的含义是固定静止的。

当针对某个主体时，我们借鉴哲学家的思想，但不应附加更多的含义（建筑师都对哲学家充满了狂热，却总是将他们的想法过于死板僵化地赋予自己的热情）。这种比较是极为肤浅的。无论我们是否喜欢，建筑只是不如词汇和图片可以折叠和柔韧，当景观与我们有关联时，它是一个人们为了生存目的而创造的结构，以便提供最大的生活空间，于是为它的拥有者的生存提供了较好的条件。

无论这个平面是起伏的或是倾斜的，人们总是尽全力使其平坦，即水平，设计成台阶式的平台。这种连接为实地工作创造了更好的条件，并开拓出更多的空间。在全世界的山区我们可以找到所有各类梯田形式（图 574）。修造原则是既简单又明了的：首先你将所有的石子和岩石从荒凉的自然环境中移走，用它们以水平小路的形式建立防护墙，保护上部肥沃的地层。材料和土地的“自然平衡”既阻止了土地侵蚀的威胁（从人类砍伐植被开始，便增加了这种威胁），又组织了水力资源。对水的需求越多，梯田就修得越水平。

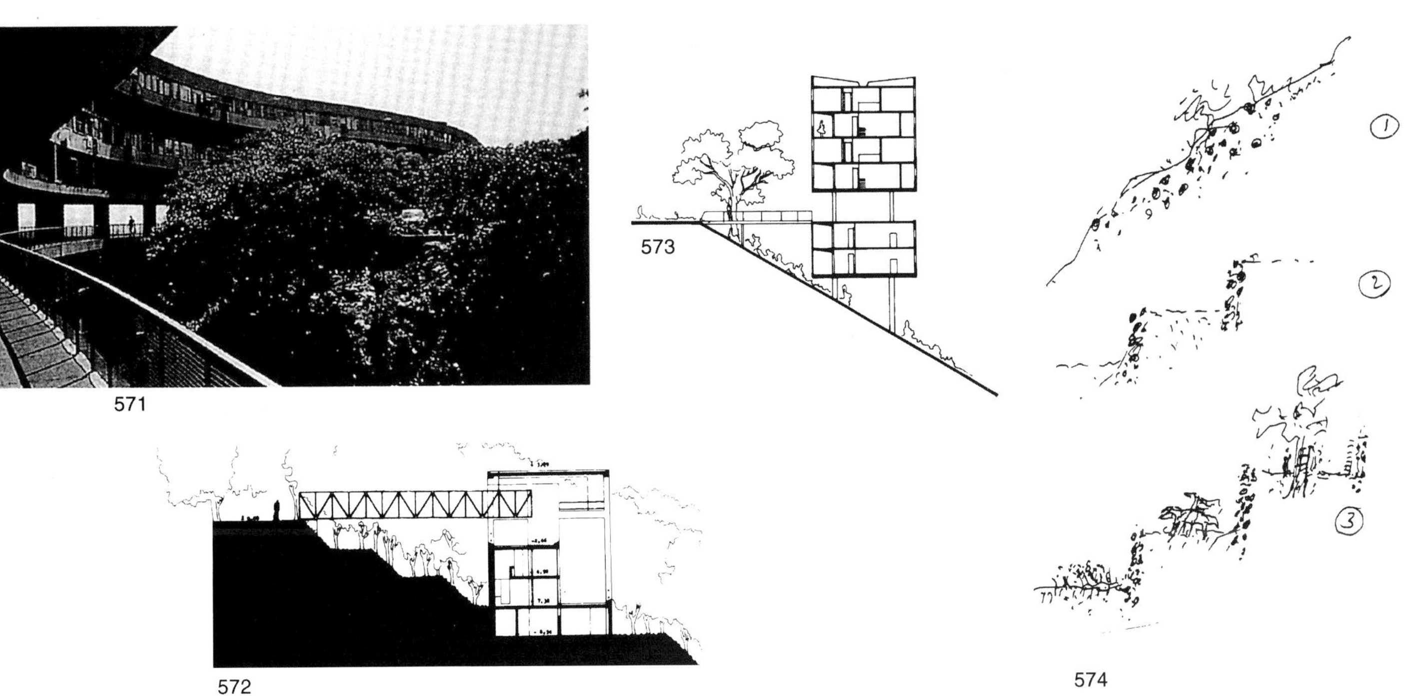

571

572

573

574

在远东地区的稻田我们可以发现令人难以置信的高精确程度的梯田体系，它是由无数代人的经验积累而来，能够根据需水量决定梯田的尺度，维护梯田体系时，开挖渠道的数量最少(图 575、576)。

开垦梯田是确定领域的一种方式，提供了明晰的组织和视野。最终形成的是使用者相互依附，共同维护、看管防护墙、水渠和水资源，呈现一个彼此紧密交织的社会体系。

每一处景观经长期发展都会稳定地转化为场所；场所被限定、成形、获得并受到保护，明确了具体区域，继而重新分配，根据新资源和新标准集约型地加以使用。

因为场所的容量增加了，所以使人驻足停留的能力也增加了。随着不确定性的减少，空间——不仅是纯粹的物质空间，而且在选择的余地方面——也减少了。

此原则对城市同样适用，至少当“异质的同一性(homogeneity of heterogeneity)”为主导时——在这方面景观非常典型。下面这段 1964 年时对作为城市景观的荷兰 Randstad 的介绍文字非常符合上述原则。

“荷兰，比世界其他地方都更甚，脑海中必须牢记对每一片土地的使用都要精打细算。因为没有其他地方像这里，在一个如此小的空间中聚集了如此多的人。

另外，在这里将土地围圈(enclosure)的需要比其他地方要大，因为这里没有山地或森林，也没有平坦、松软的土地。这样，在这个世界上最开放的土地上修建稠密建筑的理由很明显。

所以，最不可置信的怪事是生活在这个荷兰小城中的人们，都在一个广大的范围上‘忙于’浪费空间。这些大城市的扩建计划——花园城市——既没有建成花园，也未能建成城市，当上述两个组成部分都缺乏时，就根本不可能存在联系。

建筑师创造一个空地的同时也正破坏着一个场所，空地很多，空间却很少。在街区中空间上的距离划分标准是：一个体块的阴影不能延伸到另一个体块，相对他人的范围而言，每个人都是‘局外人’，当无法接受并抵制那种牢不可破的墙体时，便踌躇不知所措。

一个平坦连续的楼层诱使人继续前进，遇到一堵平滑的墙体则只能是从一旁走过；令人与它保持距离，使人退缩，无法与之抗衡。

构成土地围圈的第一阶段是楼层和墙体的阻隔；正是这种阻隔导致了人们慢行或加速，影响了生存的节奏，例如，把我们的周边环境围圈为：城镇。

我们必须创造土地围圈，以形成遮蔽，即对精神和心灵的遮护。世界变得越大，人们游走的距离越远，对围圈的需求就变得更大，我们的部分工作内容是通过这两个极端的彼此调和，赋予它们最广泛的重要性。我们的环境是这样形成的：它轮廓分明，集中在一起，拉长了，扩展了，像是土地上的一个褶叠物，所以空间可以被所有人和物所利用。

‘城镇’是稠密的地表外形所导致的统一体：它完全是对土地的围圈，尽最大可能将更多的人群吸纳起来。通常，土地本身的外形是首要的引导因素。即使是最微小的变化——在水平高度、斜坡、洼地上的差异(任何尘埃落定的地方)——都标志着围圈土地的形成，并可以成为城镇的前奏……发展和改变(growth and change)是对城镇印象中惟一恒久的因素，同时连续建筑(continuous building)的每一个阶段必定是永久的。所以每一次新的侵蚀本质上都必然是一种贡献；是一种

575

576

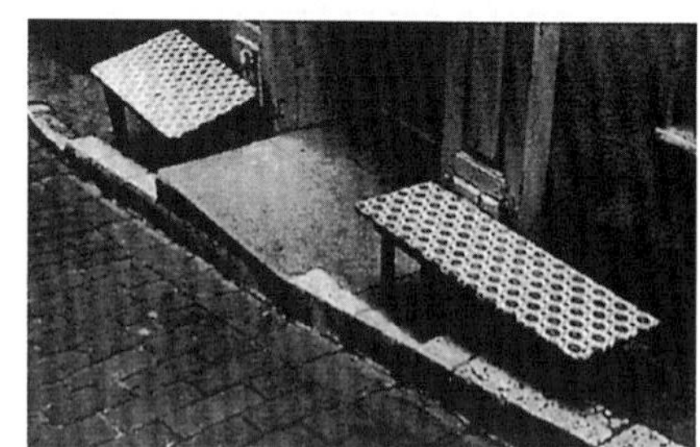

577 范·德·库肯，《立体派的曙光》，Seillaus，法国，1978 年

对时间的充分利用，一种平面的接合。这里'连接'意味着这个平面的分解为了是给与它尺度，包容所有在其内部发生的事情。通过这一种发展，墙体的功能不再是分隔作用而是作为基础；墙体就像是围圈。随着连接进程进一步发展，一座城镇变得更为集中，轮廓更为清晰，容量也不断增加。在大量空间中的小房间变成了大房间。我们规划的出发点必须是提供最适宜的容量。”[16]

■空间使平面发展(Spatially Evolved Planes) 现代建筑热衷于连续弯曲折叠和倾斜的平面，总体上这些平面提供的连接（attachment）机会很小，它们在室内空间品质上的贡献很少；促使你不停地移动，而不是鼓励你原地不动。没有了驻足停留的条件，也就没有义务去那样做。这种流动的建筑使人激动，事实是整体上看来，它是对我们现代生活方式的反映，标志是迅速地掠过了使用点，就像是动态整体中的一个插曲。

这一“不稳定的、易变的(liquid)”的建筑不仅反过来提供了空间品质，而且在这种变化中，空间感的方向性也消失了。特别在那些柱子与倾斜的平面成90°角的地方，对水平和平衡感的疏远随之发生。这里，运用接近于超现实主义的手法，现代社会的不稳定性得以表达。为了配合这一情况，楼层平面无缝地融入了作为屋顶的天花板，所有熟知的建筑意义看来都消融了，建筑日益呈现了景观的特征(图578～580)。

对景观的借鉴听起来不可避免地是浪漫的，毫不肤浅。它作为一种有关扩展、流动、起伏、动态、“自然”和空间等的暗示可能是适用的，但针对流动式（nomadic）的占用作用尚在讨论之中。

建筑师总是过快地将事实与比喻混合在一起，危险是纸上的建筑和现实中的真实建筑常常不是一回事。

褶形的和折叠的平面可能很好地表达了灵活性与连续性，一个水平的平面更吸引人们停留。皱褶与折叠增加了信息（以及由此产生的意义），就像光滑平面与有纹理的平面，当然取决于它们高低、上下位置——就其容量而言，它们都能接纳含义，空间上可以当做场所来解读或被填充，得到明确和标明。我们处于进退两难的境地——我们的时代已经从我们的思想中消除了确定性。建筑师，实际上是建筑，没有了立足点来支持他的设计作品和理论观点的合理性。如果最终的使用者不能植根于这种流动和灵活环境中，也就不会有问题出现，他们也无法成为占有者。灵活性可能被所有事物接受，但它不能推动，也没有义务去推动应用基础性的原则。没有人，包括最热衷流动性的建筑师，能从长远的角度，而非狭隘的范围在他的思想中应用合理稳定的参考起点；如果需要的话，他最终可能瞄准水平面。

像居于统治地位的奴隶主对奴隶实施残酷奴役一样，现代建筑师是不稳定性的奴隶，如果他知道怎样摆脱束缚，那么他应该与之做斗争。

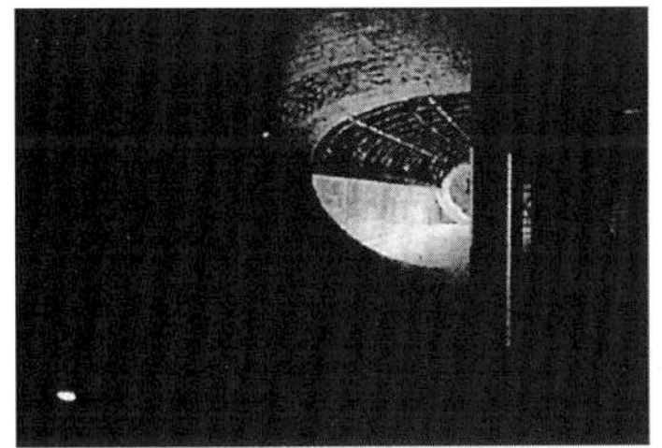

578 OMA，教育中心，乌得勒支，1992年－1997年

579 OMA，教育中心，乌得勒支，1992年－1997年

580 OMA，Kunsthal，鹿特丹，1987年－1992年

Pisac，秘鲁（Pisac，Peru）（图 581 ~ 583）

秘鲁安第斯山脉小镇库斯科(Cuzco)附近的众多斜坡是由当地土著 Incas 人所筑，[17] 以巨型梯田的形式将令人吃惊的尺度改造成长长的农用台地。这些台地由无休止堆叠起来的墙体中突出的石头联系在一起，并以固定的间隔出现构成了最小限度的台阶系统。这种形式是自然引入的。这些台地墙体支撑了肥沃的上层台地，防止侵蚀实施高效的灌溉。从建筑的角度来看，可以说这一景观通过这些台阶式的连接变得使人更易接近并适宜居住。

一种结构应运而生，既包括建成的又包括自然景观。对我们来说，它是一个潜在的都市化原则，能够产生多种意义、解释和设计。

581

582

583

莫立，秘鲁(Moray, Peru)(图584～587)

这是高原上的一处尺度庞大的下陷区域。我们可以想像，洼地的四壁就像是山体的斜坡，以完整的或接近完整的圆形线条蜿蜒伸向较低的地坪。这些是梯田的形式，有时是同心圆，有时则有多个核心。洼地本身可能是自然现象，同时也是对地形内部的处理，它所实现的精确度肯定预先经过仔细的考虑，反映了坚定的工作决心。理由是这项工程至少可以被上帝和人类看到。Incas人是否是大地艺术（Land Art）的实践者？在纳斯卡地区（秘鲁南部和智利北部），人们在地上刻画出巨大无比的形式，没有什么具体的形象，因为他们不可能有飞机和气球，但至少他们可以肯定神灵在注视着他们。

针对这一现象存在着大量的解释，有人说是印加人议会的坐席，[18]也有人认为是剧场，[19]同时还可能是农业试验田。地势越低，温度就越低，形成了不同的生长条件。

当我们努力探索这项伟大作品的修建意图时，至今仍未得出具有说服力的解释。我们所能做的就是惊叹这些极端内向的巨大起伏的洼地，它们和外向型的山坡梯田迥然不同。在宽阔的洼地里数条曲线聚拢一处形成了一个空旷地和场所的复杂体系，所以人们可以轻易地联想到在这里既是一个聚会集中的场所，又是一个离别分散的场所。和希腊的剧场一样，这个场所没有外部，因此是一个负像的实体，最终结论是：它是这种尺度上最完美的一个。

584

585

586

587

楼梯与踏步（Stairs and Treads）（图 588、589）

楼梯是卓越的媒介元素。造访它们的惟一原因是或上或下到某个地方。它们连接着各个层面，像桥梁一样对实现连接、服务、依赖、追求空间等目标发挥辅助作用。它们是交通空间，本身不是有用的楼层平面或最终的目的地，没有止境没有终点。这是为什么楼梯常常被过快地忘掉或略过，时常在狭窄的楼梯井里不见了，这是联系不同层面的必然方式，实际上没有抹煞上和下之间物质上的区别。

从一层到另一层，上去或下来，你试探着从一个空间穿过，从另一角度进行感知，产生了我们所谓的“空间感”。重要的是楼梯穿过了一个空间，你在移动的时候，视线使你进行一次难忘的旅程。

你可以修建一个坡道取代它，但如果它不是陡得难以穿越的话，则会导致修成一段很长的斜坡。只有在大空间中斜坡才是最为有效的，只有当这些斜坡在漫长的路途中被清楚恰到好处地连接才能引起人们的注意。可惜仅有极少数的建筑师有能力实现这一点。

柯布西埃引入了“漫步式建筑”的概念，意指当你穿过一个空间时就像是在穿过一处景观，仿佛是走在山路上不断展现新景观。斜坡和倾斜的楼层迫使人移动，使停留变得困难。因此，它们代表了建筑中的“游动性”（nomadism）。然而，对于任何时间长度的驻留，我们一直想寻求水平的平面。山腰开发成了台地供农业之用，无论哪里都有人类的定居点。楼梯的踏步，如果尺度是正确的，可以允许停留或成为小坐的地方，将人们聚集在一起。当在未经开发的空间上开凿或修建时，踏步是连接的主要形式，在水平角度用于种植或建筑的空间，而在垂直角度进行观察则变成了前面空间的覆盖物——它们反映了一种对自然空间的“驯服”和占用。

楼梯可以发展用以展现景观，通过不断地转化有利视点和观察视角产生了空间感，它们是杰出的空间制造者。

588

589

马丘比丘的台阶和阿波罗学校的室外楼梯，1980 年－1983 年(Steps of Machu Pichu and outside Stair of Apollo Schools，1980－1983)(图 590～592)

它的出现不是偶然的。这一规律性的一系列踏步像其他类似物一样的，必然是人类手工开凿成的。我们将可能永远不会知道它们为什么会在那样一个地方出现，台阶的一半是固定的岩石的突出部分，而另一半则是开凿起来容易得多的物料。

由两个不平均的部分共同构成一个有用的整体，它相似于一张两边分属两个不同的人而形成的脸。你同时注视两个并不十分完整的物体，它们所共享的品质占据了主导地位，就像一个合成的图像。两者都尽可能地适合于主题，同时现在都享受着最亲密的联系，无须放弃各自的特性。

这组踏步的存在因为有两个组成部分，每一个都有自己的属性(每一个都可以凭其本身充当一座楼梯)，二者共同形成了主题。但永远不是一个实体——这正是我们的兴趣所在。

要不是在实践中遇到了一座楼梯是由两种不同材料组成的实例（在这个例

590

591

子中是透明加实体)，使问题显露出来，否则至今仍无定论。阿波罗学校的设计纲要对楼梯的要求是，作为一个总出入口，应该是广阔的、诱人的，你在那里可以等待同学和也是每年拍摄学校合影的地方。无论如何，它应在楼梯下方产生一个热情的空间。因为那里有一处通向幼儿园的入口，非常年幼的学生在那儿等待他们的父母来接。你可以说这一环境在以后的几年间训练了我们的眼睛；在世界另一边的秘鲁，台阶则以另一种形式出现，我们认为它们具有非常相近的设计。

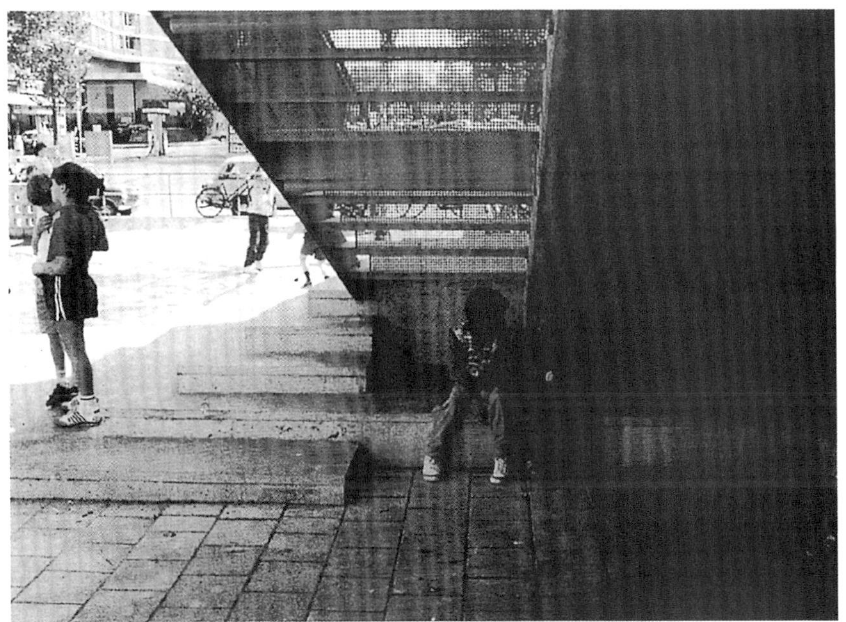

592

"圆形竞技场"般的踏步，阿波罗学校，阿姆斯特丹，1980 年－1983 年[20]（"Amphitheatre" Treads, Apollo Schools, Amsterdam，1980－1983）（图 593～597）

中央大厅宽大的像圆形竞技场般的踏步可以在学报组织非正式的活动时，成倍地增加座位数量。椅子不必搬出般进。这些踏步为个人活动同样提供了一个具有几乎是无穷可能性的场所。对孩子们来说，踏步可以充做工作时的长桌子。由于踏步的高度从而产生了与桌子的联系，踏步的木制表面进一步加强这种联系。此处，每个人都可以找到自己的工作区。首先是要脱掉鞋子。最重要的规定是：桌子上不能有鞋子。

593

594

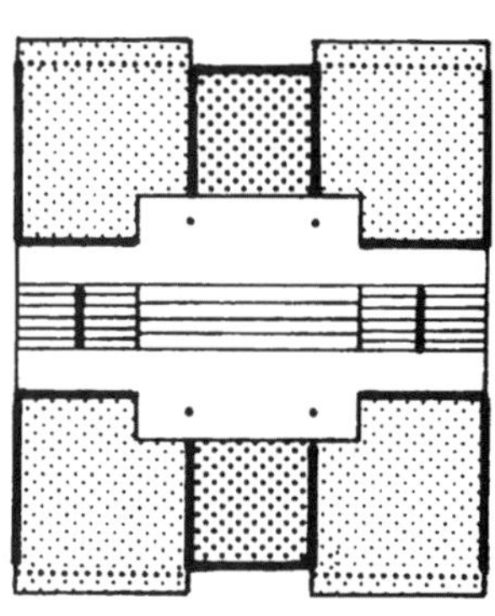

595

596

597

安妮·弗兰克学校，8年级小学，Papendrecht，1992年－1994年（Anne Frank School，Eight-class Primary School，Papendrecht，1992－1994）（图598～601）

这所学校构成了一个场地的都市基础，否则这里就要盖住宅。建筑向上发展的趋势有利于将它从周围的住宅中解放出来，并可限制它的占地面积。建筑的核心是主礼堂，所有的活动都集中在那里。这个高高的空间被连接空间组织的屋顶所覆盖，并且都呈弧形统一了各个方向的界线和周围三个体量的不同高度。

教室被安置在两个几乎完全相同的体块中，其余的房间则安排在第三个体块中，它高出了半层以在中央大厅的周围形成堆叠的体量。室内的动线处在半层楼梯的位置环绕着大厅，该方案是将整幢建筑转化为一个宽敞的楼梯，教室前面的空间作为楼梯顶口。这些放大了的楼梯平台充当了室内阳台，并使每个教室观察其他区域时没有视线障碍。

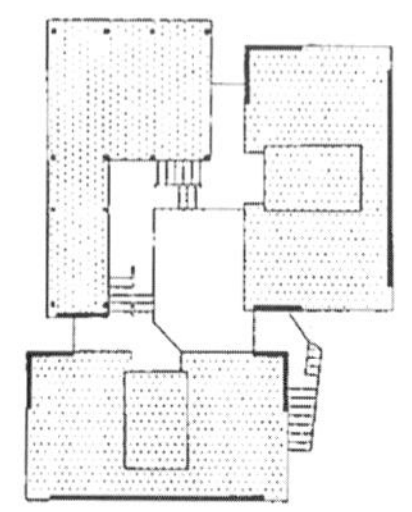
598

599

600

601

剧院综合体录像中心的楼梯，海牙，1986年－1993年（Stair in Video Center of Theatre Complex，The Hague，1986－1993）（图602～605）

录像中心实际上仅仅是海牙剧院综合建筑体中的一个楼梯井。不像在比希尔中心里一般轻松地穿越一个大型的自由空间，此处在又高又窄的录像中心的展览空间里，楼梯尽可能地设置在角落里。所以说，它轻易地摆脱了上面的楼层，像是定期安装在那里的展品，它的出现就仿佛在临时性展览中遇到一个永久性的组成部分。

另外形成了一个联系各楼层的纽带，这座楼梯提供了许多停留观察的视角，有利于欣赏艺术品和展览。在面积极端有限的环境下，它鼓励了对空间的特殊垂直使用方法。

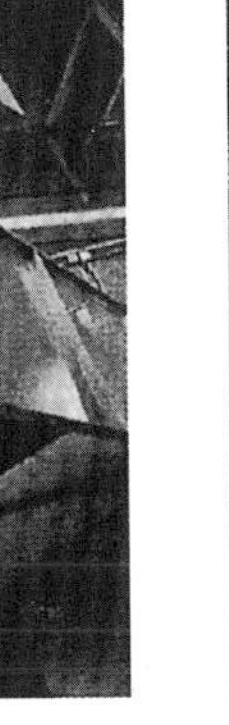

602

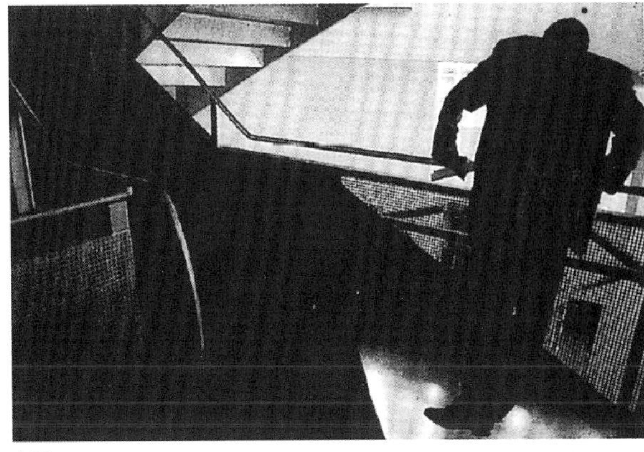

603

604

605

De Evenaar 小学的室外楼梯，阿姆斯特丹，1984 年－1986 年 (Outdoor Stair of De Evenaar Primary School, Amsterdam, 1984－1986)(图 606、607)

使这所学校像一个或多或少独立的建筑般坐落在当地公共广场的中央，以某种不顾一切的态度矗立在一座现已废弃的教堂入口的前方，教堂犹如一个可怕的怪物在它的后面，我们假设，即学校及邻里会分享这片广场空间。换言之，它将不仅仅是作为学校场地。

处于一个人口密集的居民区中央的这块公共空地被充分利用了，尤其是被孩子们，他们有的来自附近的学校，有的来自附近的住家。入口的楼梯，大胆地延伸至了广场，在这里扮演了一个关键性的角色。它的功能不只是进出学校的门户，而且是观看当地青少年足球赛的座位。另外，这一建筑为孩子们会面提供了必要的庇护场所。

为孩子们而作的公众空间不应被简单地定义为老套的游戏场设施，旧城区的建筑建有辅助设施、休息处、角落和缝隙，以及大量的未定义的游乐空间。今天的规划师和建筑师都害怕不规则性 (irregularity)，寻求建立一个顺畅、洁净、无懈可击的明确和清楚的世界。由建筑师来对他们建筑中将这一世界转化成都市社交空间的各个方面加以协调组织。

606

607

比希尔中心扩建的楼梯，阿培顿，1990年－1995年（Stair in Extension of Centraal Beheer, Apeldoorn, 1990－1995）（图608）

走过这个独立的楼梯就是循着椭圆形作旋转移动，在各个方向上视线都不会受到阻碍。它使你能够垂直地体验空间。在进行业务聚会时，最好在中庭举行，它提供了一个观看表演、观察其他事物的良好视野。

这个自由形式的楼梯几乎没有重复的元素，蜿蜒穿行于整个空间，盘旋上升，就像是一个易碎的雕塑。

设计采用了超出通常所能接受的更大的弯曲形式，于是产生了弹性感，强调了漂浮的效果。应该说，这一设计意图的形成是来自于知觉而非计算。设计给人们对薄钢板在关键部位的硬度有一个好的印象，根据纸模型，这座楼梯在实际安装过程中又做了一定的改变，将设计意图和真实表现非同寻常地亲近。

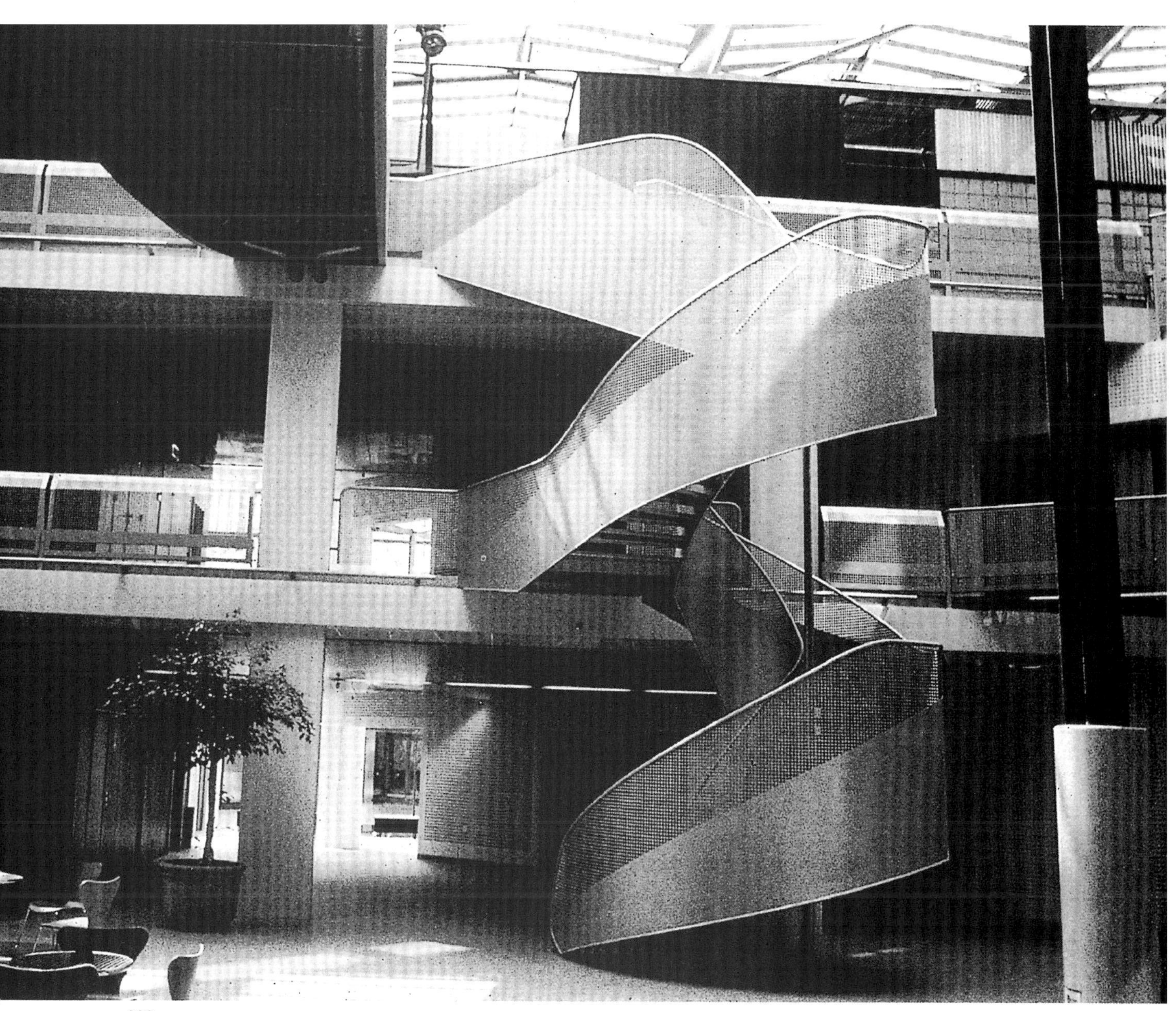

608

玻璃住宅的楼梯，巴黎，皮埃尔·切罗，伯纳德·毕沃耶特和 Louis Dalbet，1932 **年**（Stair in Maison de Verre，Paris，Pierre Chareau，Bernard Bijvoet and Louis Dalbet，1932）（**图** 609～611）

总之，这所房子是一个梦想的境界，不仅在于其技术上的完美，而且到处是新发明。“对我而言，这所住宅——实质是一个单一的空间，就像一层一层地出现和重叠的空间，没有明显的隔间——当我第一次进入时完全是一个全新的体验。我走进了一艘太空船，游离于世界之外……”。[21] 进入医生诊疗室所在的一层，然后继续上两层走到起居部分（即三楼）。穿过一个弧形的玻璃推拉门，在楼梯底部竖着一个类似弧形的独立穿孔钢屏风，诊疗室在你身后。屏风滑移于弯曲的平面上，即第一级踏步上。

609

610

你延着楼梯向上走，到了玻璃体块正立面的后面，正对着光线。在顶部你到达了一个平台，从那里你再走两级踏步便到了起居部分。这个平台体现了入口门廊，不仅仅是通往起居室的负的“入门台阶”（negative “doorstep”），还伴随着穿越房子时路线方向的变化。

这座极为温和的楼梯，有着豪华的宽度，没有设置扶手，还用橡胶覆踏步表面，仿佛是在从立面进入的光线中飞翔着。

那种透明楼梯的概念现在是很普通的了，我们现在可以将它们制作得更“苗条”。然而能达到这种开敞和轻盈的感觉并不多见，这一楼梯是透明楼梯的原型范例。经由这座楼梯你可以毫不费力地向上穿过空间，甚至连一点上楼的感觉都没有。

611

大图书馆的楼梯，巴黎，多米尼克·佩罗，1989 年－1996 年（Stairs of Grand Bibliothèque，Paris，Dominique Perrault，1989－1996）（图 612、613）

台阶同样可以表达不可接近性，是精心选择的限制性入口概念的特征，这一点被巴黎新图书馆公众部分的巨型基础所证明。你必须首先攀登，爬上去之后才又下降进入建筑。城市图书馆的形象是填满图书的玻璃塔。对图书而言，不是让它们向外看，而是为了阅读它们。这座建筑遍布了“集中和反射（concentration and reflection）”，就像佩罗提交的设计报告所表达的，该建筑受到了修道院的启发。明显地它是作为“反空间（anti－space）”来构思的，更接近埃及的金字塔而不是希腊的剧场，肯定不是为城市生活所设的社交空间。

612 “这个项目是一件都市艺术品，是最少主义者（ minimalist ）的杰作，表达了‘少即是多’的情感，若没有光线照射，实体和材料将毫无价值。人们步行走过悬吊于树丛间的天桥，仿佛穿行于天地之间。最后，是对下面芳香的花丛和沙沙作响的树丛的保护，将自己和另一个世界重组了。”引自法国国家图书馆新馆设计竞赛原文（多米尼克·佩罗，1989 年）

613

新大都会中的屋顶，阿姆斯特丹，伦佐·皮亚诺，1992年－1997年(Roof of New Metropolis，Amsterdam，Renzo Piano，1992－1997)(图614～616)

科学博物馆坐落在安塞尔河河港的堤岸上，下面是汽车隧道，博物馆和它的坡屋顶是隧道的镜像。博物馆本身是一个封闭的"盒子"，因为显而易见的理由博物馆被赋予了船首的形状。阶梯状的屋顶使得该建筑从城市一边看来不太像一座建筑的样子，更像连接着河堤土地的延续，建筑面朝太阳，公众可以到达。

它是一个吸引人去游逛、逗留的场所，特别对那些找水玩的孩子们，水是顺级而下的。建筑构筑了一片诱人的公众空间，就像是乡村平坦地形上的一座小山，提供着一个对阿姆斯特丹老城中心人们不太熟悉和令人惊讶的景象，之前仅能从老式的高楼中看见这种景象。通过这种方式它对城市的社交空间发挥了作用。

614

615

616

图书馆的台阶，哥伦比亚大学，纽约（Library Steps，Columbia University，New York）（图 617）

将重要的建筑修筑在底座之上，是以古典主义风格组织建筑的手法中一个固定主题。首先是保持场所的整洁，建筑被当做实体般勾画出来并吸引了我们的注意力。当首先创造了距离后，台阶的确无可否认地暗示了可接近性，但这只有当距离首先被产生时。

其外观临时变成了一排座位，使这些台阶转化成了一个场所。它处于一种“中介性”状态，本质上已经完全成为了一个主题和目标，将图书馆临时地移入了背景是次要的问题，重点从已建成的、被包容的和巩固的性质转换为非正式的、诱人的和短暂的。像许多受古典主义建筑风格影响所建的楼梯和台阶一样，这里显示出它在不同环境下的阐释能力。它和纪念碑的意味一样，取决于周围环境，轻易地转变成了对立面。[22]

617

歌剧院的楼梯，巴黎，Charles Garnier，1874 年；交响乐厅的楼梯，柏林，汉斯·夏隆，1963 年(Stair of Opera House，Paris，Charles Garnier，1874)(图 618)；(Stair of Philharmonie，Berlin，Hans Scharoun，1963)(图 619)

Garnier 的"老"歌剧院反映了一种已不再采用的剧院建筑形式。它也有层层叠叠瀑布般的楼梯，只是因为巨大的尺度形成了那样一个大规模的楼梯井，并将建筑容入自身。当观众踏上了这些台阶时，具本身就成为了一个剧院，从各方面而言都是独一无二的空间体验。周围宽阔的空间提供了环视四周和向上的视野，比单独一层楼面的视野广阔得多，使观众可以看与被看。

一个更新的例子是坐落在柏林的汉斯·夏隆的交响音乐厅，在那里你可以从大堂开始起步的许多小楼梯自各个侧面进入观众厅。与巴黎的歌剧院不同，这里的观众不是大群的人流被引至楼上，而是以小群体的形式进入。此外，这两组楼梯都通向了同一个平台，它们呈直线或非直线的形式布置，产生了一种强烈的动态的感觉，因为听音乐会的人流似乎总是在不停地冲撞和分离着。

618

619

Vilin 街/Piat 街十字路口，巴黎，Ronies，1959 年（Carrefour Rue Vilin/Rue Piat，Paris，Ronies，1959）（图 620）

显然这里所包含的不仅仅是一座混凝土楼梯，这个建筑把较低处的结构和高处的结构相连接。这里的地势略高，像是一座无法逾越的山坡，上面还有一扇窗户，显然是地铁的通风口，噪音和热量从那里逸出。孩子们在这里紧靠着城市的软"腹部"。甚至可以看到火车飞驰而过。

孩子们像是被催了眠的昆虫一样粘在了栅栏上。此处，大都市的各个层面在这个狭小的区域里显露出来，存在着真正的移动的自由。它与上方冷清的街景形成了鲜明的对比。设计师不是为了这种目的而设计，也没有直接提供促成如此效果的机会，这个边缘地带是孩子们不受干扰地聚集在一起的场所。

620

“如果一个人永远不停止研究，他就永远不会枯竭；
他越是不辍地工作，就越需要去学习。”
勒·柯布西埃

导师教程

Lessons for Teachers

■一个被评了极低分数的学生在做练习之前来和我讨论问题。(他是你所见到过的最坚强者——一个不停地追逐着你的“弱者”。)他的习作表现他出对建筑完全缺乏理解。这是一个无望的案例，他在这次训练课中将无从着手，但这似乎是一个理想的时机给他留下一个深刻的印象，即如果他从事别的行业将会更好。在对他的习作长时间的讨论中，我努力以正确的方式耐心清楚地向他表明他缺乏理解的程度。从他的反应来看似乎是点中了要害，因为现在显示出他完全理解了为何得了那么低的分数。然后他说了以下的话：“你知道，我实际上已经决定终止这一专业的学习；但现在，经过这次小叙之后，我已迫不及待地要回去工作。”

■多数教师只接受他们自己认为是好的东西，而且趋于用它们作为标准去衡量绝对的好坏。众所周知作曲家拉维尔(Maurice Ravel)在评价年轻同行的作品时，见到了一份他完全无法理解的作品时，他坦然承认并予以认可。“在评判一件作品时，你至少首先要理解它，如果它超出了你的理解力，它可能是毫无意义的，但它也很可能是天才的作品。”

■问题常常被认为是一个使你越陷越深的陷阱，直到令你感到窒息。你可以致力于一座需要开垦的大山。这种行动没有那样的问题存在，至少在我们的专业中不存在，只有挑战。

■撰写项目记录，即使是最杰出的工程，也常常是极为枯燥的。这是因为需要从头开始重组设计过程，直到最后选择最终形式时达到了顶点，这很像侦探故事在揭开坏人的真面目时达到了高潮。不幸的是，这不是工程项目的运作方式。其概念，必须通过反复尝试去探索，只有当你知道前进方向时才是最令人感兴趣的。整个思考过程和你报告中的事件不是同步进行的，就像准备饭菜的次序与饭菜上桌的次序是不同的。当电视记者不断地压缩时间，只给你 60 秒向观众清晰明确地展示你的项目要点时，你会选择说什么呢？

■一次一位化学老师在教室前演示教科书里的一个明白无误的化学方程式实验。学生必须看到试验结果，证明了书中的理论，所以学生可以确切地看到实验最后只剩下蓝色的残留物。他解释说他花许多时间去准备，包括备好所有的催化剂，使一个常常受到污染物干扰的试验过程简单明晰。

■不要说“也许你能做出与书上不同的结果”这种会给学生带来压力的话。当然也不要说“你必须以同样的方式做出同样的结果”。这可以表明你是一个多么优秀的老师，但对学生却没有什么帮助。毕竟这不是你的发现。

■让·阿尔普（Jean Arp）正在考虑一个问题：如何将他制造的两个极为平滑的木雕体块搁在一起使两者可以像一整件作品一样靠得最近。一位到他的工作室的访客，显然没有完全领会问题的实质，建议他用几个大钉子将体块钉在一起。钉子眼可以很容易修补，不会看到任何加工过的痕迹。这一提议困扰着阿尔普——这显然是太过简单化了，又太过合理而不能拒绝，这种处理手法过于愚钝不能接受，只能回答：“也许可以这样做，但上帝看得最清楚。”

■一群旅行的学生在阿尔瓦·阿尔托（Alvar Aalto）的办公室里受到接待。他们应邀提问，其中一个冒昧询问到他是否永远都使用模数(module)。对此大师肯定应该回答：“当然，在我的所有作品中。”紧接着的必然是模数的尺寸。阿尔托是怎样回答的呢？——“我一直以 1 毫米的模数工作。”

■一次在苏黎世授课时，阿尔托讲了一段轶事去阐明他不愿设计什么样的建筑：一个处于极度恐慌的顾客给一个保险经纪人打电话，他努力解释说他的房子在头天晚上的狂风中遭到多么严重的破坏。他的叙述极其混乱以至于经纪人打断了他，问道：“先生，只要告诉我房子是否塌了。”对此受到惊吓的受害者回答说：“是的，房子本身还在，但所有的建筑都给吹跑了。”

■“建筑师是向那些想要买萝卜的人们推销柠檬。”(S. van Embden)

621 “服务员，注意将账单分开！”

622 “你必然重视那位年仅 4 岁的建筑师。”

■总是听到一些人，通常是那些成功人士，抱怨他们"在学校没有学到任何有用的东西，简直是浪费时间"。在这些指责中有某种自豪感，即他们使自己获得了成功，都是自己努力的成果。而我觉得从学校教育中获益甚丰。显然也有很多无用的东西混杂其中，但我仍然情有独钟。我是说，你并不需要相信其全部。如果没有对许多其他潜在观点的认知，很难、甚至不可能拥有某种观点。无意义、无价值的事物所能教诲你的与可感知的、实用的东西一样多，可能会更多。毕竟，你真的想凭自己的能力实现目标时，删除和缩减解决办法对你没有好处。

■画家德加（Edgar Degas）对诗人马拉梅(Stephane Mallarmé)抱怨说，他花了整整一天的时间去作一首十四行诗，"可是我并不缺乏思想，我有足够的想法！"马拉梅忍不住回答道："但是德加先生你要用语汇去写十四行诗，而不是用想法。"

■到了最后 Alexander Bodon 和 Hein Salomonson 对每位荷兰建筑师都很熟悉，关系密不可分，尊重他们的成熟、真诚、智慧以及这些建筑师与他们杰出的同僚会面的趣闻。

当我正埋头一所新的建筑学院（贝尔拉格学院）的准备工作时我碰到了他们，他们说了一些类似的话，"你专注于建筑学教学多浪费时间啊。所有好的建筑师都是自学的，看看柯布西埃"。我一时语噎。后来我终于理解了这段话的真正含义：那就是为什么会有那么多不合格的建筑师；如果教师们不是愚笨到只能在学校教学，他们已经是柯布西埃了。

■"噢，德彪西先生(Monsieur Debussy)，那是一场多美妙的音乐会啊。你究竟是怎么想出这么不可思议的乐章的？""哦，夫人，那很容易，我只需要去掉所有无关的音符就行了。"

623 "实际上它没有落成，却建在了我的思想里。"

■里特维德的一个客户，无疑是担心大师不给他灵活选择的余地，自作聪明地要里特维德为他委托的住宅设计三个方案，如果其他设计都无法实现时，能有转圜的余地。让人吃惊的是里特维德同意了，这与他一贯的作风非常不同。在介绍方案时里特维德对所有三个方案都作了解释，对不同选择均做出了正反两面的阐述，陈述结束时他将两个方案搁在一边，拿出第三个说到："所以这是我们将要选择的设计方案！"

■一个西方人在日本设计建筑，不可避免地面临思维方式上令人不解的问题。大泽竹男（Takeo Ozawa）在荷兰我们的办公室中为我们工作了很长一段时间，给我们讲述了他壮美的国家，耐心地向他的同胞解释我们的意图。在几乎是每天一次与我们的电话联系中，他不停地重复一个他坚持认为是"非常难以理解的特殊的细节"。我却没有觉察到这是个难题，不停地告诉他，"大泽，你非常棒，肯定能解决它。"他仍然坚持那"非常困难"，我也依然不明白他的症结所在，他总是说：那种设计是不可能的，我们无法进行，它也不会被完成。最终他逐渐明白了该怎样传递这个坏消息："听着赫曼，我们不能建造你的方案，对于日本人来说它过于'完美'了。"

■足球比赛中只有很少的进球是由射门的运动员完全独自完成的。他是站在别人肩上的人，他获得了荣誉并被载入了足球史册，但常常就是一个传球，一个完美的传球，从一个不可能的位置传过来，并为那场胜利铺平了道路。在富有决定性的临门一脚前一定有必需的铺垫工作，常常是一样的好，甚至可能更精彩，但传球不那么引人注目，绝大部分很快被人遗忘。

■后来在一堂学生作品的讨论课中，清洁工人都已经做卫生了，我们几个人还聚在教室里讨论。我正讲项目的时候，注意到一个清洁工停下了她手头的工作，站在那里听了起来。对她而言，肯定是听到高深莫测的言论。从那一刻起我感到了一种挑战，即我有关建筑的专业叙述能够吸引她多久。我仔细选择每一个词汇——保证使用常用的语汇，讲每个在场的人都能理解的话，我没有运用正规的行业术语。

以那样的方式叙述确实是很困难的，要使所有人均能领会，又不致发展到过分简单的通俗化。对于建筑你必须预先有些了解，进而去鼓励某种程度的认知。我们简直就像是在一面是通俗简单化的礁石，另一面是知识迷雾之间狭窄的水道中航行，令我们犹豫不决，不知如何是好。

■天真无知的建筑师常常否认他们受到的影响。“有人已经做过了吗？是那样的吗，哦，我对××的作品不是很熟悉。”真正天真的是，抱怨应将功绩完全归于你自己，并且认定其他人都天真愚笨。当我是个学生的时候，我记得有好几次当你声称自己发现了“新大陆”时，很快便发现那来自一本你崇拜的大师的书籍。而你所做的不是承认你构思的出处，而是倾向于抹煞它的证据，就像一个罪犯拼命地掩盖他的罪证。但历史你是抹不掉的，不仅仅是那些你所知的，而且还有你应该知道的。

■Sammy 经过 Moishe 的房子看见门口停着一辆卡车，一架巨大的豪华钢琴正从车上卸下来。Moishe 在外面指挥着工人卸车。Sammy 尽量地压抑住他的嫉妒，说：“你买不起这架钢琴，况且，你根本不会弹。”Moishe 装作没听见。一周以后，Sammy 再一次经过 Moishe 家时那辆卡车又回来了。并且又在 Moishe 的指挥下把那架大钢琴搬了下来。Sammy 乐滋滋地说，“不是告诉过你吗，像你这样的人玩不了钢琴，没错吧？”Moishe 嘲讽地反驳道，“我刚出去上钢琴课了。”

■“大师应该表扬学生，而非贬低他们。不应在学生面前摆权威，他应和他们在同一层面上交流。”（尼采，Friedrich Nietzsche）

■在巴厘，人们举行音乐会的时候，早早就准备好加麦兰（译者注：一组印尼的民族管弦乐器），吸引了许多儿童。其中一些儿童想要亲自演奏乐器。这是允许的，大人们则在暗地里观察着他们。那些表现出有音乐天赋的孩子受到鼓励，邀请去和乐队一起演出。他们就坐于熟练的演奏者之间，被有经验者引导，直到他们达到了同样的演奏水平，由此成为乐队的正式一员。

■“我常常遗憾自己没有学建筑而是学音乐，因为我常常听说最好的建筑师就是那些没有头脑的建筑师。”（莫扎特，Wolfgang Amadeus Mozart）

■“如果一个人永远不停止研究，他就永远不会枯竭；他越是不辍地工作，就越需要去学习。”（勒·柯布西埃）

■“大胆的技巧就是知道自己能走得多远时就走多远。”（让·科克托，Jean Cocteau）

■“罗宾曾想收我作学生但我拒绝了，因为苍天大树下不可能再长出苍天大树。”（布朗库希）

■“我从未回避受到别人的影响。我认为那是怯懦和缺乏真诚的表现。我认为，艺术家个性的发展是通过与其他个性的竞争而得到加强。如果输掉了关键性的一搏，那只能归结于它不幸的命数而已。”（马蒂斯，Henri Matisse）

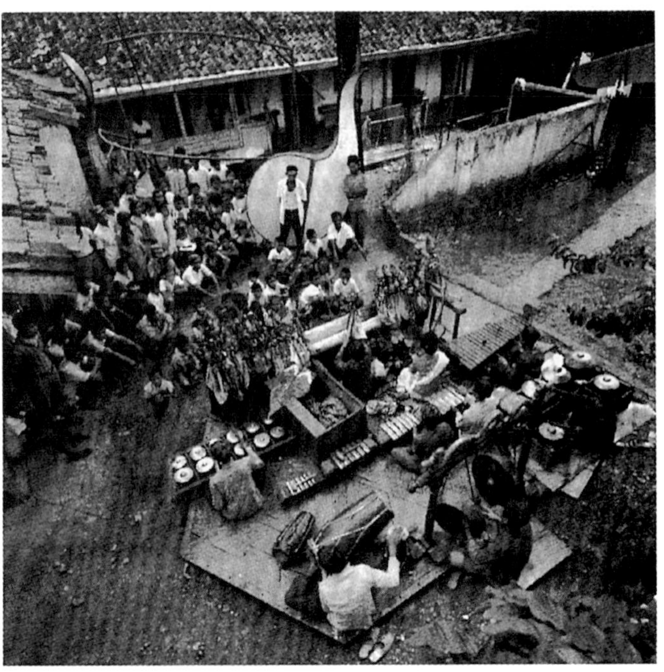

624

■“肖邦（Chopin）毫不费力便出人意料地找到了灵感，忽然而至的豪迈激情冲击着钢琴；有时当他正走路的时候心灵突然感到共鸣，他需要赶紧将它们用乐器表现出来使自己能够听见。我所见过的最不幸的苦难就此开始了。为了控制主旋律的一个个细节，他费尽心力，反复思考；将他考虑过的想法作为一个整体看待，当他试图记录下来时，他会认真分析。有时因为他感到自己无法恢复激情，便沉浸在绝望之中。他会将自己关在房里好几天，悲叹，来回地踱着步，笔也断了，为了一个小节成百次地重复和更改，填上去又马上删掉，第二天又坚持重新开始，他会为了一页纸花上 6 周的时间，最终他大笔一挥迅速完成了乐章。”（乔治·桑，George Sand）

■“最熟练的手永远都只是思想的仆人。”（雷诺阿，Auguste Renoir）

■“有一次，勋伯格（Schönberg）要他班上的一个女生去用钢琴弹奏贝多芬奏鸣曲的第一乐章，然后加以分析。她说，‘太难了，我弹不了。’勋伯格说：‘你是个钢琴师，是吗？’她说：‘是的。’他说：‘那么到钢琴那儿去。’学生弹了不久，他就打断了她，说她没有按正确的拍子弹奏。她答道如果按正确的拍子弹，会犯错误的。他说道：‘按正确的拍子弹才不会犯错的。’学生重新开始，他马上打断了她，并说她正在犯错。女学生眼中噙着泪水，抽噎着解释道那天早些时候她去看了牙医还拔掉了颗牙。他说道：‘难道你为了犯错就特意拔掉牙齿吗？’”（约翰·凯奇，John Cage）

■ “当我第一次去巴黎时，没有回到我大学时待过的 Pomona 学院。我到处游玩，哥特式建筑给我留下了最深刻的印象。在那类建筑中我最喜欢 15 世纪的火焰式风格(flamboyant style)。针对这一风格我的兴趣集中在它的女儿墙。我在马萨林图书馆 (Bibliothèque Mazarin) 花了 6 周的时间研究它们，图书馆一开门我就进入，直到闭馆。在巴黎时我遇到了在 Pomona 认识的 Pijoan 教授，他问起我正在做什么（当时我们正在一个火车站里)，我告诉了他。他对我说道：‘明天到 Goldfinger 那里去。我将安排你和他一起工作。他是位现代建筑师。’与 Goldfinger 一起工作了一个月，共同测量那些他要使之现代化的房间的尺寸，接听电话，还绘制希腊柱子，我无意中听到 Goldfinger 说：‘作为一名建筑师，他必须将其生命全部投入到建筑中。’随之我离开了他，因为，正如我解释的，还有其他许多东西吸引着我，例如音乐与绘画。

5 年之后，当勋伯格问我，你是否会将你的全部生命倾注于音乐中呢？我回答，‘当然’。在我跟他学习了两年以后，勋伯格说，‘为了谱写乐曲，你必须有和谐的感觉。’我对他解释说我没有和谐感。然后他说我将会常常遇到阻碍，即我将面对一堵仿佛是不能超越的墙。我说，‘那样的话我将倾注毕生去以头碰这堵墙。’”(约翰·凯奇)

■ “密斯·凡德罗(Mies van der Rohe) 的一个女学生，找到他问道，‘我跟着你学习有困难。你没有给我留下自我表达的空间。’他问她是否带笔，她带了。他说：‘签下你的名字。’她照办了。他说，‘那就是我所称的自我表达。’”(约翰·凯奇)

■“艺术家谈了许多有关自由的问题。所以，唤起了‘像小鸟般自由’的表达，一天 Morton Feldman 到公园去花了些时间观看我们这些长着羽毛的朋友。当他回来时，他说道：‘你知道吗？它们不是自由的：它们正为了一点点食物而争抢。’”(约翰·凯奇)

■ “勋伯格经常抱怨说，他的美国学生没有做足够的工作。尤其是班上的一个女孩，几乎什么也不干。一天他问她你为什么没有完成更多的工作。她回答，‘我没有时间。’他问：‘一天有多少个小时？’她答道：‘24 小时。’他说：‘胡说，一天中你投入了多少小时就有多少个小时。’”(约翰·凯奇)

■“一天当我正和勋伯格学习时，他指着铅笔上的胶擦说：‘这一端比另一端更重要。’ 20 年之后我学会了直接用墨水书写。最近，当 David Tudor 从欧洲回来时，他带给我一支现代德国铅笔。它可以用任何粗细号数的铅。摁压铅笔一端，笔杆能放出铅，铅可以收缩、伸出或取出，然后再放进一根合适的。和铅笔配套的还有一个多功能削笔器。利用削笔器，人们可以选择所需的笔尖粗细。已没有了胶擦。”(约翰·凯奇)

■世界闻名的指挥家克勒姆佩雷尔 (Otto Klemperer)，令人们感到害怕的是他不同寻常，常常是令人吃惊的行为，由于他令人难以忍受的习惯使许多五星级酒店都拒绝接待他。

音乐是他惟一会考虑的东西，他对批评意见不屑一顾。实际上从来都不存在最好的，他指挥过的演员们都知道这一点，他们常常只达到他要求的最底限。观众是他最不关心的，从他思想深处涌出的是对观众的轻视。一次，一位才华横溢的钢琴家刚刚演奏完一段卓越的华彩乐章，就在克勒姆佩雷尔要召回管弦乐队之前，他转过身对钢琴家说：“这部分太使人陶醉了。”声音大得足以让观众都听得见。

■在我年轻时，Peter van Anrooy 是一位知名的作曲家（他的作品之一《Piet Hein 狂想曲》仍然时常被演奏)。他在百忙之中抽出时间，在为年轻人举办的廉价音乐会上作指挥，他特别想让学校的孩子们对古典音乐有些了解。音乐会以对演出节目和相关作曲家的简短介绍开始。Van Anrooy 最善于将很复杂的问题简明扼要地给不熟悉的人讲明白。一次他将莫扎特和贝多芬做了如下比较：“孩子们，让我们看看贝多芬的音乐。你好像是可以听到他正在战斗，听得到他是怎样找出通向天堂之路的。然后再听听莫扎特，仿佛他正在朝这里走来！”

■“建筑设计需操控内部数不清的、彼此对立的要素。它们反映社会的、人类的、经济的和技术的要求，统一在一起成为了一个心理上的问题影响着每个个人和组织以及他们的节奏和彼此的影响。大量的不同需求和附属问题形成了建筑概念难以突破的障碍。我所做的案例采用了以下方式——有时完全是出于直觉。有时我会暂时忘却迷雾重重的难题。我提出了一种对项目设计的感觉，它那数不清的要求已经存在于我的潜意识中，我开始引入一种方法，当然不是抽象派艺术的那种方法。仅仅根据本能的引导，而非建筑的组合，有时甚至是孩子气般的构成物，通过这一途径我最终实现了一个主要问题的抽象基础，一种广泛的基础。在它的支持下，大量争执不下的附属问题均达到了和谐。”(阿尔瓦·阿尔托)

■“诗人有他处理问题的方式，事物也有对待他的方式。”(Bert Schierbeek)

■“有的画家将太阳转变成一个黄色的色块，但同样有的画家通过他们的艺术和智慧将一个黄色的色块变成太阳。”(毕加索)

■“我们的摄影师不能立刻捕获到的，就会永远地失去。”(卡蒂埃·布雷松，Henri Cartier-Bresson)

■柯布西埃习惯于让他那个沉醉于大师手稿的助手帮他建立常常是闻名世界的透视图。这位助手负责为大师画作制作模型，还添加上云彩、绿色和鸟的示意。最后柯布西埃接替了助手，和惯常一样对图纸稍作加工，最后签上他的名字完成作品。Sferre Fehn，那时在柯布西埃的工作室工作，一次很偶然的机会听到他在低声地嘀咕："那是名人的手迹。"

■比较而言，范·艾克是不害怕困难的人。相反，他对克服困难充满热情，竭力适应困难。

一次在罗马尼亚，经过一翻艰苦的旅行终于抵达了布朗库希柱子（在那个年代，那里难以到达），柱子留给人们深刻的印象，而且它比人们想的要高（它高大无比地杵在你的面前）。他只谈到了一件事：他想看看它的上层表面。他都可以走到天边去，收集石块然后放到合恩角（用他的话说是去迷惑考古学家）。将所有事情都引入你的所作所为，"世界就装在了你的脑海里。"当你知道面前的道路实实在在是惟一可行之路时，你就必须坚持。

他迅速地向其他人指出："他们努力了，但还不够"。

■"不要只是呼唤彩虹，而是争取获得彩虹！"（范·艾克）

■一年级的学生具有正确的处理手法是很困难的。应该对他们进行更多的训练；你不能只是向学生展现它有多困难，应展示它是多么的令人激动和轻松，确保他们走上正确的发展道路。刺激他们对知识的求知欲，而不是填鸭式地灌输信息。这就是为什么开头的最好任务是设计一座大城市，这里没有严格的限制和预先的资讯，最好是分组和协作进行，限定一个限期，比方说，两周。教师常常从复杂性来考虑，认为那样的作业更适合于高年级的，而非低年级的学生。他们忘记了在培养训练学生的时候，学生肯定会听说了所有的复杂因素和难题，连所谓的"城市设计专家"都解决不了。谁说这些问题必须被解决的？为什么所有事情都必须马上解决？20世纪80年代日内瓦一所建筑学校里一个一年级学生用两周时间完成的城市设计作业曾经提出过大量有关城市主义历史的基本概念，属于各种发展类型中的一种个体。对学生而言这是最平常的事情。他们思维开放，怀着很大的希望，带着解决这些难题的抱负走进大学。将要离开学校的学生对这些问题应该理解得更加透彻。但我们除了泯灭学生们创意的火花，又给与了他们些什么呢？

625

■在位于帕米欧（Paimio）的阿尔瓦·阿尔托设计的疗养院接待区看门人所待的小房间由于它光滑的细节一度吸引了人们的注意，它柔顺的形式就像是放大了的阿尔托华丽的花瓶。如此弯曲的线条，使得其余部分的设计都趋于围绕着它，这是阿尔托常有的最为明确的目的。他的花瓶适合于不同的使用目的，因为每条曲线和波浪都吸引了不同的填充，所以你在一只花瓶上汇集了众多花瓶的特色。就像花瓶中插着鲜花，同样门房接待到访者，那里的形状都是向内的曲线。基础条件的设计不可能比阿尔托再精确了，当然也包括与鼓形屋顶灯的配合方式。人们很难想像出更美的、更合乎逻辑的设计。

看着出现在每本刊物上的平面图，会发现这个门房无所不在。最初它肯定是一个开放的接待区域，后来封闭了起来，无疑是因为实用的原因。是阿尔托自己做了这个优美的修正，还是别人的作品？如果是后者的话，我也允许对我的建筑进行修改，以适应新的环境需求。

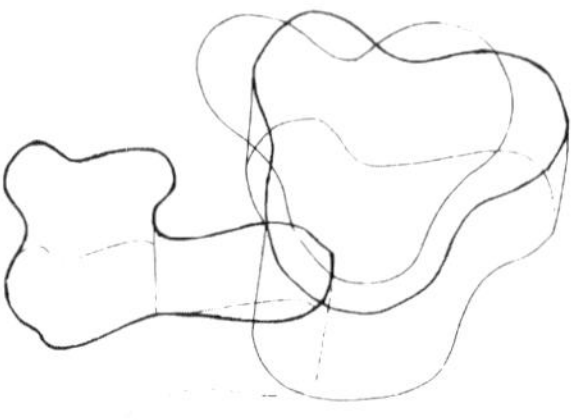

626

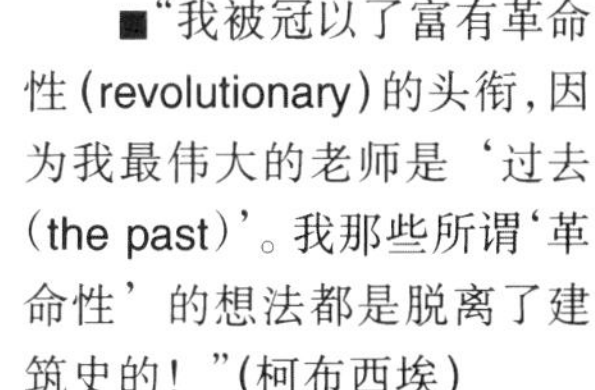

■"一天我应邀去柯布西埃的公寓吃晚饭——那时他们住在位于 Rue Jacob 的一幢旧房子，而我则希望看到一个极端现代的公寓，有着大面的窗户和光滑明亮的墙，类似于他为大富豪 Charles de Beistégui、画家奥尚方（Ozenfant）、雕塑家利普希茨（Lipchitz）和其他许多人所设计的公寓。

可以想像一下，当我走进一个异常凌乱的公寓时表现出的惊讶，里面摆满了各种古怪的家具以及各色奇形怪状的摆设。建筑师所用的大绘图桌也堆满了物品、书籍和文件，以至于只留下了一小块地方可以用来写写画画。我想知道这所公寓是否有浴室。然而，柯布西埃夫人还是接受了它，该公寓坐落在 Saint－Germain－des－Prés 中心区，1917 年开始他们就住在那里。她喜欢那个乡村气息的百叶窗，它开向小小的栽满树的花园。小鸟从拂晓开始就唧唧喳喳地叫。'你能想像到吗，Brassaï，'一天 Yvonne 眼含泪水对我说，'我们要离开 Rue Jacob 的公寓了。柯布西埃已经受够了人们对他讽刺性的评论，他要住进一幢自己设计的建筑中。他在 Molitor 设计了一个靠近泳池的公寓楼，在 Rue Nungesser－et－Coli，在八楼和九楼他为我们设置了跨两层的公寓，带有一个屋顶花园。我已经看过了。你想像不出它的样子！像一所医院的解剖实验室！我从来没有习惯过。而且出口在 Auteuil，离哪儿都远，远离我们已生活了 16 年的 Saint－Germain－des－Prés。'

1933 年他们迁入新居。Yvonne 花了数年的时间才习惯两层楼的公寓，建筑师从中获得了莫大的乐趣。他特别喜欢八楼工作室的大墙面，墙面是用天然石材所制，这里成了他的'日常伴侣'。"（Brassaï）

627

■"我被冠以了富有革命性（revolutionary）的头衔，因为我最伟大的老师是'过去（the past）'。我那些所谓'革命性'的想法都是脱离了建筑史的！"（柯布西埃）

■"艺术家并不制造他人认为美丽的东西，只创造他认为必要的东西。"（勋伯格）

■"将微粒研成粉末比破坏它更容易。"（爱因斯坦）

■人活到老，学到老；遗忘会使学习变得越来越困难。

■"他的作品，看似几乎是即兴之作，常常是很缓慢地开始并且多次修改。他时常花上一至两年的时间完成一副油画，过后有时还会重新审视它。有一个故事是讲有一次在卢森堡博物馆，他趁警卫离开展室的机会，冲上前用藏在口袋里的画笔和颜料，修改他画作中一个不满意的细部。"（Brassaï on Pierre Bonnard）

■回家作业（Take Home Assignment）

代尔夫特科技大学建筑系的部分课程包括了所谓的"回家作业"：布置给学生的书面作业。要求 14 天后完成和上交，然后布置作业的教师和做作业的学生之间进行讨论。

作业的根本目的是让你通过敏锐的判断力、移情作用和热情三者结合去成功地完成它。它是书面的作业，不是绘画作业，更像是在中学拿到的一个物理课问题。这种环境每个人都熟悉，就好像只要你跟上了其他人的步骤就能解开谜团一样引人好奇。

这类作业从来不会包含问题，他们是挑战性的。作业并不需要勤勉的描图员，要的是一个想法、一个微缩了的脑电波，明显地是为了引导出学生自己的想法以及对场地的解释和选择。设想出一个问题可能与想出解决办法一样的消耗脑力。作为教师你必须把自己从构成你 90% 的建筑师设计实践的材料中（你很容易使学生也陷入其中）解脱出来，向他们摆明建筑设计的难点。你应做的是寻找使人振奋的、富于挑战的内容，最重要的是利用建筑有趣的一面唤起学生对建筑的兴趣和好奇心。审阅所有的回家测验（take－home exams）的结果（例子见第 282、283 页），经多年研究，一个连贯的图像成形了。通常只有少部分的学生被彻底难住了，正常情况下大多数学生清楚地分为了两类，一类是动脑筋想办法解决问题；另一类是利用聪明智慧去钻研。还有一些部分学生，他们的反应会令人惊讶，有时甚至是震惊。

L建筑学教程 2：空间与建筑师
Lessons in architecture 2：space and the architect

■回家测验(Take－home Exam)

1997 年 9 月 9 日

赫曼·赫茨伯格教授 BI

模度 A4,历史与设计

概要（General） 在许多设计中都不知不觉地过多强调墙体(结构)。在这些例子中空间可以视作是中介性空间,设置墙体后残留下来的剩余区域。现在的任务是从无须设置墙体去形成空间出发,取而代之的是空间可以被挖出。

已知条件（Given） 一个峻峭的悬崖构成了水平的上表面与海平面的直角。退潮时,山崖高出海平面 12 米,同时在那一点水深两米。峭壁表面是南北向,大海在西侧。气候属亚热带,几乎常年阳光充足。潮水水位差是半米。峭壁表面的岩石易于施工,易于开挖的,而且具有耐久性的质地,也就是说,原则上不需要加工。在高崖上离崖边不远处有一条道路。

任务(Task) 使得水体可以从山崖接近并设计一个或更多的附加社交空间。建议修建:酒店、咖啡店、桑拿、小礼拜堂、牙医诊所、展览考古或地质发现的博物馆,等等。可能在墙上建造或是从墙上悬挂一个轻质结构,但记住必须由易于运送的材质制成,而且运输费用会比从场地上采集石头要贵。

评判标准(Judging Criteria) 根据这个特殊的环境,设计必须具有意义,恰当合适。对该项目的评判也将基于由那种环境所暗示出的上述“建筑”模式的利用。

628

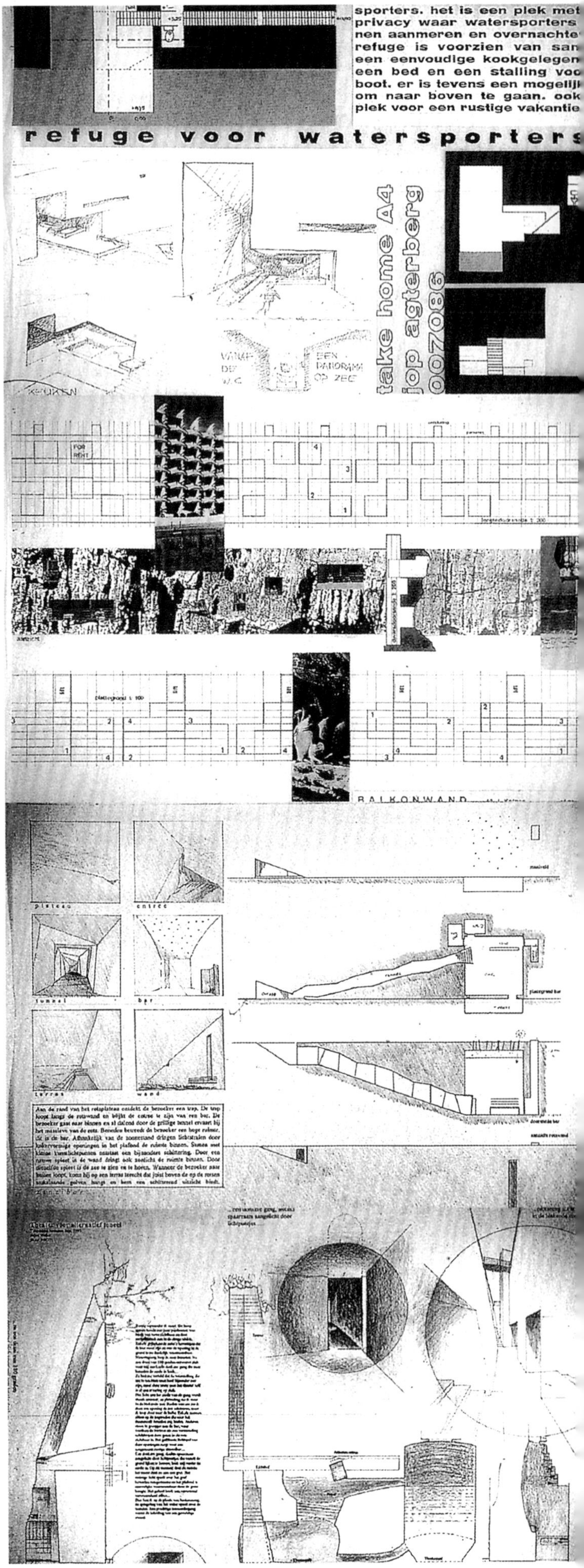

sporters. het is een plek met privacy waar watersporters nen aanmeren en overnachte refuge is voorzien van san een eenvoudige kookgelegen een bed en een stalling voo boot. er is tevens een mogelijk om naar boven te gaan. ook plek voor een rustige vakantie

refuge voor watersporters

take home A4

jop agterberg

0007086

BALKONWAND

plateau entree tunnel bar terras wand

629

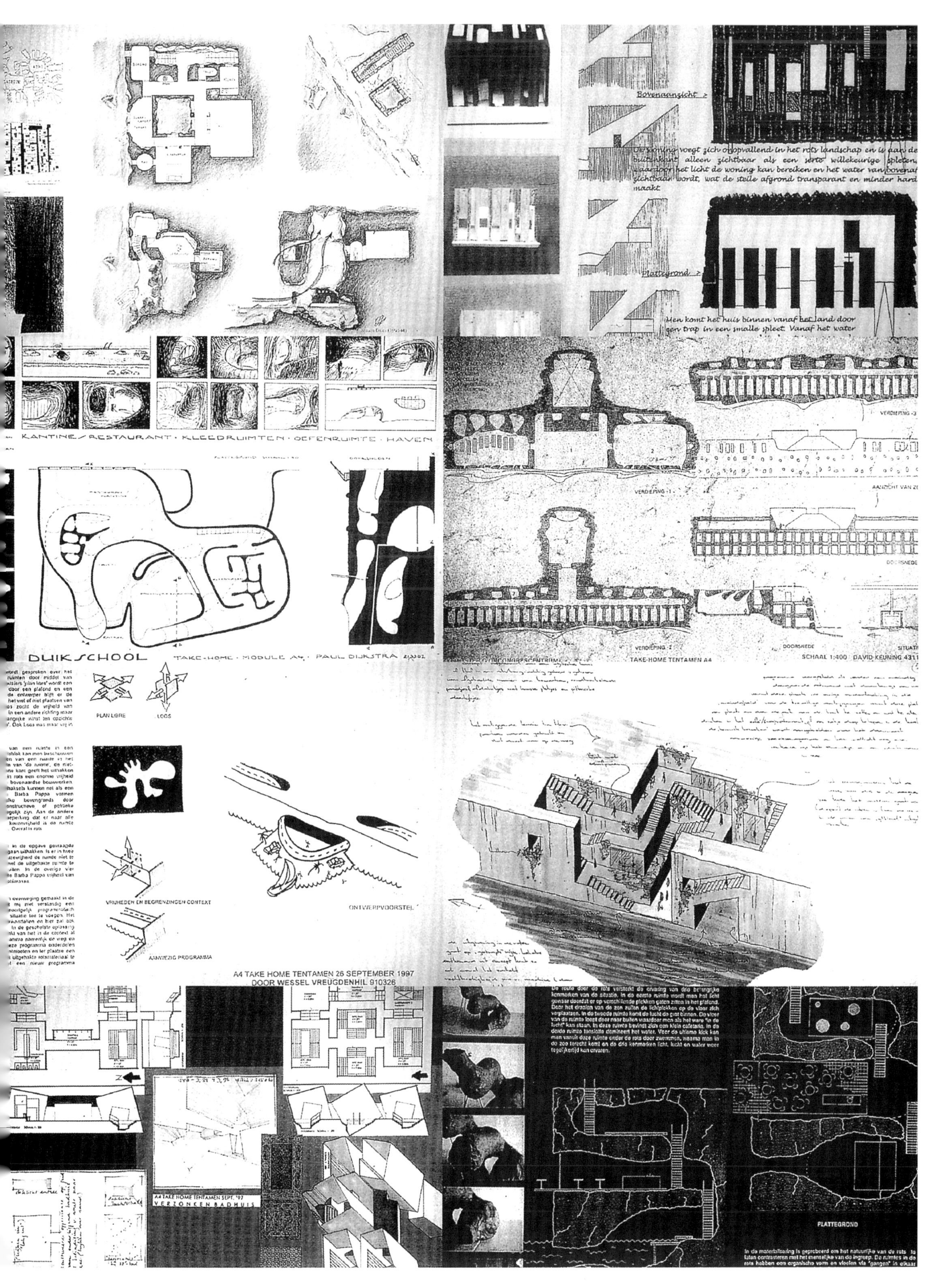

Bovenaanzicht >
De woning voegt zich onopvallend in het rots landschap en is aan de buitenkant alleen zichtbaar als een serie willekeurige spleten, waardoor het licht de woning kan bereiken en het water van bovenaf zichtbaar wordt, wat de steile afgrond transparant en minder hard maakt.
Plattegrond >
Men komt het huis binnen vanaf het land door een trap in een smalle spleet. Vanaf het water
KANTINE/RESTAURANT · KLEEDRUIMTEN · OEFENRUIMTE · HAVEN
VERDIEPING -3
VERDIEPING -1
AANZICHT VAN ZE
DOORSNEDE
VERDIEPING -2
DOORSNEDE
SITUATIE
DUIKSCHOOL
TAKE-HOME · MODULE A4 · PAUL DIJKSTRA
TAKE-HOME TENTAMEN A4
SCHAAL 1:400 DAVID KEUNING 4311
PLAN LIBRE
LOOS
VRIJHEDEN EN BEGRENZINGEN CONTEXT
ONTWERPVOORSTEL
AANWEZIG PROGRAMMA
A4 TAKE HOME TENTAMEN 26 SEPTEMBER 1997
DOOR WESSEL VREUGDENHIL 910326
De route door de rots versterkt de ervaring van drie belangrijke kenmerken van de situatie. In de eerste ruimte wordt men het licht gewaar doordat er op verschillende plekken gaten zitten in het plafond. Door het draaien van de zon zullen de lichtplekken op de vloer zich verplaatsen. In de tweede ruimte komt de lucht de grot binnen. De vloer van de ruimte loopt door naar buiten waardoor men als het ware "in de lucht" kan staan. In deze ruimte bevindt zich een klein cafetaria. In de derde ruimte tenslotte domineert het water. Voor de ultieme kick kan men vanuit deze ruimte onder de rots door zwemmen, waarna men in de zee terecht komt en de drie kenmerken licht, lucht en water weer tegelijkertijd kan ervaren.
A4 TAKE HOME TENTAMEN SEPT. '97
VERZONKEN BADHUIS
PLATTEGROND

■大学被过度忧虑的气氛笼罩。教授担心学生得不到全面的训练，学生担心达不到教授的期望值。可是两者在一点上是有共识的：一定要做到能够去思考你的研究课题，剩下的就是查找资料的问题了。因为只有当你从思考中获得了乐趣时才能够去思考，正是“思考的愉悦”为你的每一项任务增加色彩。在这一方面，我所知的最好的任务如下所述。

1. 建筑的比较分析（由贝尔拉格学院的 Kenneth Frampton 提出）。这包括了精心选择大量的实体，它们必须属于每种分析中的一个类型（例如，火车站、住宅区、学校），并特别适于比较。由各组学生（只能以小组的形式进行），依据自己的标准尝试评估不同的实体满足那些标准的程度以及获得的分值。所以他们不得不考虑建筑是如何结合在一起的，为什么如此，以及这是否是真实的情况。各个项目必须满足的基本条件被揭示出来，还有他们需证明的可预料及不可预料的空间发现。

2. 再次比较大量的大型建筑或结构，它们的构造对潜在的概念有着决定性的影响，分析、确定形式对结构以及结构对形式的影响程度。这个练习通过从古到今的例子增加了深度，比如说索菲亚教堂（Hagia Sofia）、哥特教堂和圣家族教堂（the Sagrada Familia），因此表现了形式、材料和跨越形式间的根本关系。

不仅是比较历史，还有对不同历史时期和它们各自的特殊可能性进行比较，因此消除了那种盛行的“在现实的潮流中没有过去（历史）位置”的偏见。

■“艺术是对内涵的、无意识的数学的最高表达。”（莱布尼兹，Gottfried Wilhelm Leibniz）

■“让我们忘掉事物本身，只注意它们之间的关系。”（布拉克，Georges Braque）

■“我们都知道艺术不是真理。艺术是一个让我们认识真理的谎言，至少是一个使我们去理解的真理。”（毕加索，Pablo Picasso）

■“你必须追求最简洁的解决办法，但不能比它更简化。”(爱因斯坦）

■“发现事物的惟一方式就是不要去寻找它。”(博尔赫斯，Jorge Luis Borges）

■INDESEM 是一个两年一度的国际性设计研讨会。在代尔夫特科技大学建筑系举办短期建筑培训班，展示了不进行教育活动如何学习。这次由学生决定他们想听哪位教师的课和授课主题。学生自己对所有事情负有 100% 的责任，也正是学生们推动了教职员工们打破条条框框的兴趣。你应当看到工作的成果！工作刚刚开始几个小时，整个教学楼都彻底变了样，发掘出它隐含的品质。打破常规，连清洁工也知道了他们的重要性。

一周时间的研讨会是非常特别的，它只是对 INDESEM 所做的大量准备工作的一部分，为了 INDESEM，20 个人整整忙碌了至少 9 个月。每次都是一群学生聚集在一起共同完成这项庞大的任务，在那段时间他们自己的学习被搁置一旁。很久以后他们才会认识到自己的收获，只是当他们的学业结束时，才反映出设计和认识一幢建筑要求相同的态度，都要进行预测、思考，寻找条件，做出（遵守）约定。

这项任务是在城市中进行的。它主要不是有关建筑本身的，而是城市中的建筑对空间做些什么。

与会者来自世界各地，可能是被到会的名人以及荷兰这个国家吸引而来的，并且欣喜有机会能和许多同行会面、交谈。这项任务是联络他人并与他人交流的理由和催化剂。

人们相信短短一周的时间只不过是为一个基础性的计划开个头，它也不是召开 INDESEM 的主要原因。对结果的设想主要是推动这一进程。需要产生的效果是争取一批完全陌生的人，几乎他们所有的人都被迫尽量用非母语的语言表达自己，去形成和表述一个想法并加以维护，以对抗所有其他的想法。

630

631

■1963 年柯布西埃在阿姆斯特丹的市立博物馆（Stedelijk Museum）获得了 Sikkens 奖。在正式的庆祝仪式和讲话以后，所有的人都汇集在接待处一睹他的风采。人群中我突然发现自己距仰慕已久的柯布西埃不足两米之遥（当年我 31 岁）。这是个难得的机会，那时没有人与他交谈，他被那些操着他听不懂的语言的人们甩在了一边。这正是一个极好的靠近他，接触他，可能甚至是与他握手的时机。我知道机不可失。但是，我有什么重要的事情可以跟他讲或请教他呢？我想到了——"你很杰出"，"你是我心目中的英雄"，"非常感谢你"之类的话，还得用得体的法语。后来有个人引起了柯布西埃的注意，同时人群也靠了过来。机会错过了。

两天以后一家建筑材料供应商的销售代表来到我的办公室，坚持要与我私下谈谈，给我看些我会感兴趣的东西。在好奇心的驱使下，我同意了。在夸耀他的优质建材之前，他告诉我，他曾在接待处与柯布西埃握过手，并很自豪地向我展示了有柯布西埃亲笔签名的名片，靠着这张名片，他很快拉近了与客户的距离。

632

■"你接手一项工作时，我先在大脑中把它收藏起来，不去想它，连续数月不允许自己绘制它的草图。人类头脑的思考方式是：它有某种独立性。那是一个你可以将有关问题的各个要素都投入其中的盒子，然后任其'漂流'、'煨制'、'发酵'。然后在一个好日子，里面会自动溢出灵感，你必须马上捕捉：拿起一支铅笔、一支炭笔和一些彩色蜡笔……在一张纸上把它描绘出来。构思出现了……它诞生了。"(勒・柯布西埃)

■在施罗德住宅（Schröder house）落成很久以后，里特维德还在继续做着修改，按照施罗德太太的要求做小的修改，使她的浴室更加舒适。

当造访那所房子时，我发现浴室上方的一个角落中有两条嵌入墙内的不引人注意的波浪形玻璃条，上面放着香皂。里特维德使它们倾斜设置，但这将会与他所用的语汇不协调。那么，他如何实现这个泛着涟漪的阿尔托风格的形式？我以前在代尔夫特的同事 Gerrit Oorthuys 给我解答了这个问题。他告诉我，在二次世界大战期间房子附近有一辆军火车爆炸了，炸碎了玻璃。里特维德和施罗德（Truus Schröder）受到碎玻璃的奇怪形状的启发，保留了最吸引人的碎片并在以后使用它们。这个故事再一次使人理解了一个事实，即艺术家在构想之前就已经找到了素材。

注 释(Notes)

第 1 章

1 Herman Hertzberger, *Lessons for Students in Architecture*, 010 Publishers, Rotterdam 1991, pp. 219-220.
2 Albert Einstein, Foreword to Max Jamme, *Concepts of Space. The History of Theories of Space in Physics*, Harvard University Press, Cambridge (Mass.) 1954: 'two concepts of space may be contrasted as follows: (a) space as positional quality of the world of material objects; (b) space as container of all material objects. In case (a), space without a material object is inconceivable. In case (b), a material object can only be conceived as existing in space; space then appears as a reality which in a certain sense is superior to the material world. Both space concepts are free creations of the human imagination, means devised for easier comprehension of our sense experience.'
3 Martin Buber, *Reden über Erziehung*, Verlag Lambert Schneider, Heidelberg 1956.
4 Georges Perec, *Espèces d'espaces*, Editions Galilée 1974. 'Notre regard parcourt l'espace et nous donne l'illusion du relief et de la distance. C'est ainsi que nous construisons l'espace : avec un haut et un bas, une gauche et une droite, un devant et un derrière, un près et un loin. Lorsque rien n'arrête notre regard, notre regard porte très loin. Mais s'il ne rencontre rien, il ne voit rien ; il ne voit que ce qu'il rencontre : l'espace, c'est ce qui arrête le regard, ce sur quoi la vue butte : l'obstacle : des briques, un angle, un point de fuite : l'espace, c'est quand ça fait un angle, quand ça s'arrête, quand il faut tourner pour que ça reparte. Ça n'a rien d'ectoplasmique, l'espace ; ça a des bords, ça ne part pas dans tous les sens, ça fait tout ce qu'il faut faire pour que les rails de chemins de fer se rencontrent bien avant l'infini.'
5 Maurice Merleau-Ponty, *L'Œil et l'Esprit*, Editions Gallimard 1964, p. 47.
6 Gustave Flaubert, *Madame Bovary*, transl. Alan Russell, Penguin Books, Harmondsworth, UK 1950, p. 57. Original text: 'A la ville, avec le bruit des rues, le bourdonnement des théâtres et les clartés du bal, elles avaient des existences où le cœur se dilate, où les sens s'épanouissent. Mais elle, sa vie était froide comme un grenier dont la lucarne est au nord, et l'ennui araignée silencieuse, filait sa toile dans l'ombre à tous les coins de son cœur.'
7 *Ibid.*, p. 309. Original text: 'Elle arriva sur la place du Parvis. On sortait des vêpres: la foule s'écoulait par les trois portails, comme un fleuve par les trois arches d'un pont, et, au milieu, plus immobile qu'un roc, se tenait le suisse. Alors elle se rappela ce jour où, tout anxieuse et plein d'espérances, elle était entrée sous cette grande nef qui s'étendait devant elle moins profonde que son amour; et elle continua de marcher, en pleurant sous son voile, étourdie, chancelante, près de défaillir.'
8 *Ibid.*, p. 251. Original text: 'Le nef se mirait dans les bénitiers pleins, avec le commencement des ogives et quelques portions de vitrail. Mais le reflet des peintures, se brisant au bord du marbre, continuait plus loin, sur les dalles, comme un tapis bariolé. Le grand jour du dehors s'allongeait dans l'église en trois rayons énormes, par les trois portails ouverts. De temps à autre, au fond, un sacristain passait en faisant devant l'autel l'oblique génuflexion des dévots pressés. Les lustres de cristal pendaient immobiles. Dans le chœur, une lampe d'argent brûlait; et, des chapelles latérales, des parties sombres de l'église, il s'échappait quelquefois comme des exhalaisons de soupirs, avec le son d'une grille qui retombait, en répercutant son écho sous les hautes voûtes. Léon, à pas sérieux, marchait auprès des murs. Jamais la vie ne lui avait paru si bonne. Elle allait venir tout à l'heure, charmante, agitée, épiant derrièrre elle les regards qui sa suivaient, – et avec sa robe à volants, son lorgnon d'or, ses bottines minces, dans tout sorte d'élégances dont il n'avait pas goûté, et dans l'ineffable séduction de la vertu qui succombe. L'église, comme un boudoir gigantesque, se disposait autour d'elle; les voûtes s'inclinaient pour recueillir dans l'ombre la confession de son amour; les vitraux resplendissaient pour illuminer son visage, et les encensoirs allaient brûler pour qu'elle apparût comme un ange, dans la fumée des parfums.'
9 David Cairns (trans./ed.), *A Life of Love and Music. The Memoirs of Hector Berlioz 1803-1865*, The Folio Society, London 1987, p. 134.
10 Theun de Vries, *Het motet voor de kardinaal*, Querido, Amsterdam 1981.
11 Herman Hertzberger, *Johan van der Keuken, Cinéaste et photographe*, Brussels 1983.
12 Michel Foucault, *Les mots et les choses*, Editions Gallimard 1966.
13 *Lessons for Students in Architecture*, pp. 26-27.
14 *Ibid.*, p. 192.
15 *Ibid.*, pp. 190-201.
16 *Ibid.*, p. 28.
17 Mark Strand, 'The Room'. This poem was read at the cremation of Aldo van Eyck by one of his grandchildren, 16 January 1999. *Selected Poems*, Alfred A. Knopf, New York 1998.

THE ROOM
I stand at the back of a room / and you have just entered. / I feel the dust / fall from the air / onto my cheeks. / I feel the ice / of sunlight on the walls. / The trees outside / remind me of something / you are not yet aware of. / You have just entered. / There is something like sorrow / in the room. / I believe you think / it has wings / and will change me. / The room is so large / I wonder what you are thinking / or why you have come. / I ask you, / What are you doing? / You have just entered / and cannot hear me. / Where did you buy / the black coat you are wearing? / You told me once. / I cannot remember / what happened between us. / I am here. Can you see me? / I shall lay my words on the table / as if they were gloves, / as if nothing had happened. / I hear the wind / and I wonder what are / the blessings / born of enclosure. / The need to go away? / The desire to arrive? / I am so far away / I seem to be in the room's past / and so much here / the room is beginning / to vanish around me. / It will be yours soon. / You have just entered. / I feel myself drifting, / beginning to be / somewhere else. / Houses are rising / out of my past, / people are walking / under the trees. / You do not see them. / You have just entered. / The room is long. / There is a table in the middle. / You will walk / towards the table, / towards the flowers, / towards the presence of sorrow / which has begun to move / among objects, / its wings beating / to the sound of your heart. / You shall come closer / and I shall begin to turn away. / The black coat you are wearing, / where did you get it? / You told me once / and I cannot remember. / I stand at the back / of the room and I know / if you close your eyes / you will know why / you are here; / that to stand in a space / is to forget time, / that to forget time / is to forget death. / Soon you will take off your coat. / Soon the room's whiteness / will be a skin for your body. / I feel the turning of breath / around what we are going to say. / I know by the way / you raise your hand / you have noticed the flowers / on the table. / They will lie / in the wake of our motions / and the room's map / will lie before us / like a simple rug. / You have just entered. / There is nothing to be done. / I stand at the back of the room / and I believe you see me. / The light consumes the chair, / absorbing its vacancy, / and will swallow itself / and release the darkness / that will fill the chair again. / I shall be gone. / You will say you are here. / I can hear you say it. / I can almost hear you say it. / Soon you will take off your black coat / and the room's whiteness / will close around you / and you will move / to the back of the room. / Your name will no longer be known, / nor will mine. / I stand at the back / and you have just entered. / The beginning is about to occur. / The end is in sight.

第 2 章

1 Yves Arman, *Marcel Duchamp plays and wins/joue et gagne*, Marval, galerie Yves Arman/galerie Beaubourg/galerie Bonnier, Paris 1984.
2 *Lessons for Students in Architecture*, p. 169.
3 Edward T. Hall, *The Hidden Dimension*, Doubleday & Co., Inc., New York 1966.
4 Claude Lévi-Strauss, *La pensée sauvage*, Librairie Plon, 1962.
5 Howard F. Stein and William G. Niederland (eds.), *Maps from the Mind: Readings in Psychogeography*, 1989.
6 According to the survey in Willy Boesiger (ed.), *Le Corbusier*, Thames & Hudson, London 1972. This abridged edition gives the most information, naturally together with the indispensable 'œuvre complet'.
7 Herman Hertzberger, 'De Schetsboeken van Le Corbusier', *Wonen-TABK*, no. 21, 1982. Written in conjunction with the publication of the collected sketchbooks as *Le Corbusier, Sketchbooks, 1914-1948*, MIT Press, Cambridge (Mass.) 1981.
8 Herman Hertzberger, 'Homework for more hospitable form', *Forum*, no. 3, 1973.
9 Dick Hillenius, *De hersens een eierzeef*, open lectures at the University of Groningen, November 1986, Martinus Nijhoff, The Hague 1986.
10 Yi-Fu Tuan, *Space and Place*, University of Minnesota, 1977.
'Experience is the overcoming of perils. The word "experience" shares a common root (*per*) with "experiment", "expert", and "perilous." To experience in the active sense requires that one venture forth into the unfamiliar and experiment with the elusive and the uncertain. To become an expert one must dare to confront the perils of the new.'

第 3 章

1 Frits Bless, *Rietveld 1888-1964*, Bert Bakker, Amsterdam 1982.
2 Michel Foucault, *Surveiller et Punir; naissance de la prison*, Schoenhoff's Foreign Books inc., 1975.
3 *Lessons for Students in Architecture*, pp. 246-248.
4 *Ibid.*, pp. 28-30, 62, 153-155, 193.
5 *Ibid.*, pp. 31, 142-144, 183-184, 213-215, 242.
6 Ivan Illich, *Deschooling Society*, Harper & Row, New York 1971.
7 *Lessons*, pp. 246-248.
8 *Ibid.*, p. 33.
9 Nelson (1895-1979) was best known for this design. He otherwise distinguished himself with specialist solutions in hospital building.
10 *Lessons*, p. 65.
11 When asked whether he could have done with a bit more green Le Corbusier retorted testily: 'A few stalks, if that'.
12 TH *documentatie bouwtechniek*, Delft Architecture Faculty, September 1971.
13 *De wording van een wondere werkplek*, VPRO, Hilversum 1997.

第 4 章

1 Cf. Brancusi: 'La simplicité n'est pas un but dans l'art, mais on arrive à la simplicité malgré soi en s'approchant du sens réel des choses.' Carola Giedion-Welcker, *Constantin Brancusi*, Editions du Griffon, Neuchâtel-Suisse 1958.
2 Herman Hertzberger, 'Introductory Statement', in *The Berlage Cahiers 1, Studio '90/'92*, 010 Publishers, Rotterdam 1992.
3 Jean Nouvel, lecture at the Berlage Institute, 1996.
4 David Cairns (trans./ed.), *A Life of Love and Music. The Memoirs of Hector Berlioz 1803-1865*, The Folio Society, London 1987, p. 13.
'My father would not let me take up the piano; otherwise I should no doubt have turned into a formidable pianist in company with forty thousand others. He had no intention of making me an artist, and he probably feared that the piano would take too strong a hold of me and that I would become more deeply involved in music than he wished. I have often felt the lack of this ability. On many occasions I would have found it useful. But when I think of the appalling quantity of platitudes for which the piano is daily responsible – flagrant platitudes which in most cases would never be written if their authors had only pen and paper to rely on and could not resort to their magic box – I can only offer up my gratitude to chance which taught me perforce to compose freely and in silence and thus saved me from the tyranny of keyboard habits, so dangerous to thought, and from the lure of conventional sonorities, to which all composers are to a greater or lesser extent prone. It is true that the numerous people who fancy such things are always lamenting their absence in me; but I cannot say it worries me.'
5 *Ibid.*, p. 13.
6 Herman Hertzberger, 'Designing as Research' in *The Berlage Cahiers 3, Studio '93/'94, The new private realm*, 010 Publishers, Rotterdam 1995.
7 From Herman Hertzberger, 'Do architects have any idea of what they draw?', in *The Berlage Cahiers 1, Studio '90/'92*, 010 Publishers, Rotterdam 1992.
8 See note 7.

第 5 章

1 *Lessons for Students in Architecture*, pp. 48-60.
2 *Ibid.*, p. 103.
3 *Ibid.*, pp. 64-65.
4 Manuel de Sola Morales. 'Collective space is neither public nor private but far more and far less than public space.'
5 *Lessons*, p. 68.
6 *Ibid.*, pp. 82, 226-227.
7 Harry Hosman, interview with Johan van der Keuken, VPRO *Gids*, 12 October 1996.
8 *Lessons*, p. 86.
9 *Ibid.*, pp. 138-142.
10 *Ibid.*, p. 26.
11 *Ibid.*, pp. 213-215.
12 Leon Battista Alberti, book I, chapter 9 of *Ten Books on Architecture*, MIT Press, Cambridge (Mass.) 1988, original title: *De Re Aedificatoria*.
Original Italian text: 'E se è vero il detto del filosofi, che la città è come una grande casa, e la casa a sua volta una piccola città, non si avrà torto sostenendo che le membra di una casa sono esse stesse piccole abitazioni: come ad esempio l'atrio, il cortile, la sala da pranzo, il portico, etc.: il tralasciare per noncuranza o tracuratezza uno solo di questi elementi danneggia il decoro e il merito dell'opera.'
13 *Ibid.*, book 5, chapter 2. Original Italian text: 'Nella casa l'atrio, la sala e gli ambienti consimili devono essere fatti allo stesso modo che in una città il fòro e i grandi viali non già, cioè, in posizione marginale, recondita a angusta, ma in luogo ben cationis ratio suadeat, non ita distinguemus, ut commoda ab ipsis necessariis segregemus.'

第 6 章

1 For my theory of structuralism in architecture see part B of *Lessons for Students in Architecture*.
2 *Lessons*, pp. 94-95.
3 *Ibid.*, pp. 122-125.
4 *Ibid.*, p. 125.
5 In both the Students' House (*Lessons*, p. 55) and De Drie Hoven home for the elderly (*ibid.*, pp. 130-132) the floor plans could be drastically altered and adapted to meet today's housing norms. This was thanks to the concrete skeleton. Many buildings of that time (boasting the solid concrete partition walls then deemed so efficient) were unable to withstand such changes and so were demolished.
6 'Das Unerwartete überdacht/ Accommodating the unexpected', in *Herman Hertzberger. Projekte/Projects, 1990-1995*, 010 Publishers, Rotterdam 1995, p. 6.
7 *Lessons*, p. 170.
8 'Das Unerwartete überdacht/Accommodating the unexpected', in *Herman Hertzberger. Projekte/Projects, 1990-1995*, p. 8.
9 *Lessons*, pp. 244-245.
10 Klaus Herdeg, *Formal Structure in Indian Architecture*, Ithaca 1967.
11 Claudia Dias, graduation project from the Berlage Institute
12 *Lessons*, pp. 97-98.
13 Herman Hertzberger in Francis Strauven, *Aldo van Eyck's Orphanage. A Modern Monument*, NAI Publishers, Rotterdam 1996.
14 See the text (1975) accompanying the design 'Martinuskerk Groningen... Universiteitsbibliotheek?'
'By being included in the urban centre the University is required to open itself up more, and in that sense accessibility is the urbanistic equivalent of a less exclusive, more democratic attitude. The library, by coming across less as the University's memory and more as its consciousness, could act as a 'gateway' to the city and to society. Libraries should not merely make food available to those hungry for knowledge but also whet the appetite even of those who are showing no interest. A library is not only for the motivated but should itself motivate! In that respect it should be more like a modern bookshop where you can enter without premeditation and discover all sorts of things by browsing. Formerly libraries were not averse to space as they are today, most of which fail to rise above the level of storerooms filled with so many square metres of racks: the projection of a cerebral dimension of efficiency but none too efficient for the larger space of human consciousness. If architectural space is the outward projection of our mental space, then libraries are by rights entitled to another spatial characteristic; one that is less like memory (that which we control but which also controls us) and much more like consciousness and that which we experience.'

第 7 章

1 Leo Vroman, part of a poem from *Details*, Amsterdam 1999.
BETWEEN
We contain the wildest places / of a most foreign land. // In the spaces between / my fingers / lives another hand. // There lives between / two words of every text // there lives between / this moment and the next // rarely heard / and barely seen / a most essential third. // Through it, all is passed, / it modifies and selects / what must last / what dies / wafts a heady smell / of heaven through our heavy hell, / creates the flow of still / un-ended reality at will, / is of dead oaks, green sky, /red flies, purple weeds / and the unintended / survival of our deeds.
2 *Lessons for Students in Architecture*, pp. 176-189.
3 See *Forum* no. 3, 1973.
4 We used this term at the time in *Forum*, 1959-1964.
5 *Forum* 8, 1959, p. 277
6 *Forum* 8, 1960-61, pp. 272-273
7 This computer model was made with much enthusiasm by Christian Janssen of Delft.
8 *Lessons*, p. 254.
9 *Ibid.*, pp. 258-261.
10 Le Corbusier, *La Ville Radieuse*, Paris 1964, p. 55. Original text: 'Parce qu'une échelle humaine juste (celle qui est à la vraie dimension de nos gestes) à conditionné chaque chose. Il n'y a plus de vieux ni de moderne. Il y a ce qui est permanent: la juste mesure.'
11 *Lessons*, p. 262.
12 *Ibid.*, pp. 102-103.
13 *Ibid.*, pp. 108-110.
14 *Ibid.*, pp. 56-57.
15 Gilles Deleuze and Felix Guattari, *Mille Plateaux*, les Editions de Minuit, 1980.
16 Herman Hertzberger, 'The Permeable Surface of the City', in *World Architecture I*, Studio Books, London 1964.
17 Collective name for the many peoples inhabiting the country before the Spanish conquest.
18 Bernhard Rudofsky, *Architecture without Architects*, The Museum of Modern Arts, New York 1965.
19 Leonardo Benevolo, *Storia della Città*, Laterza, Rome 1975.
20 *Lessons*, pp. 213-215, pp.142-144.
21 *Ibid.*, pp. 238-241.
22 *Ibid.*, pp. 106-107.

简 历(Curriculum Vitae)

1932 Born in Amsterdam
1958 Graduates from the TU Delft (then Delft Polytechnic)
Since 1958 Own practice
1959-63 Editor of *Forum* with Aldo van Eyck, Bakema and others
1965-69 Teaches at the Academy of Architecture, Amsterdam
1970-99 Professor at the TU Delft
Since 1975 Honorary member of the Académie Royale de Belgique
1966-93 Visiting professor at several American and Canadian universities
1982-86 Visiting professor at the Université de Genève (Switzerland)
Since 1983 Honorary member of the Bund Deutscher Architekten
1986-93 'Extraordinary professor' at the Université de Genève
1990-95 Chairman of the Berlage Institute, Amsterdam
1991 Ridder in de Orde van Oranje Nassau (Royal Dutch Knighthood)
Since 1991 Honorary member of the Royal Institute of British Architects
Since 1993 Honorary member of the Akademie der Künste, Berlin
Since 1995 Honorary member of the Accademia delle Arti del Disegno (Florence)
Since 1996 Honorary member of the Royal Incorporation of Architects in Scotland
Since 1997 Honorary member of the Académie d'Architecture de France
1999 Ridder in de Orde van de Nederlandse Leeuw (Royal Dutch Knighthood)
Since 1999 Teaches at the Berlage Institute, Amsterdam
Since 2000 Honorary citizen (notable de classe exceptionelle) of Ngouenjitapon (Cameroon)

获 奖(Awards)

1968 City of Amsterdam Award for Architecture for the Students' House, Amsterdam
1974 Eternitprijs for Centraal Beheer office building, Apeldoorn
1974 Fritz-Schumacherprijs for the entire œuvre
1980 A.J. van Eckprijs for Vredenburg Music Centre, Utrecht
1980 Eternitprijs (special mention) for Vredenburg Music Centre, Utrecht
1985 Merkelbachprijs, City of Amsterdam Award for Architecture, for the Apollo Schools, Amsterdam
1988 Merkelbachprijs, City of Amsterdam Award for Architecture, for De Evenaar primary school, Amsterdam
1989 Richard Neutra Award for Professional Excellence
1989 Berliner Architekturpreis, City of West Berlin Award for the Lindenstrasse/ Markgrafenstrasse housing project, Berlin
1991 Premio Europa Architettura, Fondazione Tetraktis award for the entire œuvre
1991 Berlage Flag (Dutch architecture award) for the Ministry of Social Welfare and Employment, The Hague
1991 BNA Cube (Royal Institute of Dutch Architects' award) for the entire œuvre
1991 Betonprijs (award for concrete) for the Ministry of Social Welfare and Employment, The Hague
1993 Prix Rhénan 1993, European architecture award for school-building, for Schoolvereniging Aerdenhout Bentveld, Aerdenhout
1998 City of Breda Award for Architecture for the Library and De Nieuwe Veste Centre for Art and Music (Music and Dance department), Breda
1998 Premios Vitruvio 98 Trayectoria Internacional for the entire œuvre

建筑和项目 (Buildings and Projects)

Realized works
1962-64 Extension to Linmij, Amsterdam (demolished 1995)
1959-66 Students' House, Weesperstraat, Amsterdam
1960-66 Montessori primary school, Delft
1967 House conversion, Laren
1967-70 8 experimental houses (Diagoon type), Delft
1968-70 Extension to Montessori School, Delft
1968-72 Centraal Beheer office building (with Lucas & Niemeijer), Apeldoorn
1964-74 De Drie Hoven nursing home, Amsterdam
1972-74 De Schalm community centre, Deventer-Borgele
1973-78 Vredenburg Music Centre, Utrecht
1978-80 Residential neighbourhood (40 houses) in Westbroek
1977-81 Second extension to Montessori School, Delft
1980-82 Pavilions, bus stops and market facilities for square (Vredenburgplein), Utrecht
1978-82 Haarlemmer Houttuinen urban regeneration programme, Amsterdam
1979-82 Kassel-Dönche housing project, Kassel (D)
1980-83 Apollo primary schools, Amsterdam: Amsterdam Montessori School and Willems Park School
1980-84 De Overloop nursing home, Almere-Haven
1982-86 LiMa housing, Berlin (D)
1984-86 De Evenaar primary school, Amsterdam
1986-89 Het Gein housing project (406 one-family houses and 52 apartments), Amersfoort
1988-89 8-classroom extension to primary school (Schoolvereniging Aerdenhout Bentveld), Aerdenhout
1989-90 Studio 2000, 16 live-work units in Muziekwijk neighbourhood, Almere
1979-90 Ministry of Social Welfare and Employment, The Hague
1990-92 De Polygoon, 16-classroom primary school, Almere
1990-92 11 semi-detached houses, Almere
1990-93 Benelux Patent Office, The Hague
1991-93 Extension to Willems Park School, Amsterdam
1986-93 Theatre centre on Spui, The Hague, complex consisting of apartments and retail premises; theatre and film facilities (Theater aan het Spui, Cinematheek Haags Filmhuis, Stichting Kijkhuis); World Wide Video Centre; and Stroom, The Hague Centre for the Arts
1991-93 Library and De Nieuwe Vest Centre for Art and Music (Music and Dance department), Breda
1993-94 Anne Frank primary school, Papendrecht
1990-95 Extension to Centraal Beheer, Apeldoorn
1993-95 De Bombardon, 20-classroom remedial school, Almere
1992-95 Chassé Theatre, Breda
1993-96 Housing on Vrijheer van Eslaan, Papendrecht
1994-96 Extension to Library, Breda
1993-96 Markant Theatre, Uden
1993-96 Rotterdamer Strasse housing project, 136 units, Düren (D)
1994-96 First phase of Bijlmer Monument (with Georges Descombes), Amsterdam
1988-96 Amsterdamse Buurt housing project, 43 units, Haarlem
1995-97 De Koperwiek primary school, Venlo
1993-97 Extension to Vanderveen department store, Assen
1993-97 Stralauer Halbinsel housing project – Block 7+8, Berlin (D)
1991-98 YKK Dormitory/guesthouse, Kurobe City (Toyama District)(J)
1996-98 Second (final) phase of Bijlmer Monument (with Georges Descombes), Amsterdam
1989-99 'Kijck over den Dijck' housing project, Merwestein Noord, Dordrecht
1995-99 Housing project, Prooyenspark, Middelburg
1996-99 Schirmeister House on Borneo-eiland, Amsterdam
1993-99 Montessori College Oost, secondary school for approx. 1650 pupils, Amsterdam

Projects in preparation/under construction
Housing project (new-build, renovation), Noordendijk, Dordrecht
Study of extension (incl. third auditorium) to Vredenburg Music Centre, Utrecht
Media Park office complex with studios and housing, Cologne (D)
Urban design/masterplan for Stralauer Halbinsel, Berlin (D)
Urban design for Clemensänger area in Freising, near Munich (D)
Housing project for Stralauer Halbinsel (Block 12), Berlin (D)
Supervisor of urban design for Veerse Poort development plan, Middelburg
De Eilanden Montessori primary school, Amsterdam
Urban design for community centre, Dallgow (D)
Paradijssel housing project, Capelle aan den IJssel
Urban design for Tel Aviv Peninsula (IL)
Extension to De Overloop nursing home, Almere-Haven
Theatre, Helsingør (DK)
Residential building, courtyard H at Veerse Poort residential area, Middelburg
Urban growth units for Veerse Poort development plan, Middelburg
Housing, offices, swimming pool and parking facility for Paleis quarter, 's-Hertogenbosch
Spuikom (33 houses), Vlissingen
Urban design for former Bombardon area, Almere-Haven
Conversion and extension of RDW office building, Veendam
Primary school and 32 houses, Oegstgeest
Water-houses for Veerse Poort development plan, Middelburg
Office building, Céramique site, Maastricht
188 houses, Ypenburg
14 experimental houses, Ypenburg
Museum, library and municipal archives, Apeldoorn
Extension/renovation of Orpheus Theatre, Apeldoorn
Atlas College, secondary school, Hoorn
DWR office building, Amsterdam
Study for complex of buildings (sports/leisure, church, nursing home etc), Leidscheveen

Studies/unrealized projects
1968 Monogoon housing
1971-72 Objectives report on Groningen city centre (with De Boer, Lambooij, Goudappel et al.)
1969-73 Urban plan for city extension and structure plan, Deventer
1974 City centre plan, Eindhoven (with Van den Broek & Bakema)
1975 Housing, shops and parking near Musis Sacrum (Theatre) and renovation of Musis Sacrum, Arnhem
1975 Planning consultant for University of Groningen
1975 Proposal for university library incorporating 19th-century church, Groningen
1976 Institute for Ecological Research, Heteren
1977 Urban plan for Schouwburgplein (theatre square), Rotterdam
1978 Library, Loenen aan de Vecht

1979 Extension to Linmij, Amsterdam-Sloterdijk
1980 Proposal to develop Forum district, The Hague
1980 Housing project, West Berlin/Spandau (D)
1984 Extension to St Joost Academy of the Arts, Breda
1986-91 Esplanade Film Centre (academy, museum, library etc), Berlin (D)
1986 Experimental housing project for Zuidpolder (floating 'water-houses'), Haarlem
1988 Koningscarré residential project, Haarlem
1989 Urban study (residental area) for Jeker quarter, Maastricht
1989-91 Urban study for Maagjesbolwerk (part of the old centre), Zwolle
1992 Amsterdam Music Centre for chamber music, Amsterdam
1993 Study for a design for an academy (art, music, architecture etc), Rotterdam
1997 Urban study for a shopping centre, Monheim (D)
1999 Two office buildings, Roosendael

Competition projects/invited competitions (= first prize)*
1964 Church, Driebergen
1966 Municipal Hall, Valkenswaard
1967 City Hall, Amsterdam
1970 Urban design for Nieuwmarkt, Amsterdam
1980 Urban design for Römerberg, Frankfurt am Main (D)
1982 Crèche, West Berlin (D)
1983 Urban design for Cologne/Mülheim-Nord (D)
1983 Office building for Friedrich Ebert Stiftung, Bonn (D)
1983 Office buidling for Grüner & Jahr, Hamburg (D)
1985 Office building for Public Works, Frankfurt am Main (D)
1985* Film centre (academy, museum, library etc), West Berlin (D)
1985 Extension to town hall, Saint-Denis (F)
1986 Urban design for Bicocca-Pirelli, Milan (I)
1986 Gemäldegalerie (museum for paintings), West Berlin (D)
1988 Housing project for Staarstraat, Maastricht
1988 Office building for Schering, West Berlin (D)
1989 Bibliothèque de France (national library building), Paris (F)
1989 Cultural centre and concert hall 'Kulturzentrum am See', Lucerne (CH)
1989 Street furniture for riverside walk, Rotterdam
1990 Branch of Nederlandsche Bank, Wassenaar
1990 Urban design for a suburb of Grenoble (F)
1991* Benelux Patent Office, The Hague
1990-91* Components of Media Park competition, Cologne (D)
1991 Office building in Richeti-Areal, Zurich-Wallissen (CH)
1991* City Theatre, Delft
1991 School for Collège Anatole France, Drancy (F)
1992 Office complex for Sony, Potsdamer Platz, Berlin (D)
1992-93* Berlin Olympia 2000/urban design study for part of Rummelsburger Bucht, Berlin (D)
1993 Housing project for Witteneiland, Amsterdam
1993* Housing project, Düren (D)
1993* Urban design (offices for Clemensänger area), Freising (D)
1993-94 Auditorium, Rome (I)
1994 Government office building for Céramique site, Maastricht
1995 Extension to Fire Department School, Schaarsbergen
1995 Extension to Van Gogh Museum, Amsterdam
1995 Office building for Landtag Brandenburg, Potsdam (D)
1995 Musicon concert hall, Bremen (D)
1995-96 Luxor Theatre, Rotterdam
1995-96 Urban design for the Tiburtina railway zone and Ruscolana area and for the Tiburtina-Colombo axis, Rome (I)
1996 Crèche, Berlin (D)
1996 Lothar Gunther Buchheim Museum, Feldafing (D)
1996* Urban design for community centre), Dallgow (D)
1996 Academy of Arts and Design, Kolding (DK)
1996* Urban design, Tel Aviv – Peninsula (IL)
1996 New-build for Ichthus Hogeschool, Rotterdam
1996 Urban design for Axel Springer Multi Media, Berlin (D)
1996 Urban design for Theresienhöhe, Munich (D)
1997* Theatre, Elsinore (DK)
1997 Urban design for university complex, Malmö (S)
1997 Urban design, Berlin Pankow (D)
1998* Urban design of Paleis quarter (housing, offices, parking), 's-Hertogenbosch
1998* Alterations and extensions to governmental RDW office building, Veendam
1998* Primary school and 32 houses, Kasteel Unicum, Oegstgeest
1998-99 Urban design for 'Alte Hafenreviere', Bremen (D)
1999* Museum, library and municipal archives, Apeldoorn
1999 Conversion and extension of law courts, Zwolle
1999 Urban design for Site 5 of Theresienhöhe, Munich (D)
2000* DWR office building, Amsterdam

参考文献(References)

Group and one-man shows
1967 Biennale des Jeunes, Paris (F) [Students' House]
1968 Stedelijk Museum, Amsterdam [following award of City of Amsterdam Award for Architecture]
1971 Historical Museum, Amsterdam [show of plans for Nieuwmarkt quarter, Amsterdam]
1976 Venice Biennale (I)
1976 Stichting Wonen, Amsterdam
1980 Kunsthaus, Hamburg (D)
1985 Berlin (D)/Geneva (CH)/Vienna (A)/Zagreb (YU)/Split (YU)/Brauschweig (D)/Cologne (D) and further ['Six architectures photographiées par Johan van der Keuken', travelling exhibition featuring built work (Student House, De Drie Hoven, Centraal Beheer, Vredenburg Music Centre, Apollo Schools), three recent competition projects added in 1986 from Zagreb onwards (Filmhaus Esplanade, Bicocca-Pirelli, Gemäldegalerie)]
1985 Stichting Wonen, Amsterdam [exh. 'Architectuur 84'; De Overloop]
1985 Frans Hals Museum, Haarlem [exh. 'Le Corbusier in Nederland'; Student House]
1986 Fondation Cartier, Jouy-et-Josas (F) [Student House]
1986 Centre Pompidou, Paris (F) [exh. 'Lieux de Travail; Centraal Beheer]
1986 Milan Triennale (I) [exh. 'Il Luogo del Lavoro'; Centraal Beheer, Biccoca-Pirelli]
1986 Stichting Wonen, Amsterdam/Montreal (CDN)/Toronto (CDN)/Los Angeles (USA)/Raleigh (USA)/Blacksburg (USA)/Philadelphia (USA)/Tokyo (J)/London (GB)/Edinburgh (GB)/Florence (I)/Rome (I) and further [exh. 'Herman Hertzberger'; various competition and other projects since 1979]
1987 MIT, Cambridge (USA)/various other universities in the USA [Filmhaus Esplanade, Bicocca-Pirelli, Gemäldegalerie]
1987 Stichting Wonen, Amsterdam [exh. 'Architectuur 86'; De Evenaar]
1988 New York State Council of the Arts, New York (USA) [Haarlemmer Houttuinen, Kassel-Dönche, Lindenstrasse]
1989 Global Architecture International, Tokyo (J) [Filmhaus Esplanade]
1989 Institut Français d'Architecture, Paris (F) [exh. 20 entrants to the competition for the Bibliothèque de France]
1991 Global Architecture International, Tokyo (J) [Ministry of Social Welfare]
1991 Tetraktis, travelling exhibition of projects and travel sketches by Herman Hertzberger, L'Aquila (I)
1992 World Architecture Triennale, Nara (J) [Ministry of Social Welfare, Media Park Cologne]
1993 De Beyerd, Breda [exh. 'Herman Hertzberger', several projects]
1995 Architekturgalerie, Munich (D)/Centraal Beheer, Apeldoorn/De Pronkkamer, Uden; travelling exhibition ['das Unerwartete überdacht/'Accommodating the Unexpected', projects 1990-1995]
1995 De Beyerd, Breda [Chassé Theatre]
1996 Deutsches Architektur Museum, Frankfurt am Main (D) [projects for Stralauer Halbinsel, Berlin]
1998 Deutsches Architektur Zentrum, Berlin (D)/Museo Nacional de Bellas Artes, Buenos Aires (RA)/Bouwbeurs, Utrecht/Netherlands Architecture Institute, Rotterdam/Technische Universität, Munich (D); travelling exhibition 'Herman Hertzberger Articulations', compiled by the Netherlands Architecture Institute, Rotterdam

Publications
'Concours d'Emulation 1955 van de studenten', *Bouwkundig Weekblad* 1955, p. 403
'Inleiding', *Forum* 1960, no. 1
'Weten en geweten', *Forum* 1960/61, no. 2, pp. 46-49
'Verschraalde helderheid', *Forum* 1960/61, no. 4, pp. 143, 144
'Three better possibilities', *Forum* 1960/61, no. 5, p. 193
'Naar een verticale woonbuurt', *Forum* 1960/61, no. 8, pp. 264-273
'Zorg voor of zorg over architectuur', *Stedebouw en volkshuisvesting* 1961, pp. 216-218
'Flexibility and Polyvalency', *Ekistics* 1963, April, pp. 238, 239
'The Permeable Surface of the City', *World Architecture* 1964, no. 1
'Gedachten bij de dood van Le Corbusier', *Bouwkundig Weekblad* 1965, no. 20, p. 336
'Aldo van Eyck 1966', *Goed Wonen* 1966, no. 8, pp. 10-13
'Form and program are reciprocally evocative' (written 1963) and 'Identity' (written 1966), *Forum* 1967, no. 7
'Some notes on two works by Schindler', *Domus* 1967, no. 545, pp. 2-7
'Place, Choice and Identity', *World Architecture* 1967, pp. 73, 74
'Form und Programm rufen sich gegenseitig auf', *Werk* 1968, no. 3, pp. 200, 201
'Montessori Primary School in Delft', *Harvard Educational Review* 1969, no. 4. pp. 58-67
'Schoonheidscommissies', *Forum* 1970, July, pp. 13-15
'Looking for the beach under the pavement', RIBA *Journal* 1971, no. 2, pp. 328-333
'Homework for more hospitable form', *Forum* 1973, no. 3
'De te hoog gegrepen doelstelling', *Wonen/TABK* 1974, no. 14, pp. 7-9
'Presentation', *Building Ideas* 1976, no. 2, pp. 2-14 (first published in *Forum* 1973, no. 3)
'Strukturalismus-Ideologie', *Bauen + Wohnen* 1976, no. 1, pp. 21-24
'Architecture for People', *A+U* 1977, no. 75, pp. 124-146

'El deber para hoy: hacer formas más hospitalarias', *Summarios* (Argentina) 1978, no. 18, pp. 3-32 (about De Drie Hoven and Centraal Beheer)
'Shaping the Environment', in B. Mikkelides (ed.), *Architecture for People*, Studio Vista, London 1980, pp. 38-40
'Architektur für Menschen', in G.R. Blomeyer and B. Tietze, *In Opposition zur Moderne*, Vieweg & Sohn, 1980, pp. 142-148
'Motivering van de minderheidsstandpunt', *Wonen/TABK* 1980, no. 4, pp. 2, 3
'Un insegnamento de San Pietro', *Spazio e Società* 1980, no. 11, pp. 76-83
'Ruimte maken – Ruimte laten', in *Wonen tussen utopie en werkelijkheid*, Callebach, Nijkerk 1980, pp. 28-37
'De traditie van het Nieuwe Bouwen en de nieuwe mooiigheid', *Intermediaire* 8-8-1980
'The tradition behind the "Heroic Period" of modern architecture in the Netherlands', *Spazio e Società* 1981, no. 13, pp. 78-85 (first published in *Intermediaire* 8-8-1980)
'De traditie van het nieuwe bouwen en de nieuwe mooiigheid', in Hilde de Haan and Ids Haagsma, *Wie is bang voor nieuwbouw?*, Intermediaire Bibliotheek, Amsterdam 1981, pp. 141-154
'The 20ste-eeuwse mechanisme en de architectuur van Aldo van Eyck', *Wonen/TABK* 1982, no. 2, pp. 10-19
'De schetsboeken van Le Corbusier', *Wonen/TABK* 1982, no. 21, pp. 24-27
'Einladende Architektur', *Stadt* 1982, no. 6, pp. 40-43
Het openbare rijk, lecture notes A, Delft Polytechnic (now TU Delft), 1982 (reprinted March 1984)
'Montessori en ruimte', *Montessori Mededelingen* 1983, no. 2, pp. 16-21
'Une rue habitation à Amsterdam', *L'Architecture d'Aujourd'hui* 1983, no. 225, pp. 56-63
'Une strada da vivere. Houses and streets make each other', *Spazio e Società* 1983, no. 23, pp. 20-33
'Aldo van Eyck', *Spazio e Società* 1983, no. 24, pp. 80-97
Ruimte maken, ruimte laten, lecture notes B, Delft Polytechnic (now TU Delft), 1984
'Over bouwkunde, als uitdrukkingen van denkbeelden', *De Gids* 1984, no. 7/8/9, pp. 810-814
'Building Order', *Via* 7, MIT Press, Boston, 1984
'L'Espace de la Maison de Verre', *L'Architecture d'Aujourd'hui* 1984, no. 236, pp. 86-90
'Architectuur en constructieve vrijheid' (discussion between the three winners of the Van Eckprijs: Herman Hertzberger, Jan Benthem and Mels Crouwel), *Architectuur/Bouwen* 1985, no. 9, pp. 33-37
'Montessori en ruimte' in *De Architectuur van de Montessorischool*, Montessori Uitgeverij, Amsterdam 1985, pp. 47-55
'Stadtsverwandlungen', in Helga Fassbinder and Eduard Führ, *Materialien* 1985, no. 2, pp. 40-51
'Right Size or Right Size', in *Indesem*, TU Delft 1985, pp. 46-57
'Espace Montessori', *Techniques & Architecture* 1985/86, no. 363, pp. 78-82, 93
Stairs (first-year seminar notes), TU Delft, 1987
Arnulf Lüchinger, *Herman Hertzberger, 1959-86, Bauten und Projekte/Buildings and Projects/Bâtiments et Projets*, Arch-Edition, The Hague 1987
'Shell and crystal', in Francis Strauven, *Aldo van Eyck's Orphanage. A Modern Monument*, NAI Publishers, Rotterdam 1996, p. 3 (originally published as *Het Burgerweeshuis van Aldo van Eyck. Een modern monument*, Stichting Wonen, Amsterdam 1987)
'Henri Labrouste, la réalisation de l'art', *Techniques & Architecture* 1987/88, no. 375, p. 33
Uitnodigende Vorm, lecture notes C, TU Delft, 1988
'The space mechanism of the twentieth century or formal order and daily life: front sides and back sides', in *Modernity and Popular Culture*, Building Books, Helsinki 1988, pp. 37-46
'Das Schröderhaus in Utrecht', *Archithese* 1988, no. 5, pp. 76-78
'Het St. Pietersplein in Rome. Het plein als bouwwerk', *Bouw* 1989, no. 12, pp. 20, 21
Hoe modern is de Nederlandse architectuur? 010 Publishers, Rotterdam 1990, pp. 61-64
'Voorwoord', in Jan Molema, *ir. J. Duiker*, 010 Publishers, Rotterdam 1990, pp. 6, 7
'The Public Realm', *A+U* 1991, pp. 12-44
'Mag het 'n beetje scherper alstublieft?', in *Joop Hardy: Anarchist*, Delft 1991, pp. 143, 144
'Introductory Statement' and 'Do architects have any idea of what they draw?', in *The Berlage Cahiers 1, Studio '90-'92*, Berlage Institute, Amsterdam/ 010 Publishers, Rotterdam 1992, pp. 13-20
Herman Hertzberger, *Lessons for Students in Architecture*, 010 Publishers, Rotterdam 1991 (first edition), 1993 (second revised edition), 1998 (third revised edition). Elaborated versions of the lecture notes previously published as 'Het openbare rijk', 'Ruimte maken, ruimte laten' and 'Uitnodigende vorm'. German and Japanese editions followed in 1995, Italian, Portuguese and Dutch in 1996, and Chinese in 1997.
'Een bioscoop met visie', *Skrien* 1994, no. 197. pp. 58-61
'Klaslokalen aan een centrale leerstraat', in *Ruimte op school*, Almere 1994, pp. 16, 17
Herman Hertzberger Projekte/Projects/ 1990-1995, 010 Publishers, Rotterdam 1995
Herman Hertzberger, *Vom Bauen, Vorlesungen über Architektur*, Aries Verlag, Munich 1995 (translation of *Lessons for Students in Architecture*)
'Designing as research', in *The Berlage Cahiers 3, Studio '93-'94, The New Private Realm*, Berlage Institute, Amsterdam/ 010 Publishers, Rotterdam 1995, pp. 8-10
Herman Hertzberger, *Chassé Theatre Breda*, 010 Publishers, Rotterdam 1995
'Learning without teaching', in *The Berlage Cahiers 4, Studio '94-'95, Reflexivity*, Berlage Institute, Amsterdam/ 010 Publishers, Rotterdam 1996, pp. 6-8
Herman Hertzberger, *Ruimte maken, ruimte laten. Lessen in architectuur*, 010 Publishers, Rotterdam 1996 (Dutch edition of *Lessons for Students in Architecture*)
'P.S.: Vulnerable nudity!' in Wiel Arets, *Strange Bodies, Fremdkörper*, Birkhäuser, Basle 1996, pp. 65-67
'A Culture of Space', *Dialogue, architecture + design + culture* (Taiwan) 1997, no. 2, pp. 14, 15
Herman van Bergeijk, *Herman Hertzberger*, Birkhäuser, Basle 1997
'Le Corbusier et la Hollande', in *Le Corbusier, voyages, rayonnement international*, Fondation Le Corbusier, Paris 1997
'Anne Frank Basisschool, Papendrecht – LOM-Basisschool "De Bombardon", Almere', *Zodiac* 1997/98, no. 18, pp. 152-161
'Lecture by Herman Hertzberger', in *Technology, Place & Architecture*, Rizzoli, New York 1998, pp. 250-253

建 筑 引 用
(Architectural Citations)

插　图(Illustrations)

All photographs by Herman Hertzberger except:

Berg, Jan van der, 389
Chiappe, Achille, 280
Cobben, Laurens, 263, 266
Descombes, Georges, 336
Diepraam, Willem, 180, 181, 334
Doorn, Herman H. van, 316, 323, 327, 328, 360, 362, 364, 370, 552, 559
Hammer, Jan, 279
Hees, Carel van, 303
Hendriksen-Valk Fotopersbureau, 185
Herle, Arne van, 571
Instituut voor liturgiewetenschap, Groningen, 451
Kate, Laurens Jan ten, 307, 308
Keuken, Johan van der, 13, 330, 331, 332, 333, 351, 354, 371
KLM Aerocarto 204, 378, 439
Krupp, Bruno, 187
Malagamba, Duccio, 322, 324, 462, 468, 469, 470, 471, 472, 473
Mol, Geert, 589
Nakagawa, Atsunobu, 524, 532, 538, 539
Regerstudio, 560
Riboud, Marc, 179
Richters, Christiaan, 368, 369
Shinkenchiku-sha, 527, 531, 533, 534
Stikvoort, Machteld, 112
Voeten, Sybold, 367, 551
Willebrand, Jens, 260, 361, 454, 458, 459, 460, 461, 554
Wingender, Jan, 296
Wit Renée de, 541
Zwarts, Kim, 393

出　处(Credits)

(www.010publishers.nl)
Originally published in Dutch in 1999 as 'De ruimte van de architect. Lessen in architectuur 2'

Compilation by
Jop Voorn
Translated from the Dutch by
John Kirkpatrick
Book design by
Piet Gerards, Heerlen
Printed by
Veenman Drukkers, Ede

ISBN 90 6450 380 X